杨义先 钮心忻

著

科学家列传

肆

人民邮电出版社

北　京

图书在版编目（CIP）数据

科学家列传. 肆 / 杨义先，钮心忻著. -- 北京：
人民邮电出版社，2021.4（2024.3重印）
（杨义先趣谈科学）
ISBN 978-7-115-55474-1

Ⅰ. ①科… Ⅱ. ①杨… ②钮… Ⅲ. ①科学技术－世
界－普及读物 Ⅳ. ①N11-49

中国版本图书馆CIP数据核字(2020)第245698号

内 容 提 要

　　本书以喜剧评书方式，从全新视角，重现人类有史以来各个时期顶级科学家们的风貌。本书的目的，不仅仅是让读者全面了解真实的科学家，而且想激励相关读者特别是青年读者立志成为科学家。与以往大家熟悉的"科学家故事"或"科学家传"不同的是，本书绝不做任何简单机械的素材堆积，而是以时间为轴线，通过科学家们的历史轨迹展现科学发展的里程碑和全球科学家成长的生态环境。本书特别注意把握严肃与活泼之间的分寸：科学内容，务必严谨；生平事迹等方面，则尽量活泼，要让读者充分享受其中的快乐。正如伽利略所言："你无法教会别人任何东西，你只能帮别人发现一些东西。"因此，本书其实是想"帮助你发现一些东西"，当然，尽量帮你发现"科研成功的共性"。

　　本册是全套书的第 4 册，也是最后一册，其中的许多科学家离我们都非常近，甚至还有 2019年才刚刚去世的。细心的读者也许已发现，本册的科学家都在某种程度上受到了人类两次世界大战的影响，而且许多研究课题甚至是直接或间接出自战争需求，其科研成果的实用化转化速度明显加快。更令我们着急的是，如今科学发展的速度越来越快，中国面临的压力越来越大，真心希望中国能培养出更多影响人类历史的科学家。加油，中国！

　◆ 著　　　　杨义先　钮心忻
　　　责任编辑　张天怡
　　　责任印制　王　郁　陈　犇
　◆ 人民邮电出版社出版发行　　北京市丰台区成寿寺路 11 号
　　　邮编　100164　电子邮件　315@ptpress.com.cn
　　　网址　https://www.ptpress.com.cn
　　　涿州市般润文化传播有限公司印刷
　◆ 开本：720×960　1/16
　　　印张：21　　　　　　　　　　2021 年 4 月第 1 版
　　　字数：380 千字　　　　　　　2024 年 3 月河北第 4 次印刷

定价：59.80 元

读者服务热线：**(010)81055410**　印装质量热线：**(010)81055316**
反盗版热线：**(010)81055315**
广告经营许可证：京东市监广登字 20170147 号

前言

伙计，"科学家列传"不是千篇一律的"科学家传"哟，更不是堆砌式的"科学家故事集"！

一方面，它以时间为轴线，展示古今中外每位顶级科学家的成果和综合特色，打造一个个生动活泼的里程碑，读者在穿越历史的过程中，仅仅通过阅读这些里程碑就可看清整个科学发展的轨迹，以及东西方之间和前后之间的关联关系；另一方面，通过若干具体案例，适时回答一些与科学研究相关的问题，比如科研的动力从哪里来、科学流派都有哪些、科学家的特质是什么、科学进步与外界环境之间的关系如何、文化和宗教因素将对科学产生什么影响、科学的分支情况等。当然，由于历史资料太少，本系列书实在无法包含某些著名科学家，比如活字印刷术发明者毕昇、"地理学之父"埃拉托色尼、"代数之父"丢番图等。这肯定会在一定程度上影响上述"轨迹"的清晰度，对此，真的万分遗憾，毕竟在科学部分，本系列书是一套严肃的著作。

与以往描述科学家的书籍不同的是，本系列书将更加忠实于历史事实，并不回避科学家本人的某些负面内容，但同时也尽量略去曾经的错误结论，以免混淆视听。这样做的目的，就是要让全社会都明确意识到，科学家也是人，不是神；科学家并非高不可攀，人人都有成为科学家的潜力。因此，本系列书采用章回小说的方式，并把评书、相声和喜剧等元素融入书中。我们还将一改过去的呆板模式，把科学家描述成为正常人，而非不食人间烟火的异类或完美无瑕的榜样。我们笔下的科学家，都将是普通人能够接近、学习，甚至超越的凡人。

都说"科学是这样一门学问，它能使当代傻瓜超越上代天才"，但是，本系列书绝不是只想让"当代傻瓜超越上代天才"，而是想让当代天才成为当代科学家，成为被后代"傻瓜"努力超越的天才。所以，我们的重点不在于介绍科学家们都"干过什么",而是要深入分析他们是"如何干的",有哪些研究方法和思路值得我们借鉴,有哪些成功的方面值得我们学习,或有哪些失败的教训需要我们吸取等。

本系列书特别注意把握严肃与活泼之间的分寸。在具体的科学内容方面,我们将尽量严格,对过时的或有误的科研成果都将给予纠正,或干脆不再复述;但是,在生平事迹等其他非科学方面,我们将尽量活泼,甚至极尽风趣和幽默之能事,让读者可以尽情享受欢乐,在笑声中轻松了解全球科学家的生前身后事。

在人物的选取方面,本系列书既尊重同类书籍中出现的名单,但同时又特别考虑历史的连续性,以避免留下太长时间的历史空白,否则人类科学的发展轨迹就会不清晰,连贯性就会受到影响。比如,在长达1000多年的欧洲中世纪,西方科学几乎处于停顿状态,因此,该时期的人物都主要选自东方,他们至少可以代表当时世界的最高水平。当然,客观地说,中世纪时期的科学家对后人的影响明显偏小,这也是本系列书与诸如"影响人类的N位科学家"等书籍的另一个重要区别,毕竟我们希望至少每100年要有一个"里程碑"。

在介绍国内首创科学成果方面,我们摒弃了以往的许多惯用写法,比如"某中国人发明了某物,而此物又在N年后才由某外国人发明"等。因为,本系列书中我们将一视同仁地看待外国人和中国人。

由于作者水平有限,书中难免有不当之处,欢迎大家批评指正,谢谢!

作者　杨义先　钮心忻

2021年3月　于花溪

目录

目录

第一百二十一回

生不逢时迈特纳，原子裂变贡献大

啪，我四拍手中醒木！伙计，《科学家列传　肆》，这就开讲啦！

首先，请听一曲新版《枉凝眉》：一个是德国仙葩，一个是美玉无瑕；若说没奇缘，今生她却偏遇他；若说有奇缘，如何好事终虚化；一个独揽诺贝尔奖，一个空劳科学家……

伙计，本回绝非新版《红楼梦》哟。不过，除了将"爱情"换为"友情"外，本回主角特别是女主角的命运与《红楼梦》主角的命运还真有点像呢。当然，剧情也不再是四大家族的衰变，而是原子核的衰变，用专业术语来说，那叫核裂变，即铀或钚等重原子核分裂成多个轻原子的核反应。这玩意儿可不得了啦，它引发的动作远比家族衰变来得剧烈，原子弹或核电站的能量就来源于核裂变。其中核电站常用的就是铀核裂变：热中子轰击铀-235（235U）原子后，释放出2至4个中子，中子再去撞击其他铀-235原子，从而形成链式反应。若链式反应未受控制，其结果便是山崩地裂般的原子弹爆炸；否则，便是利用反应产生的热能来发电的核电站。原子核在发生核裂变时会释放巨大的能量，1千克铀-238的完整裂变所释放的能量相当于燃烧2000吨煤所释放的能量。如今，核裂变已不只应用在军事和能源领域，而是广泛应用于工农医等各领域。发现衰变和掌握核能是20世纪科学史上的最重要一页，而核裂变则是该页中最重要的"那一行"，本回的两位主角则是该行中最重要的两个名字，因为，是他俩首次发现并从理论上成功解释了核裂变，从而开启了"核能时代"。

男一号并非姓贾，而是奥托·哈恩，1879年3月8日生于法兰克福。他出生时，嘴里虽无通灵宝玉，但差不多也算是含着金钥匙。他父亲是大富豪，不但拥有诸多企业，更是房地产大王，所以，哈恩从小就拥有自己的独立科学实验室。虽然它只是由洗衣房改造而成的，但已足够让哈恩沉溺其中，享受着各种各样的科学实验，尤其是化学实验。在接受了良好的小学、中学、大学教育后，一帆风顺的他闪电般就长大了，并于1901年（时年22岁）获得了马堡大学的博士学位，然后留校任教。

哈恩的科研道路也异常平坦，简直就是"春风得意马蹄疾"，因为，他在不同时期都恰好遇上了"及时雨"。比如，就在留校任教3年后的1904年，他本打算到伦敦补习英语，但阴差阳错地遇到了著名化学家拉姆齐，于是他便临时改变计划，跟着拉姆齐进修化学。更意外的是，在与拉姆齐进行了热烈而友好的交谈后，慧眼识珠的拉姆齐竟突然建议他从事镭的放射性研究。当时哈恩就傻眼了，心里打着鼓，暗忖道：天啊，啥叫镭呀？幸好，拉姆齐又及时补上了一颗定心丸：别怕，一张白纸好绘画！于是，哈恩就进入了一个边缘学科——放射性化学，并很快就发现了新的放射性物质，即放射性钍–228（228Th）。这一成就让拉姆齐刮目相看，更让哈恩坚定了继续研究放射性的决心。

一年后，26岁的哈恩就带着拉姆齐的推荐信，来到了加拿大麦吉尔大学物理研究所，并师从卢瑟福。为啥如此著名的科学家会接收这个徒弟呢？嘿嘿，其秘密就在拉姆齐的那封推荐信中，因为他说："哈恩是位杰出学者，他的工作令人钦佩。我相信您会喜欢的。"果然，在卢瑟福的悉心指导下，哈恩的天赋不断展露，并很快掌握了许多实验技巧，还发现了放射性锕，然后与卢瑟福一起又取得了接二连三的成功。这让卢瑟福非常高兴，连声夸奖道："这小子对新元素的嗅觉忒灵！"也许卢瑟福说对了，因为在随后的日子里，哈恩又陆续发现了镭–228（228Ra）、锕–228（228Ac）、镤–234（234Pa）、镤–231（231Pa）等新元素。不过，此乃后话，这里暂且按下不表，因为其中还有隐情。

哈恩不但在事业上节节胜利，而且在友情方面也很成功。比如，他与导师卢瑟福就成了终生好友，以至晚年时他都还经常回味着与卢瑟福一起的快乐日子，尤其是那桩"借袖口"的趣事，更让他乐不可支。原来，有一次，记者突然闯进卢瑟福的实验室，要为这位大师拍张照片，可卢瑟福刚好没戴当时象征学者风度的"假袖口"，于是，哈恩赶紧救驾，献上了自己的袖口。事后他逢人便拿出该照片，得意地炫耀道："看，我的袖口已登上了许多杂志的封面。"

1906年秋，27岁的哈恩返回柏林，在一个化学研究所任教授。1907年春，他又跳槽到柏林大学，也正是在这年秋，哈恩遇到了自己一生中最重要的贵人、最得力的事业搭档，她就是本回女一号。虽然她的官方身份只是他的助手，但他的几乎所有重要"军功章"上其实都该有她的一半，甚至是一大半。

这个她是谁？当然不是黛玉，但其命运很像黛玉，一样的悲剧，一样的不认命。而她的悲剧也正是由于不认命，否则她本该是一位很幸福的妈妈、很能干的妻子、很受欢迎的家庭主妇。她名叫莉泽·迈特纳，曾用名玛丽·迈特纳。若按生辰八字，她的命本该很好，因为她与居里夫人不但有相同的名字（都叫"玛丽"），且她们还是同月同日生。准确地说，她比居里夫人刚好小11岁，1878年11月7日出生在维也纳的一个犹太律师之家。父母视她为掌上明珠，几乎所有事情都由着她，要星星不给月亮，要烧饼不给太阳。她家的小孩个数也很吉利，共有8个，而且她还是老三，本该"发了又发，再三发"嘛。

可惜，人算不如天算，迈特纳却在错误的时间生在了错误的地点。如果她再晚生数十年，则她那诺贝尔奖级别的科学成果就不会被老板独占；如果她生在了巴黎，那她可能是又一个居里夫人。实际上，她后来确实也被爱因斯坦称为"德国的居里夫人"。她在美国还被称为"原子弹之母"，不过，她不承认该称呼，因为她终生都拒绝研制核武器。但历史不相信如果，因为她生在了相当保守、相当歧视妇女的奥地利，所以按传统，聪明伶俐的她却只能读到初中后便马马虎虎上了一所中专学校并毕业。

若再遵循传统，那她就该尽快嫁一位门当户对的如意郎君，然后开始相夫教子。但是，迈特纳不满足于命运的安排，下决心要搏一回，要与男人争个高低。于是，她通过数年的自学考试，终于在23岁那年艰难地获得了高中文凭。紧接着，她一不做二不休，冲破层层阻力，在同一年进入了维也纳大学，师从著名科学家玻尔兹曼，开始系统学习物理、数学和哲学等。这在当时简直就是奇迹。

当然，奇迹不会就此结束；迈特纳还将创造更多奇迹，只是她将付出更大代价而已。24岁那年，居里夫人发现镭的消息传入迈特纳耳中后，她就对原子物理产生了浓厚兴趣，并决心以居里夫人为榜样，一边学习课本知识一边开始研究放射性。短短4年后（1906年），她竟获得博士学位，成了维也纳大学的第二位女博士，并留校任教。若迈特纳就此罢休的话，那若干年后，维也纳大学也许将产生一位女教授，迈特纳也许将是一位事业和家庭两不误的典范。可她还不满足，还想在更大的天地里施展拳脚。于是，她多次与居里夫人的女儿联系，希望前往巴黎发展，可惜却始终未找到合适的职位。

29岁那年，迈特纳放弃了比较开明的法国，转而前往相对保守的德国，并在柏林大学拜访了年迈的普朗克。刚开始时，歧视妇女的普朗克并不想接收迈特纳，但几经考察后，他发现她绝非普通女人。于是，普朗克便同意她加入自己的实验室，但附加了两个非常苛刻的条件：一是没薪水；二是不能公然出现在办公室，甚至连出入实验室都只能走后门。面对如此歧视，对科学满腔热血的迈特纳不但迫不及待地点了头，甚至还对普朗克千恩万谢。

作为一名女科学家，迈特纳在柏林所受歧视之多，简直难以想象。在经济方面，她只干活不拿钱，幸好，她父亲愿意无条件救济自己的宝贝闺女。在实验场地方面，由于不能进入办公室，她就自己动手改装了一个废旧的地下木工房。在实验设备方面，那更是相当简陋，别人淘汰的仪器全都成了她的宝贝，这反而提升了她的操作能力。在个人生活方面，她面临的困难就更多了，比如，她必须到很远的饭店上厕所，因为实验大楼里根本就没女厕所。在事业发展方面，她也遭遇了极端的不公待遇，比如，她千辛万苦才做出的科研成果，在以论文形式投到学术期刊后，却被编辑部拒之门外，其理由竟是"我们压根儿就不想发表妇女的稿件"。尽管如此，迈特纳在柏林大学期间还是相当快乐的，因为她可以完全沉浸在做科研的幸福中。普朗克对她其实也很友好，经常邀请她和其他著名科学家参加自己的家庭音乐会，也正是在这里，迈特纳结识了爱因斯坦等。后来，迈特纳的父亲去世了，她也失去了最后的经济来源。幸好，迈特纳的前期成果打动了普朗克，于是，她就被他聘成了实验助手。在此后3年里，她才有了微薄的收入。迈特纳的科研表现也相当出色，获得了同行的广泛认可。

正当迈特纳受尽性别歧视时，男一号哈恩出现了。他们彼此相见恨晚，从而开始了长达30年的合作，取得了一个又一个重大科学发现，在科学史上树立了不同国籍、不同学科和不同性别的科学家之间的长期合作典范。当然，这主要该归功于迈特纳，归功于她那高尚的人品。因为，她在名利等方面始终都自觉谦让，即使是她独立完成的科研成果也都主动将第一作者的荣誉让给了哈恩，从而也为后来的诺贝尔奖归属问题埋下了隐患。

1909年，她与哈恩一起发现了放射性衰变时的原子核反弹。此后数年，他们又发现了一系列放射性同位素，这使得迈特纳名声大振，以至卢瑟福初次见到她时都大惊道："我一直以为您是男的呢！"自1912年起，迈特纳的工作环境才得以改善，因为这一年，哈恩有了自己的放射性研究组，迈特纳也成了该组骨干，不过依然无薪。直到1913年，迈特纳才成为正式员工，至少可以光明正大地从正门出入实验室了。可是，刚稳定不久，第一次世界大战就爆发了。于是，迈特纳也像居里夫人一样奔赴战场，成了战地医院的X射线检查员。

第一次世界大战结束后，迈特纳又与哈恩恢复合作，并很快发现了同位素镤-231。1918年，迈特纳终于有了正式的薪水。至此，她已在柏林大学无偿工作了整整11年之久。1922年，已经44岁的她总算成了柏林大学副教授；1926年，又晋升为教授。当她首次登上讲台时，哇，那个火爆劲儿简直不得了：教室里不但挤满了学生，还涌入了一大批记者。大家都争先恐后，想亲眼看一下女教授的风采。此外，她和哈恩也成了当时诺贝尔化学奖呼声最高的候选人。

伙计，别以为迈特纳这就熬出了头！因为，仅仅几年后，希特勒就上台了，并开始大搞种族主义。于是，她便因自己的犹太人身份，在1933年被纳粹剥夺了教学资格。幸好，她是奥地利人，还算外国人，所以仍被允许继续留在哈恩的课题组。可仅仅5年后，奥地利便被德国吞并，从而，迈特纳也就成了德国犹太人，其生命也受到了威胁。于是，已经60岁的她，不得不于1938年7月经荷兰、丹麦逃往瑞典，而随身携带的行李仅有两个手提箱和区区10马克现金；当然，必须特别指出的是，行李箱中还有一件非常特别的宝贝，它就是在策划逃跑时哈恩送给她的一枚钻石戒指，以备逃跑路上的行贿之用。这个戒指对哈恩来说非常珍贵，因为它是母亲留下的传家宝。由此可见，迈特纳与哈恩之间的关系绝非简单的老板与助手；其实，他俩在数十年的交往中，都尊称对方为"您"。但非常遗憾的是，如此牢固的长期学术友情，却经不住诺贝尔奖等名利的诱惑，并最终让哈恩出现了人格瑕疵，也让迈特纳的贡献被埋没了数十年。

逃出希特勒的魔掌后，迈特纳几经周折，总算找了份工作，然后就在瑞典待了8年，后来又移居英国剑桥。其间，她仍与哈恩保持着密切的书信往来，甚至在关键时刻还对哈恩的新发现添加了画龙点睛的一笔。比如，就在迈特纳刚逃出德国2个月左右时，哈恩与新助手在继续既定实验时发现：用中子轰击铀靶后，不仅反应强烈，还释放出很多能量，且铀核还分裂成一些更轻的物质。这是啥意思呢？一头雾水的哈恩赶紧于1938年11月前往哥本哈根，与那里的玻尔和迈特纳一起讨论了这个奇怪的新发现。

这种怪现象是啥意思呢？迈特纳想呀想，却始终找不出答案。一天，她一边想一边散步，突然，一个画面闪现在脑海中：原子将自身撕裂了！该画面是那么生动，那么惊人，那么强烈，以至她几乎能感到原子核在跳动，几乎能听到原子撕裂时的"噗噗"声。她立即断定，答案已找到，即质子的增加，使铀原子核变得很不稳定，从而发生了分裂。她立即重复了相关实验并证实：当质子轰击放射性铀时，每个铀原子都分裂成钡和氪；裂变后的原子核总质量，小于裂变前的铀核质量，而这个小小的质量差，则按爱因斯坦的质能方程转变成了能量。就这样，迈特纳和哈恩异地合作，共同获得了一个伟大发现——核裂变；它奠定了原子弹和原子能的基础，具有划时代的深远意义。据说，当玻尔在得知了该结果后，竟自叹不如道："天啊，我们真蠢！"

1945年11月15日，诺贝尔奖委员会宣布将1944年的诺贝尔化学奖授予哈恩，以奖励他"发现了核裂变"。但紧接着，怪事就发生了，哈恩突然"人间蒸发"了！原来，这一年，原子弹逼降了最后的轴心国日本，而66岁的哈恩作为另一战败国的公民，又是"核武器奠基人"，战胜国当然不敢大意，故将他秘密软禁了起来，以确认他是否曾帮助过希特勒研制原子弹。很快，哈恩的清白就被证实了：一方面，希特勒确实曾授命他研制核武器；但另一方面，他确实也在消极怠工。实际上，他和其他多位德国核物理学家若真心为希特勒卖力的话，那第二次世界大战的结局可能就会是另一版本了。

一年后，哈恩自由了。他不仅补领了诺贝尔奖，还开始担任德国皇家学会主席。但也正是在这个时候，他的人性弱点暴露了。第二次世界大战期间，哈恩坚决否认曾与迈特纳有过合作，这在当时看来还是可以理解的：希特勒当政时，谁也不敢与犹太人沾上边，否则后果不堪设想。但是，千不该万不该的是，在第二次世界大战结束后，在希特勒死掉后，在纳粹下台后，哈恩仍然否认迈特纳的贡献，并一再声称"她只是实验助手"。这就让迈特纳伤心失望了，更让后人对哈恩的人品诟病至今。比如，哈恩的新助手就曾为她鸣过不平，声称"迈特纳一直就是课题组的灵魂"；玻尔当年也曾亲自给《自然》杂志写信，认为"核裂变的发现应归功于迈特纳等"；特别是1981年后，国际上更出现了大量文章为迈特纳申冤；甚至有人认为在"发现核裂变"方面，迈特纳的贡献更大。总之，到底是谁"发现了核裂变"，已成为诺贝尔奖史上最具争议的话题之一。

第二次世界大战后，迈特纳虽数次被邀请回德国工作，但均被她婉拒了。此时的哈恩，在德国的声望如日中天，在国际科学界也极有影响；而迈特纳，则越来越远离科学界。两人渐行渐远，不过仍保持联系，至少他们都反对制造和使用核武器。哈恩在回忆录中多次声称迈特纳是他的终生朋友。迈特纳终生未婚，既无子女也无情人，更无任何绯闻，她把一生都献给了物理学。她的外甥媳妇，则继承了哈恩母亲传下的那枚特殊钻戒。

哈恩于1968年7月28日在格丁根去世。家人因担心重病中的迈特纳承受不了这一噩耗，便对她封锁了消息。但也许是冥冥之中的安排，同年10月27日，迈特纳也在英国剑桥去世了。后人在她的墓碑上，刻下了非常难得但又恰如其分的一句话："一个从未失去人性的物理学家。"这对洋人版的宝黛冤家，虽未能同年同月同日死，却是同年且几乎同龄死，都享年近90岁。

安息吧，哈恩，您的瑕疵不会影响您的伟大！

安息吧，迈特纳，后人会永远记住您的巨大贡献。您确实是一位"需要重新被发现、重新被公正对待的伟大女性"。所幸的是，1994年5月，国际纯粹与应用化学联合会用您的名字命名了第109号元素（指英文名称，后同），虽然此时您已在天堂长眠了26年。

第一百二十二回

爱因斯坦相对论，万物皆有一杆秤

在科学界，对普通百姓来说，最熟悉也最陌生的人物，可能当数本回主角了。因为，一提起爱因斯坦，几乎无人不知，无人不晓，关于他的各种生平事迹更是铺天盖地，可能许多人对他已熟悉得不能再熟悉了。但是，一提起他的科学成就特别是他那"莫名其妙"的相对论，那像我这样的圈外人就只好环顾左右而言他了。哪怕是100多年后的今天，哪怕是想破了脑袋，我也仍搞不懂他在说啥，除了玄妙还是玄妙。比如，油条弯曲谁都见过，但时空弯曲到底是啥东西呢？莫非因为俺脑筋不会转弯才不懂时空转弯！当然，伙计，我坚信你一定能明白相对论，没准儿今后还会成为相关科学家呢。幸好，全球还有一大批绝顶聪明的物理学家，他们不但完整而准确地理解了相对论，更用各种奇特实验验证了爱因斯坦的魔幻预言。爱因斯坦已被公认为"继伽利略、牛顿以来，最伟大的物理学家"，还被评为"世纪伟人"。至于获得诺贝尔奖等，对他来说那就只算小菜一碟了。所以，下面我们就不再费口舌去介绍他是多么伟大，而只重点关注他是怎样变得如此伟大的。不过，本回只是爱因斯坦的科学家传记，而对他的其他方面就尽量简化了，毕竟篇幅有限嘛。

爱因斯坦于1879年3月14日上午11时30分，以老大的身份诞生在德国乌尔姆市的一个犹太人家庭。他祖上从16世纪就游荡到这里，世代做着小买卖，也偶尔开设几家手工作坊。经过300多年的融合，无论是生活习惯还是语言思维等，他的家族都已完全本地化了。他爸爸本有相当高的数学天赋，可惜家里太穷，没钱读书，只好弃学经商，在家门口摆了一个小摊。也许财运不佳，也许不善经营，老爸始终都没赚到钱。不过，老爸的桃花运倒不错，竟阴差阳错地娶回了一个漂亮的、颇具音乐天赋的富家女。所以，爱因斯坦实际上是数学与音乐的爱情结晶。

小家伙出世后，父母很高兴，爱因斯坦的外公更高兴，大手一挥就给了女婿一笔创业资金。于是，爱因斯坦的父亲就撂下小摊，带领全家迁往慕尼黑郊外，又是盖房又是建厂，很快就办起了一家高科技企业，开始生产弧光灯。可是，还没来得及笑出声时，愁云就挂在了父母脸上。因为，一来，生意照例不景气；二来，更让父母揪心的是，儿子已快4岁了，却还不会说话，偶尔吐出几个字来也只是结结巴巴。儿子还忒不合群，不愿与其他小朋友一起跑跳打闹，只喜欢独自躲一边悄悄玩积木。"上帝保佑，儿子千万别是傻瓜呀！"父母心中随时都在祷告。

后来，妈妈生了一个小妹妹，爱因斯坦才总算有了称心的玩伴。于是，他经常带着妹妹享受大自然的馈赠：一会儿摘片树叶，细心观察其脉纹；一会儿观看阳光射线，看看它们如何穿透林间；一会儿又蹲在湖边，痴痴观望微波起伏的水面。若偶有蚂蚁搬家路过身旁，那更是一场不容错过的好戏，此时即使妈妈呼叫吃饭，他也全然充耳不闻。所以，爱因斯坦终生都酷爱乡村小镇，喜欢居住在海岛或岸边；甚至，有一次他与居里夫妇一起度假时，还对居里夫人开玩笑说："真难相信，夫人您竟从未聆听过小鸟唱歌！"

再后来，从生理角度看，爱因斯坦总算能说话了。但从社会角度看，他好像一辈子都不会说话，因为他说话从不拐弯抹角，也不管听者是否受得了，只顾直来直去，所以经常因不会说话而得罪人。

在爱因斯坦的早期成长过程中，对他影响最大的人物主要有3位。

第一位，自然是妈妈。为了让孤僻的儿子快乐起来，从他6岁起，妈妈便开始指导爱因斯坦学音乐，教他拉小提琴。起初，当然是被迫，但很快他就被音乐所征服，不但学得专心致志，甚至还入了迷，以至音乐几乎成了他的"第二职业"。每当工作疲倦时，他便拉起小提琴，使内心平静下来。不管旅行到哪儿，他都带上小提琴，以便闲暇时拉几段莫扎特，自我陶醉一番。若遇普朗克、玻尔等音乐迷，那就更得一起把海登（又译作海顿）和巴赫等的代表作痛痛快快地合奏一遍。至于各种慈善募捐等场地，当然也是他献艺的重要舞台。回溯爱因斯坦的人生，不难发现，音乐对他的成功起到了关键作用：首先，音乐改变了他的性格，增强了他的自信心，甚至使他整个人都变得振奋，生命也变得迷人和生动；其次，音乐给了他许多科研灵感；最后，音乐更是他思考问题的方法论，他经常一边拉琴一边思考，直到突然顿悟，就好像那答案是通过音乐传给他的一样。总之，用爱因斯坦自己的话来说，他对小提琴的爱也许早就融入了血液。小提琴对他而言，绝不只是消遣，更为他的生命增添了无数惊喜和浪漫。

第二位，是爸爸。爸爸的影响还有点偶然。大约7岁时，爱因斯坦病了，爸爸就送来一个小罗盘，以让儿子在病床上不觉得寂寞。可哪知此举在无意间激起了他强烈的求知欲，而且该求知欲一直延续终生，甚至在某种意义上改变了他的世界观。因为，他惊讶地发现，无论怎么晃动罗盘，其指针总会指向一个固定方向，好像虚空中有一种力量在强迫着指针做特定的运动。这种怪现象一直让爱因斯坦迷惑不解，以至长大后，他虽懂了罗盘的磁场原理，但仍觉不过瘾，所以就花了大量时间和精力去研究"场"的特性和空间问题，直到创立了广义相对论才最终找到了满意答案。

第三位，也许是影响更直接、更全面的一位，是舅舅。

由于爱因斯坦发育较晚，所以直到9岁后才开始上学，故常受同学歧视，甚至被嘲笑为"傻大个"。

又由于他性格孤僻，故很难被大家喜欢，甚至有位老师当面对他说："假若你不在这里，也许我们会快活一些。"比如，老师向他提问时，他好像根本听不见，总陷在自己的深思中，当然就会被老师呵斥。

再由于他生性耿直，故经常让老师下不了台。比如，在一次工艺课上，老师从学生的作品中挑出了最差的一张木凳，批评道："也许没有比这更糟的凳子了！"可哪知，迎着大家的哄笑，不谙人情的爱因斯坦红着脸站起来说："有的！"说着，他便拿出两个更差的凳子，并补充道："这是我前两次的废品！"此言一出，教室里只剩目瞪口呆了。

还由于不喜欢死记硬背，因此他常以消极怠工来抗议：能逃学时就逃学，能迟到时就迟到，能早退时就早退，当然也就经常不及格了。总之，大家都认定他是"笨学生"。比如，上下课时，班长喊"起立"和"坐下"，而他故意反应迟钝，因此常被罚站，甚至被指着鼻子骂为"笨家伙，啥都差"。当爱因斯坦的父亲询问校长自己的儿子将来该干啥时，校长竟直言道："干啥都一样，反正都没出息。"

当然，事实表明，爱因斯坦被视为"笨学生"，其实该归咎于呆板的教育制度。后来，针对这一点，爱因斯坦还批评说："若以恫吓和人为权威来教学的话，那学生就太惨了：自信心被摧残，灵感被践踏，诚恳与正直被破坏。"其实，爱因斯坦一直就是被忽略的天才，他有着超强的自学能力。比如，10岁时，他就开始阅读科普和哲学著作；12岁时，他自学了欧几里得几何，并自证了勾股定理，从此疯狂爱上了数学；13岁时，他开始阅读康德的名著《纯粹理性批判》，还读完了12卷本的《自然科学通俗读本》，从此明白了"哦，原来自然现象也有规律"；15岁时，他开始自学微积分，此时父亲的生意又遭失败，全家被迫迁居苏黎世；16岁时，他在上大学前，就已学会了解析几何，甚至还发表了首篇学术论文。总之，他已远远超过了其他"优秀学生"。

一直被嘲笑为"笨学生"的爱因斯坦，为啥会有如此出人意料的另一面呢？嘿嘿，秘密就藏在舅舅身上！原来，舅舅本是数学迷，不但对数学有深刻研究，还特能将高深的知识讲得生动有趣，更会激发听者的学习热情，故深得外甥喜欢。

比如，舅舅在讲到某个函数$f(x)$的极限为a时，他说："正如猫抓老鼠一样，那只老鼠a藏在草里一动不动，然后，函数$f(x)$就是那只猫，它一步一步地悄悄逼近老鼠，直到把它逮住！"从此，极限的真谛便深深印在了爱因斯坦的脑海中。更重要的是，舅舅就这样训练出了外甥的一项特别本领——他能将每个抽象公式都想象成一幅活泼的画面，所以，爱因斯坦头脑中的数学推导过程一点也不枯燥，而是一部精彩的动画片。

在舅舅的巧妙辅导下，爱因斯坦不仅掌握了许多知识，还开始大胆思考"高大上"问题。比如，16岁左右，当他知道了"光是以很快速度传播的电磁波"后，竟问舅舅："若我以光速与光一起并肩前行，那我能看到空间里振动着的电磁波吗？"舅舅当时就傻眼了，不知如何回答，只是用异样的目光盯着外甥看了半天，心里既赞许也担忧。此后，爱因斯坦就一直被这个问题折磨，并最终引发了相对论研究。后来，爱因斯坦也将该问题称为"狭义相对论的首个思想实验"。再比如，有一次，爱因斯坦从高处摔下，他顾不上叫痛，反而突然问道："为啥会笔直掉下来呢？"经过认真思考后，他答道："哦，物体会沿阻力最小的路径运动！"伙计，别小看了这个结论，它其实极大地启发了爱因斯坦后来提出广义相对论。

17岁时，爱因斯坦总算勉强考入了位于瑞士的苏黎世联邦理工学院。考大学虽不易，但读大学更难，他不但经常逃课，还严重偏科，把大部分精力都花在了物理、课外阅读和实验室方面，所以被数学老师、著名数学家闵可夫斯基臭骂为"懒鬼"。总之，若从考试角度看，在整个大学期间，爱因斯坦确实乏善可陈，但其实他有两大重要收获：其一，他集中精力，思考了一些颇具颠覆性的问题，为毕业后创立相对论打下了坚实基础；其二，他竟以穷小子身份，赢得了班上物理"学霸"、唯一的女生米列娃的芳心，并在婚前就生下了一女儿，后来他们终于结婚了，又生了俩孩子。可惜，事实证明，这是一桩失败的婚姻，双方特别是女方为此付出了沉重代价。实际上，米列娃在爱因斯坦一生中扮演了无数角色，她曾是他的灵感源泉、同伴、恋人、妻子、对手及最后的厌恶对象等。在这场婚姻中，爱因斯坦也因其言行，受到了众多长期指责。有关他的情史还很多，此后就不再提及了。

21岁时，爱因斯坦以很一般的成绩从大学毕业了。他本以为从此便可找到"铁饭碗"，然后安心做自己的科研，可哪知刚好赶上世界经济危机，再加上他是受歧视的犹太人，所以只好失业在家，依靠做各种临时工挣点稀饭钱：今天当家庭教师，明天任代课老师，后天又帮别人跑点腿。光阴似箭，两年一晃就过去了，一事无成的爱因斯坦一边不断努力找工作以解决长期吃饭问题，一边积极想办法解决短期饿肚子问题。1902年2月，爱因斯坦咬牙花钱在当地报纸上登了一则招生广告："本人愿为所有学生提供数学和物理补习，保证效果良好，收费便宜。名额有限，欲来从速。"广告一出，经过几天的门可罗雀后，哇，还真是"名额有限"了，最终只招来了区区两位学生。而且，更奇葩的是，这两位学生压根就不是来"补习数学或物理"的，而是来找爱因斯坦讨论"高大上"问题的。于是，他们三人一不做二不休，干脆挂出吓人的招牌：奥林匹亚科学院！爱因斯坦任"院长"，另两位学生任"院士"，接着他们便开始了没日没夜的、天马行空式的"头脑风暴"。他们的话题横跨马赫、休谟、安培等全球古今名人的代表作；他们的思想不受任何羁绊，彼此完全沉浸在学术交流的兴奋中，经常为某一页、某一言争论不休，持续到深夜，甚至数天。就这样，零成本的"奥林匹亚科学院"竟运行了整整3年，直到两位"院士"毕业为止。千万别小看了这个名不正言不顺的"奥林匹亚科学院"，它其实是爱因斯坦心中最理想的教学模式，他后来的许多独创思想都来自这个阶段的"头脑风暴"。直到逝世前两年，他还对"奥林匹亚科学院"念念不忘呢。

就在创立"奥林匹亚科学院"的同一年，也就是1902年的7月，爱因斯坦终于找到了一份工作——伯尔尼专利局审查员，并在这里工作了整整7年。这7年，也是爱因斯坦最幸福、最多产的7年。其间，他的工资虽不高，但相当稳定，至少不必再为生活操心了，而且，专利局的时间很自由，甚至上班时间也可思考物理问题，这也是"奥林匹亚科学院"之所以能维持3年不倒的另一重要原因。

至此，万事俱备的爱因斯坦开始摩拳擦掌，要从"珠峰大本营"出发向科学顶峰冲刺了！同时，时间也一分一秒地向1905年这个神奇的科学之年，或者说"爱因斯坦奇迹年"逼近。"3，2，1"，"啪"一声枪响后，再看那26岁的爱因斯坦，他早已像离弦的利箭，瞬间就消失在了观众的视线之中。只见他轻轻一跳就跃上了原子论的巅峰，用一篇名为《热的分子运动论所要求的静液体中悬浮粒子的运动》的文章证实了原子的存在，给出了测定分子体积的方法，甚至还能数出分子个数，让古老的原子学说从此站稳了脚跟。当观众的掌声还来不及响起时，爱因斯坦已左腿一跨，就又站上了光学理论的巅峰，用一篇名为《关于光的产生和转化的一个启发性观点》的文章完美解释了光电效应并提出了光量子理论，为原子物理学奠定了坚实的基础。紧接着，他又是一番闪转腾挪，这次他干脆整个人影都消失了，正当观众目瞪口呆时，却见在已有的物理最高峰上"嗖嗖嗖"又长出了另一个直逼蓝天的新高峰——狭义相对论，峰侧清晰标着爱因斯坦的两篇著名论文《论动体的电动力学》和《物体的惯性同它所含的能量有关吗》，而爱因斯坦则巍然屹立在峰尖，那个著名的质能转换方程则正在爱因斯坦掌中闪闪发着金光。哇，一时间，全球物理学家惊呆啦！大家都不敢相信自己的眼睛，更不相信这位"民间科学家"天方夜谭般的成果，所以，爱因斯坦依然过着平静的专利局审查员生活，并按部就班地于1906年由最低的三级审查员晋升为二级审查员；1907年，再晋升为一级审查员；然后，于1908年10月，在29岁时才被伯尔尼大学勉强聘为编外讲师。

就在爱因斯坦即将被埋没时，只听一声惊雷，"伯乐"终于出现了！他就是著名的物理学家普朗克。果然，普朗克慧眼识珠，很快意识到"爱因斯坦的成就可与哥白尼相媲美"。正是在普朗克的积极推动下，相对论很快就成为全球物理界的热门课题，爱因斯坦也才受到了普遍关注。于是，他于1909年当上了副教授；1912年，又升为教授；1913年，应普朗克之邀，终于成了威廉皇帝物理研究所所长和柏林大学教授；1915年，他再接再厉，创立了广义相对论，并成功解释了水星近日点进动现象；1916年，他提出了受激辐射理论。至此，爱因斯坦终于攀上了自己的科研高峰。

随后，两次世界大战接连爆发，已是最著名科学家的爱因斯坦身不由己地卷入了许多政治、军事、哲学、宗教等重大事项中，做科研的时间因而越来越少。不过，在他中年时，还是出现了科研成果的第二次小高潮：43岁时，开始研究统一场论；45岁时，取得最后一个重大科学发现，即论证了波和物质缔合的独立性等。此后的爱因斯坦生平事迹就不再是重点了。整体看来，他的后半生依然相当成功。

说起成功，爱因斯坦总结了自己的秘诀。他说："学习时间虽为常数，但效率是变数，只追求学习时间是不明智的，其实提高学习效率才更重要，其办法就是，通过文体活动获得充沛精力，以保持清醒头脑。"爱因斯坦还根据亲身经历，总结了一个公式：成功＝正确方法＋努力工作＋少说废话。真心希望他的这个秘诀能帮助各位走向成功，帮助各位成为科学家。

1955年4月18日，爱因斯坦安然离世，享年76岁。遵其遗嘱，未举办丧礼，也无坟墓，更没立碑，遗体火化后，骨灰也撒在了永远保密之处。不过，后人为感激他的巨大贡献，将第99号元素用他的名字命名为"锿"，将第2001号小行星命名为"爱因斯坦星"。

第一百二十三回

魏格纳大胆猜测，漂移说小心求证

古今中外，几乎所有重大科学发现都缺一不可地依赖于两只"翅膀"：一是"大胆猜测"，它需要勇气和智慧；二是"小心求证"，它需要耐心和汗水，甚至还可能为之付出生命的代价。实际上，若不敢猜测，只墨守成规，则科学将不会进步，因为科学的每次重大突破，都以大胆猜测为序曲；另外，科学又需要充分的证据，否则，猜测就只是空想，甚至只是笑柄。因此，你若想成为科学家，那就必须既要大胆猜测，又要小心求证。

若只是大胆猜测，其实并不难，许多"民间科学家"都是典型的代表。他们大胆猜测有余，动不动就"推翻了某个著名的科学理论"或"一举解决了某个重大科学难题"等。但小心求证不足，甚至压根儿就没有求证的精神，只热衷于说空话或煽情，既没有也不愿意接受专业训练，更拒绝接受同行评议，拒绝承认既有专业规范。"民间科学家"的理想愿景是，由他们来做名利双收的大胆猜测，而由别人去做吃力不讨好的小心求证，并且还只愿意听取肯定意见，否则就会鸣冤叫屈。其实，许多"民间科学家"都对科学富有狂热而近乎执拗的热情，但因科研不得法或不愿意得法，而不为科学界所接受，所以常常以悲剧结束。伙计，相信您今后不会成为只是大胆猜测的"民间科学家"。

若只小心求证，其实也不难，许多高分低能的学生就是这方面的典型代表。无论作业题多么刁钻难解，他们都能巧妙地小心求证，得出完美答案。但是，一旦面对真正的科研难题时，他们就立即傻眼了，因为此时所有的现成技巧全都没用了，必须依靠大胆猜测了。伙计，相信您今后也不会成为只懂小心求证的"作业机器"。

在科学史上，同时在大胆猜测和小心求证两方面都非常直观（以至普通人一读就懂）且非常成功（以至改变人类世界观）的实例其实并不多，而本回就是难得的最佳案例之一。

本回主角阿尔弗雷德·魏格纳（又译作阿尔弗雷德·韦格纳）大胆猜测的内容非常形象易懂，那就是如今人们耳熟能详的所谓"大陆漂移说"（魏格纳也被称为"大陆漂移说之父"）。该学说认为，大陆也像海面上的冰山一样，虽然十分巨大沉重，但随时都在缓慢漂移，而且最早还是一整块，后来才逐渐分裂并漂移成如今的几个大陆，今后各大陆还将继续漂移。

"大陆漂移说"的意义到底有多大呢？这样说吧，它掀起了地学大革命，已被公认为与达尔文的进化论、爱因斯坦的相对论、宇宙大爆炸理论和量子论并列的"20世纪最伟大的科学进展之一";魏格纳也被称为"让人类重新认识世界的人"。当然,经过后人近百年的不懈努力,特别是经过"海底扩张说"和"板块构造说"的补充,人类最终完成了现代大地构造学说的"三部曲"。目前的最新观点认为,覆盖于地球表面的巨大板块在不断运动,其中有的板块会带动整块大陆或部分大陆和海洋地壳一道运动,因此,陆地运动不过是地壳内部剧烈运动的表面现象而已。100多年前魏格纳未能正确解释的某些关键点也得到了解决。比如,人们找到了驱动大陆漂移的动力,即板块的运动和位移划开了海洋地壳,引起了岩浆上涌,巨大的岩浆热动力推着板块前进。换句话说,大陆板块在大洋中是通过热力驱动的,它依靠自身漂移过程所产生的热力不平衡而前行。

魏格纳当初提出"大陆漂移说"到底有多大胆呢?这样说吧,若仅从外表和言语上来看,他活脱脱就是一个典型的妄想症患者。魏格纳当时根本就是一个地学外行,其主业是与地学相隔十万八千里的气象学和天文学,完全没资格来彻底推翻当时的权威地学理论。况且,魏格纳的所谓"灵感"仅仅来自病床前的一张世界地图,所以,其理论的反对者自然就有理由嘲笑他"有病"而且还"病得不轻"。据说,1910年的某天,30岁的魏格纳百无聊赖地躺在病床上,眼睛不断乱扫。突然,他在墙上的一张世界地图上意外发现,大西洋两岸的轮廓竟能不可思议地相互咬合,特别是巴西海岸的每一个突出部分都恰好对应于非洲西岸海湾的凹陷部分,反之亦然。这不会只是巧合吧?魏格纳突然产生一个想法:非洲大陆与南美洲大陆,莫非曾是连接在一起的?

如果故事到此为止,那就没啥意思了。因为,纵观人类历史,魏格纳并非提出大陆漂移说的第一人,实际上,大陆漂移的思想自古就有。比如,古希腊的泰勒斯就曾猜测大地是浮在水上的圆盘;古代中国人也提出过"地若浮舟"的地动理论;1620年,培根与后来的洪堡等也都已注意到大西洋两岸的轮廓相对应,并认为这绝非偶然,还提出了西半球曾与欧洲和非洲连接的可能性;1668年,天主教神父认为,在《圣经》中的大洪水暴发前,美欧非三大洲曾连在一块,并猜想当年的诺亚方舟就是沿着不太宽的大西洋航行的;1756年,德国神学家利林塔尔也认为地球曾在大洪水后发生过破裂;1858年,意大利的斯奈德也试图证明非洲与美洲曾是一整块大陆;1859年出版的《创世纪及其未解之谜》一书,也提出了原始大陆分裂和移动的思想;19世纪末,奥地利地质学家修斯发现南半球各大陆上的岩层非常一致，因而他将它们拟合成一个单一大陆，称为冈瓦纳古陆；即使到了20世纪的头几年，欧洲的一些学者（如皮克林、泰勒等）也都提出了类似的猜想。可是，真正使"大陆漂移说"作为一种系统假说并在科学界引起轰动的人，却是本回主角魏格纳。因为，他不但有大胆猜测，更有随后20年的小心论证，甚至为此献出了生命：1930年11月2日，魏格纳在刚刚过完50岁生日的第二天，在零下65摄氏度的大雪酷寒中，在为大陆漂移说收集证据的第四次格陵兰岛考察途中突遭暴风雪袭击，不幸遇难，甚至半年后人们才好不容易找到其遗体。后人为了纪念他的重大贡献，分别将月球及火星上的两个陨石坑命名为"魏格纳坑"，同时，将小行星29227号命名为"魏格纳星"。

由此可见，大胆猜测虽然很难，但有时小心求证更难。比如，魏格纳的大陆漂移说，在他去世30年后才被人们全面正式接受。下面就来回放一下魏格纳大胆猜测和小心求证的几个特写镜头。首先有请主角登场。

1880年（光绪六年）11月1日，魏格纳生于柏林的一位传教士兼孤儿院院长之家。他的一生，既是大胆猜测的一生，更是小心求证的一生。

在大胆猜测方面，魏格纳表现最突出的也许就是"大胆"二字，准确地说是"冒险"二字。当然，用褒义词来说，就是具有非凡的进取心和勇气，或者说具有不畏艰险、勇往直前的精神。实际上，魏格纳从小就喜欢幻想和冒险，英国著名探险家约翰·富兰克林就是他崇拜的偶像。其实，魏格纳本是最不该冒险的人，因为他从小就体质虚弱，耐久力差，但他因为胆子太大，以至"有险必冒，没险时，创造风险也要冒"。比如，还在很小时，他就吵着闹着要去北极探险，结果被父亲一通胖揍而坚决制止；若遇狂风暴雨，他就偏要在惊雷中开始长距离竞走；若遇漫天大雪，他就一定去徒步旅行，以借机挑战野外严寒。反正，哪座山峰危险，他就要去攀登；哪里的积雪莫测，他就要去挑战；所有令人心惊胆战的极限运动，几乎都是他的最爱。

中学毕业后，父亲本想让儿子考入神学院，然后接自己的班，但魏格纳只想去冒险。最后，父子俩各让一步，魏格纳便选择了天文学专业。很快，他就发现天文学专业无险可冒，既不能上月亮，也没法摘星星。于是，他就只好拿跳槽来当冒险：今天待在柏林大学，明天转学去海德堡大学，后天又屁股一拍："拜拜，因斯布鲁克大学见！"后来，他觉得转学还不够惊险，于是就开始玩转专业，所以，从天文学专业进入大学的他，在25岁那年以优异成绩从气象学专业毕业了，并取得了气象学博士学位。毕业后，从表面上看，他在多家单位工作过，但实际上，他开始了全职的探险人生：要么在探险，要么在为下次探险做准备工作，或在总结上次探险的经验和教训等。

在1906年的气球探险比赛中，26岁的魏格纳和哥哥一起又冒了一次大险，并一举成名。原来，他俩竟在高空待了整整52小时，打破了当时的持续飞行时间和高度的世界纪录，比原来35小时的世界纪录几乎多出了一半。须知，当时的气球飞行是相当危险的，随时都可能球毁人亡。后来，面对如此冒险，魏格纳却只轻描淡写道："那时我们只热心于测量工作，总想再飞一会，再飞高一点而已。"

随着年龄的增长，魏格纳的冒险精神不但没减少，反而越来越大胆。1907年至1908年，他参加了著名的丹麦远征探险队，对北极圈内的格陵兰岛北部进行了为期近两年的探险考察。他惊讶地发现，那些冻得比石头还硬的巨大冰河、冰山等居然能缓慢移动，这就为他后来提出更大胆的"大陆漂移猜测"准备好了导火索；还让他意外的是，在冰岛的地下居然有煤炭！而该岛位于北极圈附近，永远都不会有高大树木，当然就不会在本地形成煤层。换句话说，这些含煤的大陆很可能是从其他地方漂移而来的。此外，这次考察使他在极地气团和冰河研究方面取得了重要突破。1908年，他探险归来后就被马堡大学物理学院聘为教授。在这里，他一边讲授天文学和气象学，一边整理探险搜集的大量资料，并以此为素材出版了专著《气象热力学》。

就算魏格纳"身未动"，其实他早已"心先行"。最典型的例子便是1910年，哪怕只是躺在病床上，他竟也猜测了那个最大胆的"大陆漂移说"。紧接着，他就迫不及待地于1912年参加了科赫-格林贝格探险队，从此启动了断断续续的、持续了5年的第二次格陵兰岛探险考察活动，开始为其"大陆漂移说"收集证据，他甚至在北纬77度的寒冰上连续度过了两个极冷的冬天。

为啥这第二次探险考察是断断续续的呢？因为，1914年，第一次世界大战爆发了。打仗当然更冒险，所以魏格纳理所当然地应征入伍了，然后便是两次负伤，最终于1915年"挂彩"回家。之后，他一边持续考察格陵兰岛，一边从1919年开始先后担任汉堡大学和格拉茨大学教授。1929年，他又率探险队第三次考察了格陵兰岛，并在该岛的3000米高地上建立了考察站。在1930年的第四次探险考察中，魏格纳终于献出了自己宝贵的生命。

在小心求证方面，其实与大胆猜测类似，魏格纳也不具有先天优势，准确地说，他的智商并不高，学习天分也较低，考试成绩更是一般。比如，他曾坦言"我与数学无缘。除了硬套公式外，我在数学中几乎无所作为"，这当然不是谦虚，他的一位同学也曾这样评价他："在数学、物理等方面，他的能力都很一般，但具有很强的整合能力，能把各种相关的思想正确地组合起来。"换句话说，他特别擅长学以致用，喜欢运用多方面的知识来达成既定目标，具有极强的洞察力和逻辑判断力。比如，他能应用大量精密计算来使其工作成果更有说服力。

当然，在小心求证方面，魏格纳的最杰出表现，仍是长达20年、面对多方批评与嘲讽、克服各种困难对其"大陆漂移说"的论证。因此，下面就把镜头重新拉回到1910年的那间病房，看看他是如何开始小心求证的。

若以旁观者的身份来看，这项论证工作好像不太难。比如，正如魏格纳所说："若要论证几张碎纸片是从同一张报纸上撕下来的，那就只需要证明两点就行了：其一，这些碎片能严丝合缝地重新拼接成一张纸；其二，纸上那些跨过裂缝的句子，能连贯通畅。"关于第一点，魏格纳在病床上就已论证了。关于第二点，魏格纳也已找到许多证据，证明了跨越不同大陆之间的那些"句子"的连贯通畅性。由于"大陆漂移说"的意义实在太重大，因此，地学家们就格外小心。比如，他们追加了需要论证的第三点：促使这些碎片漂移的力量是什么？巨大的大陆是在什么东西上漂移？客观地说，这第三点要求虽然并不多余，但在当时的科技水平和条件下，无论如何也不可能找到正确答案。事实上，魏格纳在该方面的求证也是有瑕疵的，这也是"大陆漂移说"迟迟未获全面认可的重要原因之一。幸好，经过全球科学家数十年的共同努力，人们终于对上述所有三点都给出了令人信服的证据。

为突出重点，下面主要介绍针对上述第二点，魏格纳的小心求证过程。

首先，他将山系褶皱和地层褶皱当作"报上文字"，在考察其跨越碎片的连贯通畅性时，他找到了有力证据。他发现，北美洲纽芬兰一带的褶皱山系，与欧洲北部的斯堪的纳维亚半岛的褶皱山系遥相呼应，这暗示了北美洲与欧洲曾彼此相连。美国阿巴拉契亚山脉的褶皱带的东北端没入大西洋，延至对岸，在英国西部和中欧一带又出现。总之，褶皱带是跨海连贯的。

其次，他将古老岩石的分布当作"报上文字"，在考察其跨越碎片的连贯通畅性时，他也找到了有力证据：非洲西部的古老岩石分布区可与巴西的古老岩石分布区相衔接，而且二者之间的岩石结构和构造也彼此吻合；与非洲南端的开普勒山脉的地层相对应的岩石，是南美洲的阿根廷首都布宜诺斯艾利斯附近的山脉中的岩石等。此外，在非洲和印度、澳大利亚等大陆之间也发现了地层构造的联系。总之，岩石分布也是跨海连贯的。

再次，他将大洋两岸的动植物及其化石当作"报上文字"，在考察其跨越碎片的连贯通畅性时，又找到了有力证据。他通过查阅古生物学的相关文献，证实了：在目前远隔重洋的一些大陆之间，古生物面貌有着密切的亲缘关系。

例如，生活在远古时期陆地淡水中的中龙化石，既可在巴西石炭纪到二叠纪时期形成的地层中找到，也出现在南非的石炭纪到二叠纪时期形成的同类地层中。而迄今为止，在其他地方，都未曾找到过这种化石。淡水中龙咋能游过咸水大西洋呢？当然最有可能的情况是，这两块大陆本来就曾是一块。

又比如，一种古代蕨类植物舌羊齿的化石，广布于澳大利亚、印度、南美洲、非洲等地的晚古生代时期形成的地层中，即现代地图中靠近南方的大陆上。植物没腿，也不会游泳，咋能漂洋过海呢？当然最有可能的情况，仍是这些陆地本来就曾相连。

还比如，有一种庭园蜗牛，它既发现于德国和英国等地，也分布于大西洋对岸的北美洲。蜗牛咋有本事跨过大西洋呢？这当然意指这两块陆地曾经相连。

还有，若将古代冰川分布当作"报上文字"，在考察其跨越碎片的连贯通畅性时，仍找到了有力证据。在距今约3亿年前后的晚古生代，在南美洲、非洲、澳大利亚、印度和南极洲都曾发生过广泛的冰川作用，有的地区还可从冰川的擦痕判断出古冰川的流动方向。而南美洲、印度和澳大利亚的古冰川遗迹都残留在大陆边缘，且冰川的运动方向是从海岸指向内陆，显然冰川不会登陆向高处运动，因此，这些大陆上的古冰川并非源于本地，而最有可能的情况是，上述出现古冰川的大陆曾经连在一起，整个大陆位于南极附近。冰川中心处于非洲南部，古大陆冰川由中心向四方呈放射状流动，这就合理地解释了古冰川的分布与流动特征。现在之所以看到冰川向陆地内部运动的表象，其实是因为原本巨大的大陆分裂开来，使得原来的内陆变成了沿海地带。

最后，若将蒸发盐、珊瑚礁等古气候标志当作"报上文字"，在考察其跨越碎片的连贯通畅性时，都能找到有力证据。于是，魏格纳于1915年出版了代表作《海陆的起源》，严肃且详细地阐述了"大陆漂移说"的主要观点，即在二叠纪时，全球只有一个巨大的陆地，称为泛大陆；此后，泛大陆一分为二，形成北方的劳亚古陆和南方的冈瓦纳古陆，并逐步分裂成几块更小点的陆地，四散漂移，有的陆地又重新拼合，最后形成了今天的海陆格局。

回忆魏格纳短暂的一生，虽然他和他的学说遭受了广泛冷遇，但他的"大胆猜测，小心求证"精神，绝对是值得所有想成为科学家的读者学习的。

第一百二十四回

『高分子化学之父』，生物大分子起步

从某种角度说，世界是由信息、物质和能量组成的。其中，信息是魂，物质是魄，而能量则是驱使魂魄独自运动和相互作用的力量。若从人类文明角度看，物质的主体又是材料。随着社会的进步，材料已越来越成为人类赖以生存和发展的物质基础，所以，信息、材料和能量就成了当代文明的三大支柱。若从高科技角度看，又可把新材料、信息技术和生物技术等，并列为新技术革命的重要标志。

材料的种类很多，按不同标准可得到不同的分类。若从物理化学属性来分类的话，就可分为3类：金属材料、无机非金属材料（陶瓷等）和高分子材料。这里"三分天下有其一"的高分子材料，或曰"构成材料世界的三大支柱"之一，是高分子化学的核心。而本回主角则是"高分子化学之父"，由此可知他对科学的影响到底有多大。实际上，受益于他的成果，仅仅半个多世纪后，高分子材料就与金属材料并驾齐驱，甚至在年产量（这里指体积）上已超过了钢铁，成为国民经济、国防尖端和高科技领域不可缺少的材料。从科学角度看，他提出的高分子聚合物（简称高聚物）结构理论以及对生物大分子的研究，为高分子化学、材料科学和生物科学的现代化奠定了坚实基础，也促进了全球塑料工业的迅速成长。至今，他的理论还在不断推动着相关科技的进步，特别是他的高聚物分子设计思想，仍是研制新结构、新功能的高分子材料的重要基础和指南。为表彰他的开拓性贡献，诺贝尔奖委员会1953年授予了他诺贝尔化学奖。

以上文字当然不只是想说明本回主角很厉害，其实还想借机普及一下材料科学特别是高分子材料科学。一提起材料，许多人可能就会联想起破铜烂铁等"傻大黑粗"的东西。就算提起高分子，也可能有人会不屑道："塑料拖鞋而已！"伙计，这些印象其实都是过时的偏见。如今的材料大家庭，早已今非昔比了。若按化学组成分类，则有金属材料、无机非金属材料、有机高分子材料、复合材料等；若按物理性质分类，便有高强度材料、耐高温材料、超硬材料、导电材料、绝缘材料、磁性材料、透光材料、半导体材料等；若按凝聚态分类，则有单晶材料、多晶材料、非晶态材料、准晶态材料等；若按物理效应分类，则有压电材料、热电材料、铁电材料、光电材料、磁光材料、激光材料等；若按用途分类，则有建筑材料、研磨材料、耐火材料、耐酸材料、电工材料、光学材料等；若按组成分类，则有单组分材料、复合材料等；此外，还有以纳米材料、生物材料及新能源材料等为代表的新兴材料。伙计，咋样，单凭这些又酷又炫的名词，材料科学的"高大上"和"白富美"就已跃然纸上了吧。

其实，大千世界，材料无处不在、无所不包。你每天的吃穿住行都会碰到诸如金属、橡胶、磁性、光电等材料，小到一根针、一张纸、一个塑料袋、一件衣服，大到交通工具、医疗器械、工程建筑、信息通信、航天航空，处处都有材料的身影，甚至人类社会发展历程中的一些阶段，也是以所使用的典型材料为依据来划分的：300万年前，人类祖先以石头为工具，故称旧石器时代；1万年前，人类祖先加工石器，使之成为器皿和工具等，从而进入新石器时代；公元前5000年，进入青铜器时代；公元前1200年，进入铁器时代；18世纪开始进入钢铁时代；20世纪中叶，进入金属材料时代；随后，便是如今的高分子材料时代。

所谓高分子材料，顾名思义，就是以高分子化合物为基体的材料，又称为聚合物材料。高分子化合物简称高分子，又叫大分子，这种化合物的相对分子质量往往是几万甚至几十万，而普通分子化合物的相对分子质量则只有近千。绝大多数高分子化合物都由许多不同的单体聚合而成，即由千百个原子以共价键方式相互连接而成。它们的相对分子质量虽很大，但其结构很简单，即各单元以线型或体型结构方式重复连接而成。具体地说，若普通分子像小球，那高分子就是由这些球连成的链条，就像一根50米长的麻绳，有些高分子长链之间又有短链相连接，从而形成网状。由于高分子间存在引力，这些长链不但各自卷曲还相互缠绕，所以就形成了既有一定强度又有适当弹性的固体。此外，因为分子很大，其长链一头受热时，另一头还未被加热，故在熔化前高分子有一个软化过程，这就使得高分子具有良好的可塑性。正是这种内在结构，使得高分子材料具有包括绝缘性等在内的优良特性。

高分子化合物的种类繁多，若按来源分类，可分为天然高分子化合物和人工合成高分子化合物两类；若按性能分类，则可分为塑料、橡胶和纤维三类。从性能上看，高分子化合物通常都处于固体或凝胶状态，有较好的机械强度、较好的绝缘性和耐腐蚀性、较好的可塑性和高弹性，并且几乎无挥发性。此外，高分子化合物与普通分子化合物的区别，还体现在溶解性、熔融性、溶液的行为和结晶性等方面。如今，常用的高分子化合物，都是以煤、石油、天然气等为原料先制得低分子有机化合物，再经聚合反应而得。聚合反应主要有加成聚合反应和缩合聚合反应两类，简称加聚和缩聚。

高分子化学又称高分子科学，是研究高分子化合物的合成、反应、应用、物理化学、加工成型等方面的综合性学科。"高分子化学"听起来虽很唬人，但它一直就与人类密不可分。比如，自然界的动植物包括人体本身，其实都是高分子材料。但另一方面，过去几千年来，人类对高分子材料的科学本性几乎一无所知，甚至不知道棉、麻、丝、木材、淀粉等都是天然的高分子化合物。直到20世纪初，经过本回主角等的共同努力才彻底改变了这个局面。实际上，1930年左右，主角发现了高分子稀溶液的黏度和相对分子质量之间的定量关系，从而引发了定量测定高分子相对分子质量的高潮；1932年，他出版了首部高分子巨著，从而诞生了高分子化学，特别是他发现了"高分子具有重复链节结构"，找到了高分子合成的简便方法，从而使得高分子理论、应用和产业都获得了飞跃发展。比如，第二次世界大战就刺激了高分子化学的迅速发展，德国首先合成了橡胶等；战后，由于消费品需求的大增，高分子化学更走上了快车道。高分子化学的发展，主要经历了天然高分子的利用与加工、天然高分子的改性、人工合成高分子的生产和高分子科学的建立4个阶段；而本回主角的贡献，主要体现在第3阶段和第4阶段。

至此，本回不但科普了高分子化学，还借机说清了主角的代表性贡献。下面开始介绍他。可是，不知何故，也许是因为过于低调吧，作为一位著名的材料科学家，主角留下的材料却相当稀少，甚至其生平材料都不够完整。此外，他在科研之外，还做了许多事情，但都不太成功，可见，他只是块科研材料。实际上，他最终能取得如此成功，确实相当不易：一方面，他不得不孤军奋战10多年，长期面对当时主流学术界的否定和质疑；另一方面，其祖国发动的两次世界大战也从多方面严重破坏了他的科研工作。

好了，闲话少说，书归正传。

就在毕加索和鲁迅诞生那年，准确地说是1881年3月23日，本回主角赫尔曼·施陶丁格诞生在了德国莱茵河畔沃尔姆斯的一个著名哲学家的家里。所以，主角从小就受到各种哲学思想的熏陶，对新生事物感觉很敏锐；在科学推理和逻辑思维方面不易被传统观念束缚；善于从复杂事物中找出头绪，发现要点，提出新观点等。

中学期间，施陶丁格的兴趣主要集中在植物和花卉方面，故17岁中学毕业后，他就考入了达姆施塔特大学植物学专业。不过，他好像与植物专业无缘，因为他后来竟莫名其妙地离开了该专业。原来，有一位"颇有科学见地"的朋友向他父母进言，建议让主角先打好化学基础然后再进入植物学领域，于是，父亲便将朋友的建议从哲学高度提升为"学好化学，可为植物学打基础"。严格说来，这个建议确实不太靠谱，因为在当时化学与植物学几乎不搭杠。但幸好，施陶丁格信以为真，于是便歪打正着地转入了化学专业，从此便与化学结下了不解之缘。看来，这也许是冥冥之中的命运安排吧。更奇妙的是，主角与植物学还真有更深层次的缘分：一方面，他后来娶了一位植物学家太太；另一方面，他还与太太合作打通了化学与植物学间的壁垒，证实了"植物分子是典型的天然高分子"，这也算阴差阳错地验证了父亲的观点吧。

离开植物学专业后，施陶丁格先后转入了慕尼黑大学和哈勒－维腾贝格大学，一门心思地学习化学。其间，其思想和生活方式受到了化学教授弗兰德的深刻影响，他的学习从此变得非常刻苦。22岁时，在弗兰德教授的指导下，他获得了学士学位。接着，他前往斯特拉斯堡大学，拜师于著名有机化学家梯尔，并于26岁时获得博士学位。其间，其学问和为人处事也深受梯尔教授的影响。施陶丁格获得过很多博士学位，据不完全统计，曾授予他博士学位的大学有卡尔斯鲁厄大学、美因茨大学、萨拉曼卡大学、都灵大学、苏黎世大学和斯特拉斯堡大学等。

也是在26岁那年，施陶丁格被聘为卡尔斯鲁厄大学副教授。他在这里遇到了多位著名化学家，并有幸与他们进行了卓有成效的合作，在小分子有机化学方面取得了许多成果。比如，29岁时，他与1939年诺贝尔化学奖得主鲁日奇卡合作，成功分离出了某种杀虫剂的有效成分，从而引起了国际学术界的重视，故在31岁时，他被苏黎世联邦高等工业学校聘为教授兼化学系主任，以接替刚退休的1915年诺贝尔化学奖得主维尔施泰特教授。从此，他在这里执教14年，开始研究具有生理活性的天然化合物，还出版了首部学术著作。其间，他借助教学的机会熟悉了有机化学各领域的新理论，为随后顺利开展大分子研究奠定了基础。

第一次世界大战期间，德国作为同盟国，当然遭到了协约国的海上封锁，致使国内供应紧张。于是，施陶丁格发挥专业优势，参与了人造用品的研制工作并取得突出成果，特别是他成功合成了人造胡椒，甚至因此而改变了德国人的口味。此外，他还研制出了可靠的人造芳香品等。这使他成了有机化学的佼佼者，其学术声望也空前提高。

第一次世界大战结束后，施陶丁格突然放弃了已经硕果累累的小分子研究领域，转而进行颇具挑战的聚合物研究，并以罕见的开拓精神突破了传统有机化学思维的局限，提出了革命性的观点。特别是在1920年，他发表了一篇爆炸性论文，列举了几类新的化学反应（称为"聚合反应"），它们竟能通过大量小分子的链接，形成具有高相对分子质量的大分子。该文一经发表，就立即在平静的化学江湖引起了轩然大波。1922年，他又进一步指出"高分子是由长链大分子构成的"，并通过实验从根本上动摇了当时的传统权威理论，即胶体理论。比如，根据胶体理论将推出这样的结果：若橡胶加氢，则会得到一种低沸点的低分子烷烃。但是，施陶丁格的实验结果竟是，天然橡胶加氢后，得到了一种新的橡胶，它不但不是低分子烷烃，还在性质上与天然橡胶几乎没区别。随后，他又将研究成果推广到了多种其他化合物，指出它们的结构同样是"由共价键结合形成的长链大分子"。

施陶丁格的大分子观点，在当时的化学江湖绝对荒谬至极。"江湖大佬"们根本就不相信他的理论，更否定存在着相对分子质量超过5000的极大化合物。反正，施陶丁格几乎是一个人在与整个化学江湖作对，不但受尽了恶意对手的冷嘲热讽，甚至许多朋友也劝他"扔掉大分子概念吧！根本没有这种东西"。但是，这位孤胆英雄不但没退却，反而更加精益求精，因为他坚信自己的理论。为此，他连续3年（1924年、1925年及1926年）在相关国际学术会议上，与传统化学江湖展开了面对面的激烈辩论。他坚定地捍卫着自己的理论，声称"我已站在科学道路上，已别无选择"。果然，凭借自己的智慧、坚持和热情，他有力驳回了各方质疑并取得了最终胜利。

其实，当时双方长达10年的辩论，主要聚焦在以下两方面。

一是施陶丁格认为，通过测定高分子溶液的黏度便可以换算出相对分子质量，由相对分子质量的多少就可确定它是不是大分子；而胶体论者则认为，黏度和相对分子质量没有直接的联系。由于当时缺乏必要的实验证明，刚开始时，施陶丁格显得很被动，处于劣势，但他通过反复研究，终于在1930年发现了黏度和相对分子质量之间的定量关系式，即如今著名的"施陶丁格黏度方程"。

辩论的另一焦点是，在高分子结构中，晶胞与其分子之间到底是啥关系。虽然双方都使用X射线衍射法来观测纤维素，双方都发现单体与晶胞的大小很接近，但是，双方对此的解释截然不同。胶体论者认为，一个晶胞就是一个分子，晶胞通过晶格力相互缔合形成高分子；而施陶丁格却认为，晶胞的大小与高分子本身的大小无关，一个高分子可以穿过许多晶胞。正当双方争执不休时，瑞典化学家斯韦德贝里等却在1926年设计出了一种超级离心机，并用它测出了蛋白质的相对分子质量，从而证明：高分子的相对分子质量的确是从几万到几百万。这显然就为施陶丁格的大分子理论提供了直接证据。

事实上，参加这场持久论战的许多科学家都是严肃认真和热情友好的，他们都是为了追求科学真理，都投入了严密的实验研究，都尊重客观事实。所以，当许多实验结果都符合施陶丁格的理论时，大分子的概念便越来越得到公认。其中，最令人感动的是，昔日的两位主要反对者也都在1928年公开认错，同时高度赞扬了施陶丁格的出色工作和坚忍不拔的精神，还帮他完善和发展了大分子理论。于是，1932年，51岁的施陶丁格出版了划时代巨著《高分子有机化合物》，全面总结了大分子理论，此书被同行视为"圣经"。从此，高分子科学诞生了，人类也认清了高分子的面目，更使得高分子的人工合成有了指路明灯。终于，施陶丁格在1953年获得了诺贝尔化学奖，此时，距他创立高分子聚合理论已过去整整20年，他已是72岁的古稀老人了。

好了，花开两朵，各表一枝。下面介绍主角如何实现他儿时的"植物梦"。原来，在45岁那年，施陶丁格被聘为弗赖堡大学教授兼化学实验室主任，并于次年娶回了满意的媳妇、植物生理学家伏尔黛。从此，他全身心投入大分子的理论和实验研究中，并在此度过了余生。他也开始与媳妇合作，研究生物高分子。实际上，早在他俩恋爱期间，他就将大分子概念引入了生物化学，并大胆预言"在生命的有机体中，存在着高分子化合物"。婚后，夫妻一起研究了大分子与植物生理学，经过多年努力，终于利用电子显微镜等手段证明了在生物体内确实存在着高分子（其实，从今天的结果来看，生物体内不仅是存在着，而且干脆压根儿就几乎全是高分子）。可惜，由于希特勒的上台和第二次世界大战的爆发，如此重要的科研工作被迫中断，甚至连研究所都毁于战火。第二次世界大战一结束，这对夫妇便立即总结了有关研究成果，于1947年出版了《大分子化学及生物学》，为分子生物学的建立和发展奠定了基础。施陶丁格晚年的科研兴趣，主要聚焦于分子生物学，但由于年事已高，成果不多，不过，他培养了许多优秀人才，并启动了生物大分子学研究。

1965年9月8日，施陶丁格安然去世，享年84岁。作为一位经历了两次世界大战的德国科学家，特别是作为本来有潜力制造毒气弹的化学家，施陶丁格在正确处理祖国和科研的关系方面也许是一个好榜样。第一次世界大战期间，他曾公开批评化学战，甚至在1917年还发表了反战文章：此次战争将失去德国，应立刻停战，因为任何的流血杀戮都是愚蠢的。由于施陶丁格极力追求和平，他的爱国情怀也曾遭质疑。比如，在纳粹执政的1934年，弗赖堡大学校长就试图开除他，盖世太保也对他进行过审讯，并强迫他辞职，1937年以后，他还被禁止出境参加国际会议。但事实证明，无论是第一次世界大战还是第二次世界大战期间，施陶丁格的科研成果都大大缓解了祖国的物资紧缺问题，挽救了无数德国同胞的生命。

第一百二十五回

弗莱明阴差阳错，青霉素歪打正着

一提起科学家，你肯定马上会想到天才、聪明、勤奋、执着、敢想、敢干、敬业、知识渊博、持之以恒、善学好问等关键词，但是，当读完本回后，你的上述"三观"将被全毁，因为本回主角除了"细心"外，好像很难再找出其他典型的科学家素质，甚至连他的所有重大成就都是歪打正着的产物。世间的细心人多着呢，为啥唯独他才成了顶级科学家呢？为了给出"合理"的解释，古今中外的许多传记作家便努力在"幸运"二字上下功夫，不但将所有"幸运史事"挖掘得淋漓尽致，更编造了不少传奇，这无疑给本回的去伪存真添加了难度，但同时也有助于把科学家请下神坛。换句话说，只要你愿意，只要你处处留意，其实你也可能成为科学家，哪怕你智商不高、条件不好等。当然，另一方面，世上也绝无"包打天下成为科学家"的灵丹妙药，哪怕你再聪明、再刻苦。

科学家是谁？他们是发现大自然基本运行新规律的人。注意，其中的两个关键词"发现"和"新"扮演着非常重要的角色，过去可能被普通读者忽略了。

先看第一个关键词"发现"。何谓发现呢？它就是经过研究、探索等，看到、找到或知觉到前人或别人没看到的事物或规律。换句话说，聪明、勤奋等与发现能力确实密切相关，但又不能盲目画等号。实际上，就算是愚蠢懒惰的动物，它们也能发现许多聪明科学家不曾发现的基本规律。于是，为了发现这些动物的"发现"，便涌现了大批仿生学家。更进一步地说，除了数学等少数纯粹推理的学科外，人类的许多发现，其实在很大程度上也都只是间接发现，即通过发现"其他生物的发现"来获得自己的发现。

再看第二个关键词"新"。何谓新？它当然相对于旧，若与已有的"旧"存在差别，那"新"就出现了。换句话说，若找出了差别，就发现了新。如何才能找到差别呢？"细心"当然是关键，否则，哪怕是天壤之别，对"马大哈"来说也可能熟视无睹。

综上所述，我们可以得出这样的结论：足够细心的人，本来就可能成为科学家；虽然并非每个细心人都能成为科学家！换句话说，针对本回主角的成功，完全没必要只在"幸运"二字上下功夫，虽然主角的运气确实不错。当然，上面的论述绝非要否定科学家的"聪明、勤奋"等基本素质，而只想重申：条条道路通罗马，无论你是谁，其实都可能成为科学家，除非你压根儿就不想成为科学家。

本回主角到底有啥重大发现呢？哇，他可不得了啦！请各位坐好了、扶稳了，说出来也许吓你一跳：他取得了"20世纪最伟大的医学发现"，甚至是医药领域"有史以来最伟大的发现之一"。该发现在第二次世界大战期间被公认为"与原子弹和雷达合称为三大法宝"；该发现催生了"世纪灵药"，让人类的平均寿命有了革命性的提高；该发现使人类找到了一种具有强大杀菌作用的药物，结束了传染病几乎无药可救的历史，掀起了寻找抗生素新药的热潮，人类社会也因此进入了合成药物的新时代。哦，还差点忘了，因为这项重大发现，主角还获得了1945年的诺贝尔奖呢。

急性子的读者也许早已忍不住了，这神秘的发现到底是啥呢？嘿嘿，其实一点也不神秘，除非你有特别的过敏反应，否则你从小到大一定已使用过多次，没准它还救过你的命呢！对，它就是大名鼎鼎的青霉素！是你感冒发烧时的常用药品，也是治疗肺炎、白喉、炭疽、脑膜炎、心内膜炎等疾病的重要药品。也许你对这个答案感到不过瘾，甚至认为"青霉素很普通嘛，几块钱而已"。错，那是因为你今天"身在福中不知福"。由于高效低毒的青霉素早已普及，它的巨大作用反而被冲淡了。幸好，有一个现实中的例子马上就能纠正你的上述错觉：就在第一次世界大战结束后的第二年，仅因一场流行性感冒，2000万人就命归黄泉，若当时已有青霉素的话，这场灾难将不会出现。此外，青霉素的诞生，还催生了链霉素、氯霉素、金霉素、土霉素、红霉素等抗生素，至少使过敏人群有了救命的替代药品，从而使人类在战胜感染性疾病方面取得了里程碑式的进展。

好了，下面有请主角登场。

1881年（光绪七年）8月6日，亚历山大·弗莱明诞生在苏格兰的一个贫农家里。望着这个又黑又瘦还个子特小的儿子，老爸的笑容刚露一半就没了：唉，都第8个孩子了，口粮何来，穿衣咋办，生活咋办呀？针对这一大堆难题，传记作家们比老爸还着急，于是他们一拍脑袋就编出了弗莱明的首个好运传说：从前，正发愁不知如何养家的老爸，偶然在粪池里救出了一个"熊孩子"，为了感恩，"熊爸爸"主动出钱，资助了弗莱明的全部学费。为了让该传说显得更真实，作家们还给这位"熊孩子"安排了一个响当当的身份，即长大后成为英国首相的丘吉尔。此传说至今仍在广泛传播，反正谁也不能去找丘吉尔当面求证。幸好，弗莱明生前曾在一封私人信件中亲自否定过该传说。

虽不知弗莱明如何艰难长大，但事实其实比"家中多达8个孩子"还更惨，因为就在弗莱明7岁那年，贫病交加的老爸因不堪生活重压而过早去世了，撇下一大堆孩子和他们的妈妈。幸好，大哥这时已懂事，于是，如父的长兄便咬紧牙关，愣是勉强撑起了这个家。目光炯炯的弗莱明从小在山野中长大，抓鱼、摸虾、挖野菜、辨蘑菇等谋生手段，意外培养出了他很强的观察能力，这也为他日后偶然发现细微差异从而取得重大科学发现埋下了伏笔。此外，野生野长的经历，也让他特别喜欢体育运动，而正是这项与科学无关的爱好，在他人生的几个重要关头都起到了决定性作用，否则，他的人生轨迹可能将完全不同。13岁左右，弗莱明前往伦敦，投奔同父异母的汤姆哥哥。此时，汤姆已从格拉斯哥大学毕业，并已是伦敦的知名大夫。在汤姆哥哥的帮助下，弗莱明进入了一所技工学校，16岁毕业后就职于一家船务公司。

若故事只是至此，则弗莱明永远也成不了科学家。可哪知，他20岁时，天上还真掉下了一个馅饼！他的一位终身未婚的舅舅去世，留下一笔遗产，弗莱明也分到了其中的250英镑。在汤姆哥哥的建议和敦促下，弗莱明决定将这笔钱用作学费。1901年7月，弗莱明考入了圣玛丽医院附属医学院。弗莱明为啥放弃其他更好的学校，却偏偏选中这所名不见经传的大学呢？其原因竟非常意外，原来，他在船务公司上班时曾与来自该校的水球队有过一场惊心动魄的比赛，仅此而已。这也算体育第一次改变了他的人生吧，因为后来的事实表明，圣玛丽医院附属医学院几乎成了他终生的工作单位，对他的成功更起到了关键作用。

简而言之，大学期间的弗莱明特别勤奋，并以优异成绩获得了多种奖学金。1906年7月，25岁的他大学毕业了，通过一系列考试获得了独立开业行医的资格。本来他该像汤姆哥哥那样开始自己的行医生涯，但其人生轨迹又一次被体育彻底改变了。准确地说，是被他的一个哥们儿，一个小人物，改变了。这个哥们儿也是圣玛丽医院附属医学院的一位助理，同时更是弗莱明所在大学球队的队长。因为这位队长很珍惜自己的主力队员，故三天两头四处游说：一方面，在学校积极活动，总算找到了一个薪资极低的职位——赖特教授的实验助理；另一方面，又找弗莱明软磨硬泡，非要他留下来当这个助理。弗莱明当然不乐意，但又碍于哥们儿义气，只好勉强留下来，一边在母校当助理一边在外兼职挣钱，并随时准备跳槽。比如，1908年，他参加了一系列与本职工作无关的、更高等级的考试，以便另攀高枝；后来，为了成为外科医生，他又去住院部兼职，并于1909年通过考试获得了外科医生资格。

但弗莱明最终没有跳槽，而是长期留在了赖特教授身边。虽不知其全部原因，但也许与赖特的宽容有关，因为当时许多教授都不允许自己的助手私下从事独立科研工作，而赖特却是少有的例外。后来的事实表明，正是赖特的这点宽容，才成就了弗莱明的成功，否则他将永远只是默默无闻的助理。果然，1909年，弗莱明在担任助理的同时也独自开始了痤疮的免疫接种研究，并成功精简了梅毒的繁琐检测程序。此外，他还是当时少有的，甚至在整个伦敦几乎唯一的掌握了静脉注射这一先进技术的医生，因此，他也算当地名医了。

第一次世界大战期间，在赖特教授的率领下，弗莱明等奔赴法国前线，协助研究如何借助疫苗来防止伤口感染。他抓住机会，全面系统地学习了致病细菌的相关知识，还验证了自己的若干想法。比如，在含氧较高的组织中，氧气的耗尽将有利于厌氧微生物的生长等。另外，他还与赖特一起证实了用杀菌剂消毒伤口其实没啥效果，不但细菌未被真正杀死，反而杀死了有益细胞，使得伤口更易被感染。于是，他们建议在伤口严重感染前赶紧用浓盐水冲洗。可惜，这项建议直到第二次世界大战时才被广泛采纳。此外，第一次世界大战期间，弗莱明和同事们还在交叉感染、输血技术改良、抗凝血作用等方面都取得了一系列实用性成果。虽然它们与随后的重大成果相比，几乎可以忽略不计，但这些小成果大大增强了他从事科研工作的信心和决心。更重要的是，所有这些小成果，其实都只是"一招鲜"而已，即只要足够细心就行了。第一次世界大战期间，弗莱明还取得了另一项"重大成果"，那就是他于1915年娶回了媳妇，并养育了一个后来子承父业的医生儿子。可惜，夫人于1949年先他而去；在1953年（即去世前两年），他又再次结婚。

1918年，第一次世界大战结束后，弗莱明等退伍返回母校圣玛丽医院附属医学院。此时的他已完全今非昔比了。一方面，在战场上亲眼看到许多战士因伤口感染恶化而死亡的惨剧，这使他更加感到了医生的责任，所以科研动力更强了，以至一回实验室就马上开始了细菌研究工作。另一方面，经过大学毕业后12年的磨炼，他的"翅膀"也硬了，终于可以在科研方面大展拳脚了；而他的科研法宝，仍然只是那一招，即细心，足够的细心。

弗莱明的首项代表性成果，起源于1921年11月初的一次重感冒。作为身强体壮的运动达人，弗莱明当然缺乏感冒经验，所以，当他在培养一种新的黄色球菌时竟突然打了一个喷嚏，自然就将一些唾液等喷在了固体培养基上。两周后，当他检查培养基器皿时，却发现了一个有趣现象：培养基上遍布球菌的克隆群落，但唾液所在处未见球菌，只出现了另一种看似新型的克隆群落，其外观如玻璃，呈半透明状。起初，他误以为这种"玻璃"是来自唾液的新球菌，甚至还给它取了菌名。后来，经反复对比，他终于在1921年11月21日确认：这种所谓的"玻璃"根本就不是新细菌，而是由于细菌被溶化所致。换句话说，弗莱明就这样阴差阳错地发现了一种抗生素，而更奇妙的是，这种抗生素竟含于唾液中。随后，他进一步发现，除了汗水和尿液外，人类的所有体液和分泌物中几乎都包含抗生素。他还发现，加热和蛋白沉淀剂都能破坏该抗生素的抗菌功能。于是，他断定这种新发现的抗生素一定是酶，故取名为"溶菌酶"。

为深入研究这种溶菌酶，弗莱明到处向人讨要眼泪，以至同事们特别是男同事们见了他都避之不及，毕竟"男儿有泪不轻弹"嘛。直到1922年1月，弗莱明终于不再四处"逼哭"同事了，因为溶菌酶的来源问题已解决了，原来鸡蛋的蛋清中就含有活性很强的溶菌酶。1922年末，弗莱明发表了首篇研究溶菌酶的论文，接着又对溶菌酶进行了长达7年的深入研究。可惜，这种酶的杀菌能力不强，对多种病原菌也无效，这令他很失望。不过，弗莱明还是因溶菌酶的发现等成果，于1928年9月1日晋升为教授。

溶菌酶研究告一段落后，弗莱明开始转向另一课题，从而引发了第二项也是最重要的一项成果，即青霉素的发现。不过，该成果仍属歪打正着。原来，大约在1928年初，弗莱明读到别人的一篇论文，它声称"金黄色葡萄球菌在琼脂糖平板培养基上，经历约52天的室温培养后，会得到多种变异菌落，甚至有白色菌落"。弗莱明对该断言表示怀疑，便亲自动手，历时半年多，试图重复文中所述实验。虽不知最后他是否验证了别人的实验，但他确实意外"捡了一个大漏"。原来，在这个验证过程中，弗莱明像溶菌酶那次一样，仍坚持自己的"坏习惯"：每次清洗培养基前，都要将培养基长期放置在室温下；然后，在认真仔细观察后，特别是确认是否出现了新的变异菌落后再清洗。果然，1928年9月15日，他又在培养基的边缘发现了一块因细菌被溶而出现的惨白色斑块；经认真研究后，他断定发现了一种新型霉菌，一种拥有极强抗生杀菌作用的霉菌。异常兴奋的弗莱明将这种新型霉菌命名为"青霉菌"，因为它的外观颜色为青色，且在青霉菌周围原来的葡萄球菌被消灭了，只留下一小圈空白区域，而在青霉菌之外，葡萄球菌则依然生长旺盛。随后，弗莱明发现，除了葡萄球菌外，青霉菌还能杀死白喉菌、肺炎菌、链状球菌、炭疽菌等细菌，但对伤寒菌和大肠杆菌等无杀伤力。他还将青霉菌液体注入兔子血管，结果却发现兔子安然无恙，从而证明了青霉菌对动物的无害性。于是，弗莱明于1929年6月，在一份低档学术刊物《不列颠实验病理学杂志》上发表了那篇后来使他获诺贝尔奖的著名论文《关于霉菌培养的杀菌作用》，阐明了青霉菌的强大抑菌作用、安全性和应用前景等。

但非常遗憾的是，如此划时代的重要发现，在当时并未引起应有的重视，学术界几乎没啥反应。而弗莱明自己又不懂生化技术，无法从青霉菌中提取出青霉素，当然就无法使青霉素发挥真正的医疗作用。随后，虽然弗莱明对青霉菌又进行了长达10年的持续研究，但终因势单力薄再也未取得更大突破，以至当时的许多专家都只把青霉素看成是"只有学术价值的东西而已"。

若故事只是到此为止，则弗莱明也不会成为伟大科学家了，青霉素也不可能成为"世纪灵药"了。但再次幸运的是，1939年，牛津大学的两位科学家钱恩和弗洛里，偶然在旧书堆中读到了10年前弗莱明的那篇论文。他们顿时拍案叫绝，立即组成研发小组，全身心投入青霉素的研究工作，并在牛津大学的资助下，成功分离出了青霉素粉末，还将它提纯为药剂。1940年春，经多次动物感染实验证实，青霉素的治疗效果非常好。于是，同年8月，钱恩和弗洛里等人将他们对青霉素的研究成果发表在著名的学术刊物《柳叶刀》上。此文极大震动了已是花甲之年的弗莱明，他立即动身前往牛津大学，专程感谢30多岁的钱恩和40岁出头的弗洛里，并把自己过去10多年来培养的青霉菌送给了他们，以帮助他们培养出效力更强的青霉素菌株。1941年，青霉素在临床上被成功使用。随后，在英美政府的鼓励下，科研人员很快就找到了大规模生产青霉素的方法。1944年，英美公开在医疗中使用青霉素。这时弗莱明也收获了空前的荣誉，不但被评为英国皇家学会会员，还于1944年被赐为"爵士"。1945年以后，青霉素遍及全世界。也是在这一年，弗莱明、弗洛里和钱恩3人因"发现青霉素及其临床效用"而共同获得了诺贝尔生理学或医学奖。由于本回主角是弗莱明，所以关于钱恩和弗洛里的情况此处只一笔带过，回头将专门分别为他们撰写传记。

虽然在智商和勤奋等方面，弗莱明在科学家中并不算出类拔萃，但在科学家的诚实精神等方面，弗莱明绝对是个好榜样。比如，在诺贝尔奖的获奖感言中，他竟说："我要告诉各位，青霉素的发现源自一次偶然的实验观察。我唯一的功绩在于当时不曾忽略掉这次观察。"又比如，虽然大家都公认他为青霉素的发现者，但在各种重要演讲中，他始终强调："青霉素之功，完全属于钱恩和弗洛里等。"

弗莱明终生都踏踏实实，从不空谈，甚至是惜字如金：能用一个字说完的话，他绝不用两个，所以，在对话中，他总喜欢用"是""行""不"等单字，以致经常冷场。

1955年3月11日，弗莱明与世长辞，享年74岁。

第一百二十六回

诺贝尔奖虽迟到，大度玻恩年参高

在物理学中有这样一个分支，它的名声如雷贯耳，甚至妇孺皆知，但它的内容玄之又玄，甚至对普通物理学家来说，也似雾里看花，"迎之不见其首，随之不见其后"，即使对顶级物理学家来说，也只是知其然而不知其所以然。对，你可能已猜到了，这个分支就是大名鼎鼎的"量子力学"。它所研究的人们至今仍不知其所以然的东西，便是以"量子纠缠"等为代表的、完全违背常理的若干现象，以至许多人不得不用神灵来加以解释。当然，这一做法并不被学界认同，而且科学家们正不断努力，希望早日揭开相关谜底。

本回主角玻恩，便是量子力学的奠基人之一。准确地说，量子力学的奠基人主要有3组，他们分别是玻尔领导的哥本哈根学派、佐默费尔德（又译作索末菲）领导的慕尼黑学派和玻恩领导的格丁根学派。正是在他们的共同努力下，在爱因斯坦等前辈的成果的基础上，量子力学才真正发展成了一门完整的学科。由于量子力学太"烧脑"，我们下面将尽量回避其具体学术内容，而只借用诸如诺贝尔奖等同行评价来说明问题。比如，因为在量子力学方面的突破性成就，玻恩领导的格丁根学派就获得过3次诺贝尔奖：玻恩的学生海森伯，获得得1933年的诺贝尔物理学奖；玻恩的学生泡利，因提出"不相容原理"而获得1945年的诺贝尔物理学奖；玻恩本人获得1954年诺贝尔物理学奖。细心的读者也许已注意到，玻恩自己获奖的时间反而远远晚于他的得意弟子们，这对一个科学家来说是相当难能可贵的，它足以展现玻恩的大度。

当然，也许正是因为玻恩的大度，他才能与爱因斯坦等前辈结成终生好友，虽然他们的学术观点时有冲突，甚至主要是因为爱因斯坦和普朗克等大师的反对才导致了玻恩的诺贝尔奖提名多次被拒，直到其理论最终被充分证实为止。正是因为玻恩的大度，他才能将一大批同辈顶级物理学家团结在身边，从而形成了声势浩大的格丁根学派，以至成为当时全球量子力学的研究中心。正是因为玻恩的大度，他才能毫无保留地培养晚辈，以至在其学生和助手中产生了一大批顶级科学家。正是因为玻恩的大度，世人对他才多了一份敬仰。更重要的是，也正是因为玻恩的大度，他才始终心情开朗，不计名利，从而健康长寿，并使他太太也健康长寿，以至夫妻俩一起度过了罕见的"绿宝石婚"。当然，反过来，也正是因为玻恩的长寿，他才能在72岁高龄时，名正言顺地收获了若干年前就该属于他的诺贝尔奖。

玻恩的伟大，还可用另一组证据来客观表述，那就是，在物理学的多个领域中，至今还有不少公式、方程、定律等仍以他的名字来命名，比如玻恩刚性、玻恩方程、玻恩定理、玻恩坐标、玻恩概率、玻恩近似、玻恩-黄近似、玻恩-哈伯循环、玻恩-朗德方程、玻恩-因费尔德方程、玻恩-奥本海默近似、玻恩-冯卡门边界条件等。玻恩的成就，不但范围广，而且还水平高。比如，1928年，因其矩阵力学方面的成就，爱因斯坦提名他为诺贝尔奖候选人；1947年和1948年，因其晶格研究方面的成就，弗兰克和费米等分别提名他为诺贝尔奖候选人；此外，他还因其固体研究、量子力学等成就，也获得了多次诺贝尔奖提名。最终在1954年，玻恩因"量子力学方面的基础研究，特别是给出了波函数的统计解释"而获得诺贝尔奖。

好了，玻恩的伟大就不再赘述了，下面重点来看他是怎么变得如此伟大的。

1882年（光绪八年）12月11日，马克斯·玻恩诞生于当时德国（现波兰）的一个犹太人之家。爸爸是布雷斯劳大学医学院教授，一直致力于胚胎学和进化机制研究。妈妈出生于实业家之家，也可算作"富二代"了。

玻恩从小就生活在科学氛围很浓的环境中，常被姐姐带到爸爸的实验室里看热闹，把各种高科技仪器当玩具；还歪仰着头，饶有兴致地旁听爸爸与同事们的学术讨论；更经常解答著名教授们的"头号疑难问题"，并总能获得高度评价。真的没骗你，因为这些著名教授总是躬身向他请教："小朋友多大啦？"然后，就满意地在他那粉嫩的小脸蛋上轻轻揪上一把，没准还亲一口呢。看来小家伙一定长得很水灵。可惜，玻恩刚4岁时，妈妈就去世了；后来爸爸虽又续了弦，还生了一个小弟弟，但没过几年，爸爸也去世了；所以，玻恩实际上是由善良的继母抚养大的。看来，玻恩的长寿，还真与遗传无关。另外，玻恩也没能继承父亲的聪明基因，因为无论是小学还是中学，玻恩的成绩都是班上的"中不溜"，压根儿就没任何能成为科学家的预兆，更无勤学好问等先进事迹。

19岁时，玻恩考入了一个很差的大学，并成了很差的学生，对所有课程都不感兴趣，但是，他在这里有幸遇到了一位好老师。这位老师不但业务能力强，讲课还很有感染力，特别是他讲的物理课，竟把玻恩的学习兴趣给勾出来了。从此，玻恩便一发不可收拾地爱上了物理，甚至还自己动手成功重复了马可尼的无线通信实验，将信号从一个房间传到了另一个房间。后来，玻恩的学习热情又从物理扩展到了数学、化学、哲学、法学、艺术、伦理学、动物学、逻辑学和天文学等许多领域，而且还像武林高手跳梅花桩一样，在多所大学间不断地闪展腾挪：1901年，进入布雷斯劳大学；1902年，进入海德堡大学；1903年，进入苏黎世大学；

1904年4月，终于进入了他的福地——格丁根大学，并在这里结识了许多著名数学家，更机缘巧合地与希尔伯特和闵可夫斯基建立了深厚的友谊。

准确地说，玻恩之所以能结识闵可夫斯基，完全得益于继母，因为她与闵可夫斯基曾同为某舞蹈班的学员。后来，闵可夫斯基常邀玻恩全家一起共进晚餐，有时希尔伯特也来凑热闹。于是，玻恩便有机会与这两位数学大师一边散步，一边进行"头脑风暴"式的讨论；这让玻恩见识了顶级科学家之间的灵感碰撞，从中学到了许多只能意会不能言传的科研真谛。更重要的是，通过这些讨论，希尔伯特这位"伯乐"发现了玻恩这匹"千里马"。于是，希尔伯特从自己的第一节课起，就让能力超常的玻恩担任了讲座抄录员，为数学阅览室记录课堂笔记。后来，他又聘玻恩为自己的半官方无薪助教，由此，玻恩便能单独与希尔伯特进行定期且非常有价值的深度交流，从中获得了许多极有价值的智慧养料。后来，玻恩干脆拜希尔伯特为自己的博士生导师，并于1907年（时年25岁）获得了格丁根大学的博士学位。

毕业后咋办呢？这个问题确实让玻恩很纠结。当然，他得首先按规定服一年兵役再说，于是，他于1907年进入骑兵团，一边当兵一边继续自学。据说，他在马厩值夜班时，经常把光滑的马背当书桌，精心研读各种文献。但因身患严重的哮喘病，所以不到一年，玻恩就退役了；然后，他远赴英国，进入剑桥大学，跟随著名物理学家汤姆孙学习了半年理论物理；再后来，他回到家乡的布雷斯劳大学任职。

刚开始时，玻恩本打算成为一名实验物理学家，因为身旁就有两个成功的榜样，他们曾在黑体辐射的测量中做出过重要贡献，而且，在这两位榜样的指导下，玻恩的实验技巧确实得到了大幅提高。可是，笨手笨脚的玻恩在一次重要实验中，竟因疏忽大意而造成了严重漏水事故，在被狠狠臭骂了一通后就被赶出了实验室。这次事故，既让整个实验室泡了汤，更让玻恩的实验物理学家之梦也泡了汤。

接着，玻恩打算成为一名数学家，准确地说，是想成为一名数学物理学家。因为在剑桥大学留学时，恰逢狭义相对论发表不久，玻恩认真研读了爱因斯坦的相关著作，从中受到深刻启发。特别是，他将相对论和闵可夫斯基的数学方法相结合，发现了计算电子电磁能的新方法。玻恩把自己的手稿寄给闵可夫斯基后，竟意外获得了高度评价；更意外的是，1908年底，闵可夫斯基还主动将这位青年才俊从布雷斯劳大学"挖"到了格丁根大学，并让他进入自己的课题组，以便随时讨论相对论的数学问题。眼看一颗新星即将冉冉升起，玻恩也即将成为伟大的数学家，但非常震惊也非常可惜的是，仅仅几周后，闵可夫斯基就于1909年1月12日突然病故，年仅44岁，玻恩的数学家梦也随之中断。幸好，在导师希尔伯特等的大力支持下，失去"后台"的玻恩才总算保住了饭碗：被留在格丁根大学担任无薪讲师，一边教书一边整理闵可夫斯基的遗著。

正当站在事业的十字路口不知所措时，1909年，玻恩在一个国际学术会议上首次见到了传说中的爱因斯坦，之后他们一直通信不断。从此，玻恩下定决心从事理论物理研究，并很快就小有成就，以至1912年受邀前往芝加哥大学讲学。回国后，玻恩当年就进入了自己的第一个科研高峰期：不但取得了一批光栅光谱成果，还系统研究了固体物理理论，更与冯·卡门一起撰写了一篇有关晶体振动能谱的著名论文，确定了晶格的结构。从此，玻恩开始了长期的矩阵理论研究，并在多年后出版了经典著作《晶格动力学理论》，还因此成为"晶格动力学之父"。具体地说，他在晶格结构方面发现了若干组成晶体的物质微粒的重要规律，比如这些微粒会按一定规则排列在空间结点上，这些结点具有很强的相互作用，以至结点上的物质微粒只能在附近做微小振动等。

1912年是玻恩的幸运之年。这一年，在事业上，30岁的他遇到了爱因斯坦，取得了首批代表性成就；在生活上，他遇到了自己的女神——莱比锡大学法学教授的千金，也是个犹太人，两人一见钟情，都喜欢徒步旅行和音乐，而且还常常合奏钢琴，很快他俩就"合奏"在一起了——于1913年8月2日结成连理。婚后，他们育有二女一子，并一起享受了罕见的57年幸福生活。

成家了，立业了，著名的柏林大学也来聘他为教授了，刚过而立之年的玻恩可谓喜事连连了。春风得意的玻恩本以为这下可尽情大展拳脚了，可哪知婚后刚一年（1914年），德国就悍然发动了第一次世界大战。随即，玻恩便被征兵招入了陆军通信部，并于1915年10月转入柏林炮兵研发机构。此间，玻恩与爱因斯坦和普朗克等经常往来，并与爱因斯坦建立了终生友谊，即使是在后来的学术分歧期间，他们也保持着密切的书信往来，这些书信见证了量子力学的创世史，后来还被整理出版了呢。1918年11月，德国战败不久，玻恩被调离陆军。这时他又巧遇了哈伯，两人竟闪电般合作，在短短一个月内就在离子化合物方面取得了重要成果，即如今化学专著中的"玻恩–哈伯循环"。

第一次世界大战结束后，1919年4月，玻恩去了法兰克福大学，担任物理实验室主任。在此期间，他培养的一个助手施特恩，后来也获得了诺贝尔物理学奖。难怪爱因斯坦曾当面高度赞扬玻恩说："你到哪里，理论物理就会在哪里蓬勃发展。"两年后，玻恩又回到格丁根大学，担任物理系主任和理论物理教授。从此，他在这里工作了12年，并迎来了自己的第二个学术高潮，登上了科研顶峰，即创立了量子力学。

玻恩是杰出的教育家，他热诚待人，诲人不倦；他讲课生动活泼，深入浅出；他善于发现人才，赏识人才，并能调动大家的积极性，激励后起之秀；他善于向晚辈学习，向所有专家学习，当他回到格丁根大学后，就把普朗克等一大批顶级理论物理学家请来担任编外教授，并经常组织各种学术活动，特别是每周一次的"物理结构讨论班"，更是吸引了大批师生。该讨论班形式灵活，允许争论，大家都不拘礼节。该讨论班对量子力学的发展起到了决定性的推动作用，量子力学的许多开拓者都曾是该讨论班的骨干，比如泡利、海森伯、奥本海默、康普顿、约尔丹、狄拉克、鲍林等。实际上，该讨论班群星荟萃，后来更催生了主流的量子力学新学派——格丁根学派。

在该讨论班上，有一个学生最被玻恩赏识，被称为"最敏锐和最有能力的人"，他就是海森伯。1925年6月，海森伯因花粉过敏到某荒岛疗养。闲来无事，他就开始思考玻恩在一年前提出的量子力学问题。突然灵光一现，他就得到了"用某种乘法新规则，导出量子定态能量"的方法。疗养归来后，海森伯完成了量子力学的划时代论文——《关于运动学与动力学关系的量子论的重新解释》（史称"一人论文"）。他将此文交给玻恩后，就到英国做学术访问去了。慧眼识珠的玻恩一看，妈呀，不得了啦，这绝对是一篇开天辟地的论文呀。于是，玻恩赶紧将此文推荐到著名学术刊物上发表。随后，玻恩对海森伯的这篇论文进行了反复研究，并与精通数学的助手约尔丹合作，重建了量子力学的新型对易关系$pq-qp=(h/2\pi i)I$，并完成了另一篇著名论文《论量子力学》（史称"二人论文"）。论文发表后，玻恩把副本寄给海森伯，约定进一步合作完善量子力学体系。果然，玻恩、海森伯和约尔丹3人又合作完成了一篇著名论文《论量子力学Ⅱ》（史称"三人论文"）。至此，一种崭新的量子力学体系被最终建成。

量子力学问世后，海森伯声名大震，立即被邀请到全球各地访问和演讲，传播自己的量子力学最新成果。这时，外界对量子力学产生了误会，以为它是海森伯的独创理论，甚至玻恩建立的那个核心公式"$pq-qp=(h/2\pi i)I$"，也被误称为"海森伯非对易关系"。宽宏大量的玻恩，对此默不作声；不懂事儿的海森伯，也对此不予置评。终于，1933年，海森伯因量子力学的成果而获得了诺贝尔物理学奖，但导师玻恩和另一名合作者约尔丹榜上无名。尽管如此，玻恩还是忍住郁闷，写信祝贺海森伯。收到贺信后，海森伯终于良心发现，在给玻恩的回信中承认"当初这项工作是你、约尔丹和我3人的共同成果，现在只有我受奖，我感到羞愧"。

玻恩的成果当然不只那个他最看重的"海森伯非对易关系"，实际上，他在1926年还独立发表了另一篇历史性论文《散射过程的量子力学》（即著名的波函数概率诠释，又称"玻恩概率诠释"）。原来，从38岁起，玻恩就对原子结构及其理论进行了长期而系统的研究。当时，物理理论正由经典向现代过渡，而卢瑟福等的原子模型和玻尔的电子能级假设都遇到了许多困难，都不能解释许多新现象。因此，法国物理学家德布罗意于1924年提出了物质波假设，认为电子等微观粒子既有粒子性也有波动性，并提出了电子与波的一组关系式；1926年，奥地利物理学家薛定谔又创立了波动力学，给出了波函数所遵循的运动方程，即薛定谔方程。玻恩在1926年则提出了一种新的理论体系，将德布罗意的电子波看成电子出现的概率波，并对薛定谔的波函数给出了统计解释。正是有了玻恩的这种统计解释，薛定谔的波动力学才被普遍接受，才成为量子力学的另一种数学表达形式。

玻恩的概率诠释一经发表，就在物理学界引起了极大震动。当时，绝大多数物理学家都接受了该观点，但是爱因斯坦、普朗克和薛定谔等泰斗级人物对它持怀疑态度。实际上，如今社会上广泛流传的名言"上帝不掷骰子"，就是爱因斯坦于1926年12月4日写给玻恩的信中，对玻恩的概率观点的批评意见。终于，直到20多年后，72岁时，玻恩才因概率解释被授予了诺贝尔奖，因为，这时狄拉克已证明：量子力学和薛定谔的波动力学，其实只是同一理论的不同表述而已。获诺贝尔奖后，爱因斯坦发来贺信，坦承"这是一个迟到的奖励"；玻恩则在回信中坦承"有一件事，其实一直在深深地伤害着自己，那就是当年未能和海森伯一起获诺贝尔奖"。

45岁左右时，玻恩的学术成就达到了顶峰，但他的生活即将跌入谷底。1933年纳粹上台，像许多犹太科学家一样，玻恩的教职和财产也被剥夺，并于1934年被迫逃往英国到剑桥大学任职，其间他出版了畅销科普书《永不停息的宇宙》。1936年，他更被纳粹剥夺了德国国籍。同年，他前往爱丁堡大学任教，直到1953年退休；其间于1938年提出了"倒易理论"，试图将量子力学和相对论统一起来。

退休后，玻恩全力以赴研究爱因斯坦的统一场论，并于1959年出版了《光学原理》，此书至今仍被广泛使用，并被公认为光电磁方面的经典。

　　1970年1月5日，玻恩安然去世，享年88岁。后人在其墓碑上，醒目地刻上了"$pq-qp=(h/2\pi i)I$"；对，就是那个本来由他发现但被误称为"海森伯非对易关系"的公式。

第一百二十七回 天体物理奠基人，日食检验相对论

本回主角名叫阿瑟·斯坦利·爱丁顿（又译作阿瑟·斯坦利·埃丁顿）。

作为一位天文学家和物理学家，他没获得过诺贝尔奖；作为一位数学家，他也没获得过菲尔兹奖。那本书为啥要给他立传呢？因为他的成果对科学发展甚至对改变整个人类的宇宙观，都产生了重大影响。准确地说，他是相对论的阐述者和倡导者，他对爱因斯坦学说的形成做出了巨大贡献；同时，他还发现了相对论的一些错误，并予以及时纠正。正是由于他的不懈努力，人们才最终相信了广义相对论。所以，坊间流传着这样一种戏言，"爱丁顿对广义相对论的贡献，甚至大于爱因斯坦"，因为"是爱丁顿，而非爱因斯坦，用相对论改变了世界"。此外，据说有记者问爱丁顿"全球真懂广义相对论的3个人都是谁"，结果他半天不语。经记者多次催问，他才缓慢答道："我也正在思考，但想不出谁是那第3人。"在当时，爱丁顿确实是真正理解广义相对论的少数人之一。比如，1923年，他出版了《数学理论相对论》一书，爱因斯坦对该书的评价是"在所有同类书籍中，这是该主题的最好版本"。

如果非要选一位著名科学家与爱丁顿类比的话，比他年轻60岁的霍金也许是最合适的人选。因为像霍金一样，爱丁顿也在宇宙学方面做出过若干重大贡献，甚至还是天体物理学的主要奠基人；同样，爱丁顿也特别重视天文和相对论的科普，也出版了能与霍金《时间简史》相媲美的《膨胀的宇宙》，此书使得爱丁顿在当时也是家喻户晓，其名气完全不输于后来的霍金。其实，霍金一直拿爱丁顿当偶像。爱丁顿还于1929年出版过一本科普书《科学和未知世界》，其中讲到的一个"无限猴子理论"至今还为人们津津乐道，它说"如果让许多猴子任意敲打键盘，那最终就可能写出大英博物馆的所有藏书"。

伙计，广义相对论对你来说，也许只是小儿科，但我必须老实承认，我自己还真不懂，只知道它是建立在几个基本假设之上的一套物理理论。比如，它假设了"等效原理"（即惯性力场与引力场的动力学效应是局部不可分辨的），还假设了"广义相对性原理"（即所有的物理定律在任何参考系中的形式都相同），更对上述假设进行了推广，给出了所谓的"爱因斯坦第四假设"（即自然法则在所有的参考系中都是相同的）。当然，该"推广"是否真的是推广，目前也还不得而知，毕竟人类至今还没找到除"伽利略系"之外的任何其他参考系。

伙计，万一你与我一样，对上段的基本假设完全不懂，那也没关系。你只需知道：广义相对论原来只是建立在一些基本假设之上的纯理论，正如欧氏几何是建立在5个基本假设或公理之上那样。几何学与相对论的主要区别在于：几何学是数学，更换那"5条公理"后得到的非欧几何照样也正确；但相对论是物理，其基本假设不能随意变更。换句话说，如果以下两种情况中的任何一种情况发生，则广义相对论将被淘汰。

情况1：若爱因斯坦第四假设、广义相对性原理或等效原理等基本假设中的任何一个出错，则广义相对论将不再成立。

情况2：广义相对论给出的任何一个结论，如果经不起实践的检验，比如与实际物理现象矛盾，则广义相对论也将不再成立；当然，这里已假定，在爱因斯坦的所有推导过程中，不存在数学错误。

若想通过"情况1"来否定广义相对论，则几乎无处下手，因为那些"基本假定"实在太抽象，既无法肯定，也无法否定，因此，长期以来，人们就试图通过"情况2"来否定或验证广义相对论。但是，这也绝非易事，因为业界公认"广义相对论是理论家的天堂，同时也是实验家的地狱"。换句话说，广义相对论的理论表述虽十分优美，但若想用实验去验证它，其实相当困难。幸好人们还是找到了几个这样的实验，否则相对论也许早被遗忘了。

广义相对论经历的第一次也是让爱因斯坦最兴奋的一次验证，便是所谓的"水星近日点进动"。准确地说，这次是先发现了与牛顿体系相矛盾的现象，然后再用广义相对论来给出了正确解释。原来，早在1859年，人们就发现，水星近日点进动的观测值，比牛顿运动定律算出的理论值每百年快38角秒。起初人们猜想，可能还有一颗更靠近太阳的小行星，它对水星的引力导致了上述偏差。但经多年搜索，人们始终未找到猜想中的小行星。1882年，有人重新观测后，得出水星近日点的进动值为每百年43角秒。这下子人们更糊涂了，不知该如何解释这种怪现象。直到1915年，爱因斯坦用广义相对论去代替牛顿定律，重新计算出水星近日点的进动值为每百年43角秒，刚好与前人的观测值相吻合，从而一举解决了牛顿引力理论的多年悬案。该结果当时成了广义相对论正确性的最有力证据，为此爱因斯坦在写给朋友的信中坦诚，"有好几天，我都高兴得忘乎所以"。现在看来，因为水星是最接近太阳的内行星，所以它的引力场就最强，时空弯曲也就最大；另外，水星运动轨道的偏心率较大，所以进动的修正值也比其他行星大，所以就更容易被观察到。后来，人们又用广义相对论对金星、地球等的进动值做了验证，发现理论值与观测值都基本相符。

验证广义相对论的首个最佳实验，发生在100年前的一次日全食期间，而主导这次实验的人，正是本回主角爱丁顿。更准确地说，如果上述水星近日点的进动，只是用理论验证了已知事实的话，那么，爱丁顿的下述实验则是用理论预言了事实，所以就显得更有说服力，对相对论的支撑力度就更强。现在看来，爱丁顿的这个实验非常简单，以至如今的天文学爱好者几乎都能完成，当然，其前提条件就是要出现日全食。原来，早在1911年，爱因斯坦就在《引力对光传播的影响》一文中预言了星光的光线途经太阳附近时，由于太阳引力的作用，会产生0.83角秒的偏角，并指出这一现象可在日全食时被观测到。1916年，爱因斯坦根据完整的广义相对论，又对光线在引力场中的弯曲进行了重新计算，将前述偏角修正为1.75角秒。果然，在1919年5月29日的日全食期间，剑桥大学天文台台长爱丁顿等率领的两支观测队，分别在西非和巴西两地拍摄了日全食时太阳附近的星体位置，并获得了1.61角秒和1.98角秒的偏角观测值，它们都与相对论的理论值很接近。

1919年11月6日，爱丁顿在一次成果发布会上，不仅宣布了日食期间的偏角测量结果，还把所有原始照片公之于众，以供大家检验。虽然当时的观测精度很低，且还会受到气象因素等的干扰，但照样引起了全球震动。比如，英国《泰晤士报》就发表整版新闻，惊呼："科学革命了，牛顿的思想被推翻了！"书中暗表，为啥要等到日全食时才能观察到星光的弯曲呢？因为阳光太强，若想观测到星光经过太阳时的弯曲，只能等到太阳光芒被遮蔽的时刻，即日全食时。当然，后来科技发达了，也可不再依靠日全食了。比如，1974年左右，人们就用更先进的射电望远镜对类星体进行了观测，同样也证实了光线弯曲的理论值很接近实际观测值，其偏差不超过百分之一。

爱丁顿的这次验证为啥显得特别重要呢？这是因为在爱因斯坦提出相对论的初期，人们根本不信它。不但一般科学家反对，甚至连被爱因斯坦称为"相对论先驱"的马赫、洛伦兹、迈克耳孙等科学家也不买账！从狭义相对论诞生的1905年算起，虽然已过去了整整14年，但大家对相对论的态度仍无根本改变。比如，就在爱丁顿的实验之前，爱因斯坦在苏黎世大学的相对论演讲还被校方取消了，因为报名听众只有区区15人。大家之所以如此冷淡，主要因为相对论的时空观总让人费解。比如，时间咋会变慢或停止呢？那不意味着长生不老吗，这咋可能呢？而爱丁顿的这次实验在很大程度上消除了人们的疑义，从此以后，学术界才真正认真、全面、深入地研究相对论，爱因斯坦的宇宙观也才开始深入人心。社会上更掀起了相对论热潮，各种媒体争先恐后报道、家庭主妇拿它当奇谈、生意人拿它做广告，至于以"相对论"为名的产品和名牌更是多得数不胜数。当然，爱因斯坦和爱丁顿更成了万人敬仰的英雄。若将爱丁顿比作一颗闪闪发光的科学之星的话，爱因斯坦便是该星旁边的太阳。由于太阳过于耀眼，爱丁顿的光芒就被埋没了，直到这次日全食挡住了阳光，人们才惊讶地发现：原来，在太阳旁边还有爱丁顿这颗伟大的科学之星。

爱丁顿的这次实验还有另一重要意义：它其实是牛顿与爱因斯坦的一次世纪对决！准确地说，日食期间，若星光偏转接近0.87角秒，则牛顿胜；若偏转接近1.75角秒，则爱因斯坦胜；若没偏转，则牛顿和爱因斯坦都错。当然，实验数据表明，牛顿输了！为此，当时的顶级物理学家汤姆孙在主持了爱丁顿的成果发布会后立即承认：若广义相对论正确，那我们就必须以全新观念去认识引力；若实验证明爱因斯坦的推导完全成立（其实它已通过了水星近日点及本次日全食的两次严峻考验）则相对论将是人类思想的一项最高成就。紧接着，洛伦兹、普朗克等一大批著名科学家，纷纷给爱因斯坦发去已经迟到15年的贺信，祝贺相对论终于被科学界正式认可；爱因斯坦也很自豪地将这些贺信转给了当时正病危的妈妈，实际上她老人家在几个月后就面对着儿子的辉煌而含笑九泉了。

在爱丁顿之后，广义相对论又经受住了众多其他检验，比如光频引力红移、雷达回波延迟、引力波的观测和双星观测、哈勃定律、黑洞的发现、中子星的发现、微波背景辐射的发现等。通过这些检验，广义相对论越来越令人信服。但是，需特别提醒各位读者的是，从科学角度严格说来，仅仅一个实验就足以否定某个理论，但不能用任何有限个实验去证明一个理论。换句话说，虽然广义相对论已通过了人类至今已知的所有生死考验，但这并不等于说广义相对论就绝对正确了！伙计，你现在也许理解诺贝尔奖委员会当初的苦衷了吧，他们给爱因斯坦授奖时，并非因为相对论哟；万一哪天你能用某个实验或观察证实广义相对论的某项结论不正确，那么，嘿嘿，伙计，也许你就该获诺贝尔奖了。

其实，所谓的"伟大科学成就"并无特定模板，常规的"发现大自然的某种基本规律"当然算是伟大成就，但像爱丁顿这样，哪怕是用技术含量并不高的手段，"让本来不受待见的伟大科学成就恢复伟大"也仍是伟大科学成就，其贡献者也是伟大的科学家。当然，爱丁顿在推广相对论方面还做了许多其他工作。不过，限于篇幅，下面将只重点介绍他作为一位天文学家的经历。

1882年（光绪八年）12月28日，爱丁顿生于英国的一个著名小镇，肯德尔镇。他父亲是当地斯特拉蒙加特学校的校长。为啥要强调这么小的芝麻官呢？因为，这个官位可不得了啦：在爱丁顿出生前100年，在这个官位上的人可是人类的顶级科学家哟；对，他就是化学原子论的创始人道尔顿！"山不在高，有仙则名；水不在深，有龙则灵"，所以，整个肯德尔镇，既因道尔顿而出名，也因道尔顿而延续了特别好的学术风气，以至支持科研已成为全镇极为重要的公众服务事业，科学家更受到全民的普遍尊重。另外，爱丁顿的家风也非常好，从小他就通过道尔顿的事迹知道了许多科学知识。可惜，在爱丁顿不满3岁时，父亲就死于1884年席卷英格兰的流行伤寒；母亲独自承担了抚养任务，同时也尽心尽力完成了爱丁顿的早期教育。

爱丁顿的学习生涯相当顺利。他在6岁上小学时，就开始表现出了若干天才本领。比如，他对数字特别敏感，不但记住了 24×24 的乘法口诀，还试图计算出整部《圣经》中的单词数。他的这一爱好，一直贯穿了终生。比如，他成名后的演讲就经常拿吓人的数字开场：恒星具有相当稳定的质量，太阳的质量为2000000000000000000000000000000 吨。又比如，他于1939年出版的《物理科学的哲学》一书的开头，也是一个恐怖的数字，他写道："我相信宇宙中有157477241362750025776056539611815554680447179145271167093662314250761856310312 96个质子和相同数目的电子。"他还为自行车爱好者发明了一种判断痴迷程度的所谓"爱丁顿数"，即不同的 n 天，至少骑行 n 千米的最大 n 值。显然，n 越大，痴迷程度就越高。伙计，你的 n 值是多少呢？

11岁进中学时，爱丁顿的超凡记忆力就更吓人了：老师所讲的全部内容，他都能原样复述，许多特别深奥的专门术语，他也能倒背如流。他数学和文学方面的天赋，更高得出奇。16岁时，他以优异成绩考入曼彻斯特大学物理系，并获高等奖学金。大学期间，他勤学好问，很受众人喜爱，特别是一位名叫拉姆的老师，更对他全面关怀，不但经常给他单独辅导，还从生活上精心照顾，以至他终生都没忘记过师恩。4年后，他毫无悬念地获得了科学学士学位，然后进入剑桥大学深造（当然又少不了获得各种奖学金和荣誉），直到23岁时获得数学硕士学位。

爱丁顿的职业生涯也相当顺利。毕业后，他先去卡文迪什实验室研究热辐射，后来又进入格林尼治天文台从事小行星视差分析，并很快发现了一种星体位移统计法，因此在25岁时获得了剑桥大学研究员资格。1912年，达尔文的儿子去世，爱丁顿接替其岗位成为剑桥大学终身教授；32岁时，他再被任命为剑桥大学天文台台长，然后就在该岗位上一直工作了30年，直到退休为止。

爱丁顿的科研生涯仍相当顺利。除了在相对论方面的成就之外，他还在天体物理学等方面做出了若干基础性的重大成果。比如，他从理论上研究了恒星的内部结构，发现恒星之所以能维持平衡，是因为它的"向内重力"和"向外光辐射压力"之间能维持平衡；他指出，恒星内部是高温的离子化状态气体；他经过巧妙计算，成功解释了造父变星的变化周期理论。又比如，他在1920年首次提出恒星的能量来源于核聚变；为此，他与另一位天文学权威展开了旷日持久的辩论，直到1939年美国天文学家证实了爱丁顿的正确性，即太阳的能源确实来自于"氢原子经过四步核聚变反应形成氦"的过程。再比如，1924年他发现，一个星体所拥有的质量越大就能发出越强的光；该发现的重大价值在于，若某恒星的固有亮度已知，就可根据其亮度确定它的质量。他还发现了恒星体积的极限，即著名的"爱丁顿极限"：质量能超过10倍太阳质量的星体，不会很多；质量超过50倍太阳质量的星体，可能就不存在了，至少是不稳定了。爱丁顿还发表了许多天体物理方面的论文，但因过于超前，当时无法得到同行认同，他的很多观点，特别是对恒星巨变的预言，都是在他死后几十年才陆续得到了验证。

作为科学家，爱丁顿的最大缺点或最大优点，也许都是他的自信。正是因为超强的自信，他才在大家都不相信爱因斯坦的理论时，能咬牙完成相对论的推广与普及工作；正是因为超强的自信，他才能顶住同行压力，坚持自己的宇宙理论，从而为天体物理学做出了不可替代的贡献；但是，也正是因为他过于自信，他才犯下了自己一生中最严重的错误，那就是差点毁了一位年仅24岁的青年才俊。原来，在他晚年担任国际天文学联合会主席期间，他曾激烈反对印度科学家钱德拉塞卡，因为这位后起之秀发表了与他观点不符的成果，他甚至不顾自己的身份，竟冲上讲台将正做报告的钱德拉塞卡赶下讲台，还夺其讲稿撕了个粉碎，更咒骂道："大自然绝不允许如此小丑行为！"但后来的事实证明，钱德拉塞卡的成果不但是正确的，还是伟大的，甚至获得了1983年的诺贝尔物理学奖。

1944年11月22日，爱丁顿因久病不治，痛苦地离开了人间，享年62岁。消息传出后，他的同龄人、20世纪杰出的百科全书式的传奇人物罗素，从大西洋彼岸发来悼文称："爱丁顿爵士的逝世，使天体物理学失去了最卓越的代表人物。这一巨大损失，在相当长的时间里将无法挽回，因为，科学界只有一个伟大的爱丁顿。"为纪念其伟大贡献，月球上的一个环形山被命名为"爱丁顿环形山"。

第一百二十八回

玻尔脑子一根筋，原子结构定乾坤

伙计，如果你没听说过玻尔之名，建议也别上网搜索，否则就会"呼啦"一下扑上来一大堆各种各样的"玻尔"。虽然这些玻尔之间确实存在着很近的血缘关系，但毕竟那会让你一头雾水，甚至张冠李戴。其实，本回主角玻尔，全名尼尔斯·亨里克·戴维·玻尔，他是"原子结构学说之父"。更准确地说，他在1913年提出了"原子的量子化模型"，即电子并非随意出现在原子核周围，而是在固定层面上运动，当电子从一个层面跃迁到另一层面时，原子便吸收或释放能量。至此，他创立了原子的量子论，首次打开了人类认识原子结构的大门，为近代物理开辟了道路。书中暗表，人类对原子结构的探索由来已久，在玻尔之前，已经历过相当漫长的阶段。早在1803年，道尔顿就提出了首个原子结构模型，认为原子是一个坚硬的、不能再分的实心小球；100年后，汤姆孙又将实心球模型改进为"西瓜模型"（即原子的汤姆孙模型），认为原子是一个带正电荷的球，电子则被镶嵌在这个球里面，就像西瓜籽嵌在瓜瓤中一样；又过了7年，卢瑟福于1911年将西瓜模型改进为"行星模型"，认为原子内部的大部分空间都是空的，电子按一定轨道围绕带正电的、体积很小的原子核运转。每次改进都更加逼近真相，让人类的世界观焕然一新。继玻尔之后，海森伯又在1926年提出了"电子云模型"，认为电子围绕原子核运动，形成一个带负电荷的云团。对于具有波粒二象性的微观粒子，在确定时刻，其空间坐标与动量不能同时被精准测量。

玻尔对科学进步的另一大贡献，就是他于1927年创立了"哥本哈根学派"，将玻恩、海森伯、泡利及狄拉克等顶级物理学家团结起来，不但培养了9位诺贝尔奖得主，还形成了当时全球最强的物理研究团队，甚至对整个20世纪的科学都产生了深远影响。在玻尔的领导下，40年来，哥本哈根学派一直致力于量子力学的开拓性工作，并给出了量子力学的正统解释（即哥本哈根诠释），认为在量子力学里，量子系统的量子态可用波函数来描述。这里的波函数，意指粒子处在某种位置或某种运动状态时的概率；任何测量动作都会造成波函数的坍缩，使得原来的量子态概率性地坍缩成一个可测的量子态。

正是由于玻尔本人及哥本哈根学派的巨大贡献，玻尔才成了科学史上不可替代的里程碑。难怪爱因斯坦说"玻尔无疑是我们这个时代最伟大的科学家之一"；诺贝尔奖得主玻恩在1954年说"玻尔对当代理论和实验研究的影响大过任何其他物理学家"；诺贝尔奖得主海森伯在1963年更直接地说"玻尔对本世纪物理学科的影响比任何人都大，甚至大过爱因斯坦"；著名数学家库朗说"玻尔不仅是最杰出的科学家，还是最优秀的人，他是独一无二的"；诺贝尔奖得主布里奇曼在1924年写给朋友的信中说"在几乎整个欧洲，玻尔都被当作科学之神来敬奉"。总之，玻尔毫无疑问是"20世纪上半叶，与爱因斯坦并驾齐驱的、最伟大的物理学家之一"；他与普朗克、爱因斯坦一起被称为"量子物理三巨头"；他入榜了"人类十大物理学家"，继牛顿、爱因斯坦和麦克斯韦之后，位列第四。对了，差点忘了，他还是1922年诺贝尔物理学奖的得主呢。

玻尔到底是如何变得如此伟大的呢？欲知详情，请继续阅读下文。

1885年（光绪十一年）10月7日，玻尔以老二身份，诞生于丹麦哥本哈根的一个书香门第，他上有一姐姐，下有一弟弟。玻尔的家族可不得了啦！早在曾祖父那辈就已在科教事业上显露锋芒：曾祖父的哥哥既是挪威皇家科学院院士，又是文学院院士，还是瑞典皇家科学院院士；曾祖父也获得过硕士学位，还是某公立中学校长，也是一位作家，还出版过多部教材；祖父是某私立学校校长，还拥有教授头衔；祖母则是一位大法官之女；外祖父既是一位银行家，又是金融家，还是哥本哈根商业银行的创始人，更是丹麦国家自由党议员；外祖母是英国著名银行家之女；父亲是家族中首位获得博士学位之人，后来更成为哥本哈根大学的生理学教授、丹麦皇家科学和文学院院士，还曾在两年内被三次提名为诺贝尔生理学或医学奖候选人；母亲是富豪家的幺女，从小备受宠爱，更接受过良好教育，她美丽大方，待人热情，在关键时刻还能当机立断。

在所有长辈中，有一位对玻尔的成长起到了至关重要的作用，那就是他的小姨。小姨本人不但获得过硕士学位，还在哥本哈根创办了丹麦第一所男女混合学校，她把自己的一生都奉献给了丹麦的教育事业。玻尔则是她的直接受益者，她经常在周末带玻尔参观各种博物馆，假期更陪伴玻尔去森林或原野旅行，只要有时间就与玻尔一起步行或骑自行车。在小姨的影响下，玻尔很早就开始认识自然，了解人类生活。总之，玻尔的家庭成长环境确实令人羡慕，无论是在人际、品位、情商、智商，还是社会科学和自然科学等方面，玻尔都耳濡目染，受到了良好的影响。

玻尔的父母特别开明，他们总是尽最大努力给孩子们提供独立发展空间，也为孩子们的道德修养、人生观、价值观等的形成提供尽可能大的自由度，更将孩子们的早期教育融化为无形。比如，当玻尔还在蹒跚学步时，爸爸就带他到港口观看穿梭的轮船，到河边观看渔民的劳作，还带他欣赏装有金色皇冠的尖顶官殿。当玻尔稍谙世事后，父母对儿子的全面教育就更上心了。冬夜时，全家人围在火炉旁，轮流阅读歌德的诗、莎士比亚的戏剧和狄更斯的作品。爸爸与同事们讨论哲学和科学问题时，玻尔也被安排参加旁听，虽不懂内容，但他照样可欣赏大人们不时地哈哈大笑，更明白了学术讨论的重要意义。后来玻尔也将这种自由轻松的讨论方式套用到了他所创立的哥本哈根学派。郊游时，爸爸总是尽量以各种启发式的提问，来激发孩子们对大自然的热爱和敬畏，让奇妙、神秘、多彩的大自然来陶冶孩子们的情操。哪怕是一片普通的树叶，爸爸也能根据叶脉、叶形、叶色等讲出若干精彩的故事来。

爸爸还特别注意引导和保护玻尔的好奇心。比如，家里的所有用品，包括钟表之类的高档家什，玻尔都可任意拆卸，爸爸甚至还专门为他购置了车床和工具等，以培养其动手能力。一次，玻尔将爸爸心爱的自行车"解剖"后，摊在地上数日无法复原。爸爸虽然心疼，但假装没事，不但未埋怨儿子，还设法为他"加油"，帮助他分析可能的复原方案。一周后，那辆自行车终于起死回生，玻尔的好奇心又得到了一次加强。早在上中学期间，玻尔就已在爸爸的指导下开始进行多种小型物理实验了。玻尔的这种好奇心一直保持了终生：对儿时的趣味游戏，他自然是好奇不断；从枯燥的课堂上，他照样能找到各种好奇的事物；从事科研工作后，哇，在他的眼里，新奇的东西就更多了。反正，他这一辈子觉得啥都有趣，啥都好玩，以至玻尔的整个57年科研生涯，其实就是57年的好奇探秘游戏，他对科研从来不觉累，更没挫折感，因为科研只不过是玩玩而已嘛。

对认准的事情，玻尔从不马虎，必须做到极致。比如，在童年时代，他的书面和口头表达能力都很差，甚至有点笨嘴拙舌，经常在各种争辩中被呛得面红耳赤，于是，他下定决心改变这种被动局面。为此，他一生都在努力克服这个缺陷：花费很多时间，一遍遍阅读自己的文章，反复抄写手稿，不管它们是科学论文、大会发言，还是给朋友的信件。他对自己文稿的准确性和完美性要求几乎达到了不可思议的、鸡蛋里面挑骨头的程度，字斟句酌，务使每句话都包含尽量多的信息。就这样，他竟练就了一副伶牙俐齿，几乎无人能敌，甚至连爱因斯坦也经常败于他的三寸不烂之舌。他不但说话滴水不漏、左右逢源，且每句话都"进可攻，退可守"，简直达到了出神入化的地步。比如，为了说明"量子理论让人震惊"，他辩道："若量子理论没让你震惊的话，那说明你还没懂；若你已精通了量子理论，那你一定会十分震惊。"又比如，当爱因斯坦用那句著名的"上帝不掷骰子"来怼他时，他竟用一句话就以柔克刚了，他说："教授，请别命令上帝！"

在整个学生阶段，虽不知玻尔的学习成绩到底咋样，但是，在"气老师"方面，他是一把好手，而所用的绝技也只有一招，那就是"一根筋"。他那"死心眼"的耿直，经常让老师难堪至极。但更让人哭笑不得的是，他压根儿没意识到"自己已让老师下不了台了"。

7岁时，玻尔开始上学，从此便走上了一条"气老师"的不归路。小学作文课上，他经常故意写出一些矛盾或无厘头的句子，比如"那哑巴说得太好啦"！五年级的绘画课上，老师让大家画自家的房子，结果，他拔腿就跑。被老师拦下后，他竟声称要回家"数一下到底家里有几根柱子"。

在中学物理课上，他常与老师公开"叫板"，指出教材和讲课中的各种错误。在体育课上，老师让他担任足球门将，可哪知在对方即将破门之际，他却突然伏在地上开始演算数学题，原来他想抓住那个稍纵即逝的灵感。

18岁中学毕业后，玻尔进入哥本哈根大学，主修物理，于是，他又把"气老师"工程延续到了大学。大一时，玻尔非要用逻辑方法找出逻辑学教授的不合逻辑之处。幸好，这位逻辑学教授很豁达，不但没生气，反而对他的严密逻辑推理大加赞叹。大二时，物理老师要求大家"给出一种用气压计来测量楼房高度的方法"，结果，玻尔的办法竟是"用细绳拴好气压计，然后爬上楼顶，再放绳至地面，最终，绳索的长度加气压计的长度便是楼房高度"。如此白痴办法，当然气得老师翻白眼，正待老师发作时，他却又一口气给出了数种令人拍案叫绝的妙法，惊得老师目瞪口呆。在大学期间，玻尔也没耽误学业，且颇有名气。他的正面名气来自25岁那年，以一篇名叫《水面张力》的论文获得了丹麦皇家科学和文学院的金质奖章，这在当时绝对是一鸣惊人！而他的负面名气也来自"一鸣惊人"：原来，在一次化学实验中，他竟失误引发了大爆炸。

24岁和26岁那年，玻尔分别获得了哥本哈根大学的硕士和博士学位。

毕业后，终于没得老师可气了，但玻尔开始"气老板"了。原来，因成绩优异，他获得了一笔留学基金，可以出国做一年博士后。于是，他在1911年初来到英国剑桥大学，进入著名的卡文迪什实验室。可仅仅几个月后，他便又转去了曼彻斯特大学。这是为啥呢？因为，他差点没气死其博士后导师、"电子之父"、著名物理学家汤姆孙教授。面对如此顶级的科学家，玻尔总该收敛点"一根筋"的作风吧！不！他不但没有半点收敛，反而更"嚣张"，以至头次见面时，他就拿出导师的代表作，用生硬的英文一一数落了导师的多处错误，让这位刚获诺贝尔奖的"神级"大教授颜面扫地。终于，玻尔被导师晾在了一旁。幸好，这时汤姆孙的另一弟子、曼彻斯特大学教授卢瑟福恰巧应邀回剑桥大学做一场学术报告，该报告让玻尔深深折服。于是，这位"杠精"就于1911年11月离开汤姆孙，进入卢瑟福的实验室，继续完成其剩余的4个月博士后工作。从此，玻尔就进入了量子力学领域。

非常奇怪，这次玻尔再也没与新导师抬杠了。当然，卢瑟福也敏锐地觉察到了玻尔的才华，并给予了他无私的关怀和最大程度的信任。若有同事来请教问题时，卢瑟福甚至马上就会建议他"去问玻尔吧"。当时，卢瑟福刚提出原子结构的"行星模型"，但他无法解释原子的力学稳定现象。因为根据经典物理学，电子在绕核旋转时应不断辐射出能量，随着这些能量的耗尽，电子就该螺旋式地坠落到原子核上，原子将发生坍缩。若"行星模型"正确，则整个宇宙早就坍缩了。可事实并非如此，这是咋回事儿呢？针对卢瑟福的这个问题，玻尔虽没直接抬杠，但他把"一根筋精神"发挥到了极致，竟然大胆否定了经典力学，并史无前例地指出："这次需要抛弃的不是卢瑟福模型，而是经典物理学对它的解析！只有量子假说才能逃脱困境！"

玻尔虽然常与人抬杠，哪怕对方是爱因斯坦，但他终生都佩服卢瑟福，不但从未与他抬过杠，还将其视为"仲父"。卢瑟福去世时，玻尔悲痛欲绝，竟将自己的一个儿子取名为卢瑟福，以示纪念。除了卢瑟福之外，还有一个人，玻尔也不敢与之抬杠，那就是玻尔在哥本哈根大学的同班同学的妹妹。在24岁那年，他与她互射了一支丘比特之箭，从此他便一发不可收拾地坠入了情网。在随后3年中，无论是在丹麦读博士，还是在英国做博士后，抑或后来回到哥本哈根大学做教授，他都一刻不停地向她发动爱情攻势。终于，在1912年8月1日，他们结婚了。婚后，他俩一起幸福生活了半个世纪，生养了几个很有出息的儿子，其中一个还于1975年获得了诺贝尔奖呢。

爱情的力量就是巨大，也就是在结婚这年，玻尔的科研成果出现了"火山喷发"。在1913年初，玻尔根据卢瑟福的原子模型提出了关于氢原子结构的新观点，从此迈出了革命性的一大步。具体地说，玻尔在卢瑟福的帮助下完成了长篇著名论文《论原子构造和分子构造》，提出了原子的量子模型。更巧的是，该模型的正确性竟在次年就被他人用实验证实了！哇，一时间，整个物理界轰动了！次年，玻尔又对模型进行了改进，创建了至今仍广泛使用的那个模型。玻尔因这一开创性成果后来获得了1922年诺贝尔物理学奖，他本人还受到丹麦国王的亲自接见。当国王夸他"在球场上的表现很好"时，他的"一根筋"毛病又犯了，竟当众纠正国王的错误说："陛下，您说的是我弟弟，他长得与我一模一样。"这次，国王以哈哈大笑圆了场，总算没追究他的"欺君犯上之罪"。

玻尔的科学成就，当然不只是原子的量子结构模型。比如，他还于1927年创立了著名的"互补原理"，并由此给出了量子力学的权威诠释——哥本哈根诠释。这里的"互补原理"深刻揭示了科学和哲学的基本问题，即任何事物都有多个侧面，针对同一对象，若承认了它的某些侧面，那就不得不放弃其另一些侧面，但是，那另一些侧面又不可被完全忽略，因为在适当条件下，它们还将发挥作用。"互补原理"非常易懂，但很神奇，以至后来玻尔的学生海森伯将该原理套用于波粒二象性量子的"空间坐标"和"动量"这两个侧面后，竟很形象地得到了著名的"不确定性原理"，即量子的空间坐标和动量不可能被同时精确测量。此外，他在1921年还成功预言了第72号元素，即现在的元素"铪"；1936年，他提出了复合核的概念，圆满解释了重核的裂变，并预言了由慢中子引起裂变的是铀-235，而非铀-238。

限于篇幅，这里不再赘述玻尔的其他成就，虽然它们也相当重要，但有一个问题必须探索，那就是他为啥能创建影响世界的哥本哈根学派，因为这将有助于后人模仿"培养科学家的良好氛围"，毕竟该学派培养了太多顶级科学家。但是，玻尔给出的答案相当简单，他说："其实奥秘只有一句话，那就是不怕承认自己是傻瓜！"猛一听，此言有些矫情，但仔细想来，又很有道理，而且很不容易做到，特别是像玻尔这种"一根筋"的天才，要想真心承认自己是傻瓜，得需多大的勇气和智慧呀！的确，只有"傻瓜"才能将聪明人团结起来；只有"傻瓜"才能长期营造平等的、自由的、紧密的、浓厚的学术研讨氛围；只有"傻瓜"才能承认自己的不足并向他人学习；只有"傻瓜"才不怕批评，也敢批评权威；只有"傻瓜"才一边与对手无情争吵学术问题，一边却又与对手保持真挚友谊。

1939年，第二次世界大战爆发，玻尔的祖国被德国占领；1943年，他逃往瑞典；1944年，他积极参加了原子弹的研制工作，并扮演关键角色；第二次世界大战后他又力促核能的和平利用。1962年11月18日，玻尔因心脏病突发去世，享年77岁。后人用他的名字命名了第107号元素。

第一百二十九回

最后的数学通才，最早的量子大牌

本回主角大部分人会感到相当陌生，他名叫外尔。啥意思呢？歪解一下，若将其名字前后顺序颠倒过来，便是"尔外"，无论你是哪个"尔"，他都在你的了解范围之"外"。此虽戏言，但也有三分道理，因为他是"20世纪最后的通才"。

首先，他拿着数学家的工资，吃着数学家的饭，所以是数学家，而且他确实被称为"20世纪上半叶全球最伟大的数学家之一"，还被称为"从经典数学到现代数学的关键人物"。他的数学思想已成为20世纪许多重要数学成就的发源地，至今仍是指路明灯。但是，他又是让所有数学家都头疼的一位数学家，因为即使在今天，任何数学家都无法读懂他的全部数学著作，难怪他被称为"最后的一位全能数学家"。他的成就几乎遍及数学的各主要分支，包括但不限于奇异积分方程、微分方程、数学物理方法、希尔伯特空间，吉布斯现象、狄利克雷原理、模1分布、殆周期函数（又称几乎周期函数、概周期函数）、亚纯曲线变分学等分析领域，凸体的表面刚性、拓扑学、微分几何中的联络、黎曼曲面等几何领域，李群不变量、李群的表示、代数理论、逻辑等代数领域。在他眼里，数学已不只是数学了，而是"培养下一代知识和能力的关键"。他认为"数学和音乐、语言等一样，都是人类心灵创造力的最主要表现，数学是一种普遍工具，它通过理论来认识世界"。

其次，他干的是物理活，故可算作物理学家，甚至连爱因斯坦在盛赞外尔时都说："他是出类拔萃的人物，而且在为人方面也很讨人喜欢。只要有机会，我都乐意与他见面。"实际上，他不但将先进的数学工具引入了相对论及量子力学，还给现代物理注入了若干新观念。他是统一场论的最早倡导者，直接推动了分子、原子、原子核等理论的研究；他是研究最重要的粒子物理学理论，即规范场论的先驱。他的规范场论后来启发杨振宁和米尔斯提出了杨－米尔斯场（又称非阿贝规范场）理论，再后来更帮助杨振宁获得了诺贝尔奖。他最早将抽象的群论及线性表示理论等转换成基本的物理研究工具。但是，他又是让所有物理学家最头疼的一位物理学家，因为包括爱因斯坦等在内的物理学家几乎都读不懂他的全部物理著作。他的名著《群论与量子力学》几乎成了当时每位量子物理学家的必备样书。这里为啥要叫"样书"呢？因为它是用来"装样子"的书：没它吧，不好意思待在量子江湖；有它吧，却又完全读不懂，故只好让它闲在书架的显眼处。外尔在揭示物理与数学的关系方面也很有见解，他说："物理学的发展，就像滚滚入海的洪流；而数学则是入海口的三角洲，它将洪流分散到所有方向，广泛滋润着物理的各分支。"

再次，外尔还扛着哲学家的旗，也确实是一位著名哲学家，甚至还是哲学派别——直觉主义的代表人物之一。由于本书只是科学家传记，所以对其哲学事迹就不谈了，但必须指出的是，哲学恰好是他研究数学与物理的起点和终点，甚至他自称是"走在哲学大道上的数学家和物理学家"。他的哲学思想、数学思想和物理思想等，其实是相互渗透和相互作用的。他一生几乎读遍了所有哲学典籍，所探讨的哲学问题既涵盖了自然哲学的时间、空间和物质世界，又涵盖了人文哲学的自我、人类与上帝等。不过，他的哲学立场好像并不坚定，始终都与爱情相互纠缠。比如，他之所以要抛弃最早信奉的实证主义，仅仅是想追求他的初恋，一位深受黑格尔哲学影响的女歌手；在认识了第二任女友海伦（即后来的妻子）后，他又迷上了胡塞尔的哲学思想，而这竟是因为胡塞尔是其女友的导师。胡塞尔的"本质分析法"对他终生都产生了重大影响，以至他认为：相对论的成功，可归结为"本质分析法"与"数学构造法"的完美结合。此外，他还对另一位哲学家费希特（又译作菲希特）的"彻底直接构造思想"很感兴趣，并认为它正好符合"数学基础上的构造主义"立场。再一次巧合的是，原来这位费希特刚好是他的红娘，准确地说，是费希特在一个"认识论哲学讨论班"上介绍他与海伦认识的。关于哲学与数学的区别，外尔也有独特见解，他认为"哲学只谈人，数学则可与人完全无关。数学有着星光那样的非人特性，它明亮、清晰而又冷漠"。一句话，从事科学研究的外尔似乎一直都生活在哲学的沉思中。

外尔不但总是处于数学和物理的前沿，还在文学、历史和艺术等领域都有很高的造诣，他的思维、写作和言谈等方式无处不贯穿着艺术气息。不过，从科学角度看，外尔也有自己的缺点，那就是他只喜欢纯粹的、与世界本质有关的知识。比如，当年冯·诺依曼离开理论数学转向计算数学时，他竟认为自己的这位好友不务正业。好了，闲话少谈，书归正传。下面为他"写生"，尽量给出一个真实的外尔。

1885年（光绪十一年）11月9日，在德国汉堡附近的一个小镇的一个"土豪"家里诞生了一个大胖小子，他就是赫尔曼·外尔。爸爸是银行家，所以家里不差钱；妈妈是乡下全职太太，虽能照顾好儿子的生活，但在早期教育方面就无能为力了。外尔从小生活在相对闭塞的村镇，很难接触到外界的新鲜事物，所以，他只能像其他村里的孩子那样在村里的小学随便学些知识。虽也上过几堂数学和物理课，但在整个少年期间，他身上似乎都找不出啥亮点，更没显现出任何未来科学家的预兆。

懵懵懂懂地度过15年后，有一天，外尔在爸爸的书房里偶然读到了康德的《纯粹理性批判》一书。这本是一部枯燥乏味的哲学典籍，且满篇都是干巴巴的抽象术语，但不知何故，外尔竟突然就被该书迷住了，从此便"一下子从教条主义的沉睡中醒了过来"，成了康德哲学的崇拜者，更对康德的几何学命题深信不疑。比如，他过去在学习欧氏几何时，始终不懂空间和几何的本性，现在他从康德的书中明白了：哦，原来，空间和时间并不独立于意识，它们是人类精神的直观形式。若照此发展下去的话，外尔将很可能成为一名哲学家，更可能是康德学派的哲学家。但是，又因一个偶然机会，外尔的兴趣从哲学转向了数学。原来，外尔的中学校长是希尔伯特的表兄。从校长角度看，"肥水不流外人田"，像外尔这么优秀的好苗子当然要推荐给表弟；从外尔的角度看，既然有"近水楼台"，何不"先得月"呢？而且，当时希尔伯特的团队已是响当当的世界"数学中心"。

1904年，19岁的外尔怀揣中学校长的推荐信，顺利进入了格丁根大学并拜在希尔伯特门下，后来还成了他的学术继承人。可是，刚一入学，外尔就遭到了一通猛烈的"杀威棒"。原来，希尔伯特刚刚出版了一部划时代的巨著《几何基础》，它竟与昔日偶像康德"唱反调"。它通过独立的逻辑推理，不但能产生经典的欧氏几何，还能产生另一种外尔从未听说过的非欧几何，更能把一大堆不同的几何学分支都建立在算术基础上！这可咋办呢？左右为难的外尔经深思熟虑后，最终下定决心：跟着希尔伯特走！于是，希尔伯特的所有课程，他都削尖了脑袋去听；希尔伯特的所有论著，无论多难，他都努力去读，甚至连希尔伯特的科学信念等，他都照单全收。外尔就像希尔伯特的影子一样，如鱼得水地走进了数学领域。特别是1905年暑期，外尔竟怀着极大的热情，在毫无任何必要数学基础的情况下，愣是对希尔伯特刚刚出版的另一部"天书"《数论报告》进行了"强攻"，而且真将胜利的"红旗"高高插上了数论巅峰。后来外尔回忆说："这个暑期，是我一生中最快乐的几个月。"

虽不知希尔伯特是如何指导弟子的，但在外尔身上，无处不有导师的深深烙印。这对师徒的感情之深，简直无与伦比。在希尔伯特去世后，外尔亲自执笔为导师写了《传记》，其中充满了对恩师的感激之情，他说："要不是恩师创造的良好环境，像我这样的乡下孩子，无论如何也不可能在短期内成长为优秀数学家。"外尔承认，自己像海绵吸水那样从恩师那里学习一切。关于自己如何被带入数学领域，他说："恩师像吹笛人那样，吹出了无比甜蜜的乐声，诱惑包括我在内的许多'小老鼠'投入了数学的大河之中。"他还盛赞道："恩师的天性中充满了生活的激情，他总是谋求与年轻科学家往来，特别乐意与他人交流思想。"

22 岁那年，在希尔伯特的指导下，外尔以"奇异积分方程"为论文主题，获得了博士学位。更重要的是，他还从导师那里学会了用现代眼光去处理古典数学问题。比如，他用现代的积分方程法去处理古老的二阶常微分方程问题，从而开辟了后来由冯·诺依曼最终创立的无界厄米算子的亏值理论，同时也奠定了后来由卡勒曼最终完成的积分算子的理论基础。当然，这些成果也使外尔于 1908 年成为格丁根大学的无薪讲师。

1910 年，著名物理学家洛伦兹到格丁根大学讲学时，提出了一个很奇怪但物理学家们又凭直觉认为该有肯定答案的数学问题，那就是，能否仅凭听音，就能知道鼓的形状？其实，这个问题反过来很简单，只要稍有音乐常识的人都知道：外形、大小、皮质等不同的鼓，声音也确实互不相同！换句话说，仅凭经验，就能从声音中知道鼓的形状，但是，如何给出相应的数学证明呢，又能不能证明呢？猛然一听，这个所谓的"数学问题"对一般数学家来说，不但难于解决，甚至都不知该如何下手，不知它到底是个啥问题！可外尔不信邪，他还真的给出了这个问题的精确数学答案，甚至由此发展出了一套在第二次世界大战中发挥重要作用的数学理论，即本征展开理论。该理论甚至在 20 世纪 70 年代还掀起了一股研究热潮，并最终启发数学家们创立了一个新的数学分支。外尔对该项成果非常自豪，以至晚年时还回忆说："当我狂热般展开证明时，油灯已困得不行了；当我刚完成证明时，那油灯终于被累死了，屋里瞬间一片漆黑。"

从 1911 年起，外尔全力以赴研究黎曼曲面，并获得了自黎曼以后的最重要成果，其中一些思想几乎影响了整个 20 世纪的纯粹数学。原来，那时格丁根大学开设了一门"黎曼函数论"课程，但外尔发现了一个问题，那就是"黎曼曲面竟然没有恰当的数学定义，过去数学家们仅靠直观现象来给出解释，许多证明也不严格"。于是，他沿着希尔伯特的公理方法重新改造了函数论，并于 1913 年出版了首部代表作《黎曼曲面的概念》，不但给出了黎曼曲面的精确拓扑定义，还成功打开了解析函数论的局面，从此以后，整个黎曼理论获得了飞速发展，并成为数学分析学中的灿烂明珠。外尔的这部名著还帮助另一位数学家豪斯多夫完成了另一部经典《集论》，从而奠定了一般拓扑学的基础，直接促使拓扑学成为"当代数学的女王"。接着，外尔开创了解析数论的一个新分支——模1的一致分布理论，它对后来解析数论的发展产生了举足轻重的影响，甚至直接导致许多古典数论问题（比如华林问题）的解决。

1913年是外尔的幸运之年。在事业上，28岁的他在希尔伯特的培养下，已成为分析领域的著名数学家，并被瑞士苏黎世联邦理工学院聘为教授；在生活上，他竟成功追到了格丁根大学哲学系的著名才女兼校花、他日夜思念的"女神"海伦，并与她喜结良缘。这位校花可不简单哟，她不但聪明、美丽又大方，且已在哲学上崭露头角，比如翻译了多部哲学名著；这位校花的父亲也不简单，是当地的著名医生；这位校花的追求者们更不简单，连钱学森的导师、著名空气动力学家冯·卡门等也都是她的追求者；当然，最不简单的还是这位校花的眼光。实际上，当时的外尔名不惊人，甚至只是区区副教授；貌不出众，不但土里土气，还性格内向，一见生人就脸红，一说话就结巴，估计对校花说不出多少甜言蜜语。反正，与众多竞争者相比，外尔几乎没啥优势。可不知海伦到底有啥火眼金睛，竟最终看准了外尔这只"潜力股"。后来的事实也证明，她确实选对了。婚后，他们生养了俩儿子，其中一位也成了数学家。

1913年下半年，外尔带着新娘子离开恩师到瑞士当教授去了，这一待，就是整整17年！其间，他度过了自己的学术创新全盛期，也经历了全球政治和科学翻天覆地的变化。

政治上的风云变幻，众所周知，那就是外尔的祖国德国发动了第一次世界大战，然后战败并被严厉惩罚，后来纳粹兴起，希特勒上台等。其间，外尔所受的直接影响至少有他被征兵服役了一年，还在战场上挤时间完成了"凸体微分几何"研究。

科学上的革命更是高潮不断，且都与外尔后来的工作密切相关。比如，1915年左右，爱因斯坦发表了广义相对论；1918年，广义相对论所预言的光线偏转被证实；接着量子论蓬勃发展，以至1925年左右出现了两种不同的、后来被证明为等价的量子力学，随后玻恩的统计诠释、海森伯的不确定性原理及玻尔的互补原理等相继问世，人们开始用量子力学去研究分子、原子、原子核及基本粒子等。面对这接二连三的物理革命，数学家们也做出了积极反应，特别是希尔伯特更是一马当先，他立即把注意力转向了物理学，并独立提出了完整的广义相对论场方程。在此期间，外尔则完成了他的一系列最重要物理学成果。看来，这确实是一个需要英雄又刚好产生了像外尔等英雄的年代。

具体地说，1913年，当外尔到达瑞士苏黎世联邦理工学院时，爱因斯坦也刚好在这里任教。受爱因斯坦影响，再加恩师也发表了相对论方面的数学论文，所以外尔很快就意识到，在物理学中需要一种新的数学工具和新的想象力。关于自己进入相对论领域的原因，外尔后来回忆说："爱因斯坦发表的广义相对论，宣告了崭新时代的到来。我当时刚从战场归来，我的数学心灵就像老兵一样空虚，不知接下来该干些什么。这时，我读到了爱因斯坦的论文，于是我就走火入魔了！"总之，外尔紧跟爱因斯坦的思路，试图将当时仅知的两种场（引力场和电磁场）统一起来，并寻求其恰当的数学表述。该努力最终虽然失败了，但其副产品独立发展成了物理学的有力工具，特别是在广义相对论的几何基础方面，外尔于1918年出版了名著《空间、时间、物质》，将哲学、数学和物理完美地融合在一起，既向物理学家系统阐述了数学知识，也使数学家明白了相关物理需求。此书是系统介绍广义相对论的一部著作，由于其清晰而严密的叙述，不但获得了爱因斯坦的盛赞，还成了许多年轻人了解相对论的经典，比如后来海森伯就是被该书引入了相对论研究的。受该书的鼓舞，全球在短期内就形成了微分几何学的研究高潮。

外尔的数学研究总是与物理学的最新成就联系在一起。比如，从1923年起，他就开始研究拓扑群的线性表示问题，并在1925年左右相继发表了3篇重要论文，达到了自己的数学研究高峰。恰巧，此时量子力学诞生了，物理学家开始积极探求量子的物理基础，数学家也开始寻求量子的理想表述方法。于是，外尔巧妙地将量子力学与群论结合起来，使得许多数学家能登上物理舞台。1928年，外尔的另一部名著《群论与量子力学》正式出版，这再一次将数学家和物理学家紧密团结起来，形成了相互促进的良性循环。至今，外尔的这套理论，仍是研究现代物理特别是量子模型的强有力工具。当然，这时的外尔已取得了不少重要物理成就：用群论解释了电子的自旋、用二分量旋量表示了费米子、预见了二分量中微子理论等。

1930年，希尔伯特退休。应恩师盛情邀请，外尔从瑞士回到母校格丁根大学，接替恩师的教职。不幸的是，这时希特勒已上台，并开始大搞反犹活动，由于妻子有犹太血统，因此在各方压力下，外尔终于在48岁时携全家逃到美国，成了普林斯顿高等研究院的教授。由此，外尔开始了在美国的科学研究工作，直到1951年退休。其间，他虽未能做出更大科学成就，但吸引了众多才俊，为普林斯顿成为"世界数学中心"做出了重大贡献。

1955年12月8日，外尔因突发心脏病去世，享年70岁。

第一百三十回

薛定谔不只有猫，量子生物还风骚

一提起薛定谔，你也许马上就会想起那只猫，那只身陷囹圄、生死未卜的可怜的小猫，甚至爱猫人士还要抗议这位量子力学奠基人，抗议他虐待小动物。其实，哥们儿，你大可不必如此较真。一来，这只是一个思想实验；二来，在量子世界里，这种半死不活的"薛定谔的猫"多着呢。啥意思呢？若用专业术语来说，其实薛定谔只是试图用这个浅显易懂的例子，来说明"量子力学在宏观条件下的不完全性"，甚至连爱因斯坦也对这个例子大加表扬，认为它"最好地揭示了量子力学通用解释的悖谬性"。"薛定谔的猫"的最原始版本是这样的：在一个封闭盒子里，装有一只猫和一个与放射性物质相连的释放装置；在一段时间后，放射性物质可能衰变并通过继电器释放毒气，也可能不衰变。伙计，别以为你已看懂了这只猫，其实你只看见了"热闹"，因为，真正的"门道"是要请你回答一个问题：这只猫到底处于啥状态？显然，若你没实施检测（即没打开盒子亲眼看到），那这只猫的状态将是不确定的"死活皆可"；但是，一旦你实施了检测行动（即打开盒子看了一眼），那这只猫的状态就一下子被确定了：要么已死，要么还活着。此类现象在量子力学中的通用解释便是"波包坍缩依赖于观察"，即在观察前，这只猫处于死与活的"叠加态"。这显然有悖常识。为摆脱困境，过去近百年来，人们绞尽脑汁设想了种种"合理"解释，但事实是越解释人们越糊涂。针对这类现象，人类至今也只是"知其然，不知其所以然"。实在无奈时，就只好承认，量子世界中确有某种由多个状态叠加而成的"叠加态"。其实，在量子力学中，诸如此类的怪现象还多着呢，相信今后人类会逐步逼近真相，没准你就是那位笑到最后的揭秘者呢。本回附录将针对另一怪象——量子纠缠，再给出一种数学解释，但愿对大家有所启发。

其实，"薛定谔的猫"虽然名气很大，但那只是薛定谔科研生涯的一个小插曲，准确地说，只是他的一个典型科普代表而已。当然，薛定谔一生酷爱科普，总是试图用最简单的大白话去阐述最艰涩难懂的高精尖知识，而且他敢于进行大跨度的、异想天开式的"胡思乱想"。比如，在获得诺贝尔物理学奖后，他竟敢冒身败名裂之风险，以完全"门外汉"的身份，为门外汉撰写了一本至今被称为"20世纪最伟大的科学经典之一"的通俗作品《生命是什么》，以完全"外行"的术语指出"生命是一种负熵"，并试图用"风马牛不相及"的热力学、量子力学和化学理论来解释生命的本性。比如，他猜测，基因是一种非周期性的晶体或固体，基因突变是由基因分子中的量子跃迁引起的等。可出人意料的是，当生物学家们还没来得及嘲笑书中的"痴人说梦"时，该书竟在事实上成功地催生了分子进化学和随后DNA的发现，甚至促成了现代分子生物学的创立。该书不但把威尔金斯、克里克、沃森、卢里亚、查加夫、本泽等6人引向了各自的诺贝尔生理学或医学奖领奖台，还启发贝塔朗菲（又评作拜尔陶隆菲）创立了生命系统论，启发普里果金创立了耗散结构理论等。因此，我们在此建议您不妨也读读该书，没准能从中受到启发呢。不瞒各位，为撰写本回，我们还真的研读了该书，确实人人能读，确实让人茅塞顿开。薛定谔当初为啥要研究与自己专业完全不相关的，诸如生命是啥这种问题呢？当然不是闲得没事儿，而是他一直非常关注人类的精神追求，他说："人类总想知道自己从哪来、到哪去，可惜，人类唯一可观察的东西，只有所处的周边环境，因此，人类不得不努力发现并运用各种科学、学问和知识，以竭力寻找答案。"

当然，薛定谔本人最直接、最伟大的科学成就是在量子力学等领域。特别是他建立的薛定谔方程，已成为在运动速率远小于光速时，量子力学中描述微观粒子运动状态的基本定律。其在量子力学中的地位，堪比牛顿运动定律在经典力学中的地位。他也因此而获得了诺贝尔奖。但非常滑稽的是，薛定谔尽管为量子力学做出了革命性的贡献，但他的初衷是想"开倒车"，即试图重新用经典物理学去解释微观现象。更意外的是，薛定谔本人坦承，他的科学成就几乎都不是独创性的，而是敏锐地抓住了别人的创新观念，并加以系统地重构和发挥，从而构成新的尖端理论。比如，薛定谔方程的灵感，来自德布罗意；《生命是什么》中的奇思妙想，来自玻尔和德尔布吕克；而"薛定谔的猫"，则来自爱因斯坦等。为啥会这样呢？原来，薛定谔始终信奉这样的科研理念：科学家的任务，并非只是发现一些未知的东西，还可针对所有人都已看见的东西，进行一些别人从未有过的思考。

作为一位顶级科学家，薛定谔还有一个与众不同甚至是绝无仅有的特点，那就是在他一生中竟然艳遇不断。此处绝非要八卦他的私生活，而是因为像李白斗酒诗百篇一样，薛定谔的最佳科研状态往往出现在与情人的卿卿我我之中。比如，他的最高科学成就（薛定谔方程和波动力学）的创造激情，就是来自39岁那年圣诞期间与婚外情人的幽会，而且其灵感随后一发不可收拾，不仅建立了量子力学的完整框架，还系统解释了当时已知的实验现象，更证明了自己的波动力学与海森伯的矩阵力学在数学上其实是等价的，都是如今所称的量子力学，而且波动力学更加实用！这令整个物理学界震惊不已。

既然话都到嘴边了，那就干脆在此简单交代一下薛定谔的婚史和情史吧，毕竟，婚恋情况也是每位科学家传记中的重要内容嘛。根据穆尔的《薛定谔传》，这位薛兄在情场上还真是一个异类，他自己也毫不忌讳谈论婚外情，甚至公开主张"一妻一妾"的家庭结构。他的风流一直持续到年逾花甲，对每段情感他还都非常投入，并为此创作了不少肉麻的情诗。更奇怪的是，虽然生活在宗教禁欲色彩很浓的地方，他竟能全然不顾忌传统礼教。同样意外的是，他与其原配的婚姻虽有如此怪诞的经历，但他们夫妻俩竟相安无事、白头到老，而且，原配还乐意亲自照料那些非婚生孩子。

总之，若将薛定谔的上述素描用古代人物等来小结的话，那便可形象地把他比喻为量子力学界的"刘备"，分子生物学界的"张飞"，原子理论界的"关羽"。其薛定谔方程在描述微观粒子运动方面，更是活脱脱的"赵云"，其"薛定谔的猫"竟也成佛，不死不活，不生不灭。就算要比艳遇，他也远远赛过情圣唐伯虎，因为他总在"点秋香"，且从未受过惩罚。那位看官要问啦，他咋能如此神奇呢？嘿嘿，欲知详情，请继续阅读下文。

从前，在北洋水师正式成立前一年，准确地说是1887年8月12日，本回主角埃尔温·薛定谔出生在奥地利首都维也纳。妈妈是奥英混血，但她对儿子的影响并不大。比如，她本来非常喜欢音乐，还想让儿子学些乐器，但特有主见的儿子从来不就范。对儿子终生影响最大的人物，却是爸爸：一位工匠，一位很有教养的绅士，一位造诣颇深的生物学爱好者。爸爸继承了家族油毡厂，且生意很好，全家不但衣食无忧，子女们更能享受优渥的教育环境，以至薛定谔的早期教育，就是爸爸请来优秀家庭教师在家里完成的。更重要的是，无论有多忙，爸爸都常陪儿子一起玩耍，一起分享有趣的事情，还特别注意保持和满足儿子的好奇心，培养儿子对万事万物的广泛兴趣；通过游戏和对话等方式，耐心启发和诱导儿子形成良好的品格。薛定谔回忆父亲时说："在我的成长过程中，爸爸既是朋友，又是老师，更是不知疲倦的伙伴。爸爸就像一个陈列馆，他肚里装满了令我入迷的新鲜玩意儿。"

幼年时，薛定谔同步学会了英语和德语，因为它们是父母在家里常用的两种语言，后来又精通了法语和西班牙语等。成年薛定谔不但能与外国人轻松交流，且在游历各国时也压根儿就没陌生感。他很早就深受哲学家叔本华的影响，广泛阅读了叔本华的作品，因此他终生都对色彩理论、哲学、东方宗教特别是印度教等充满兴趣。古希腊哲学对他的影响也不小，以至他后来认为，可通过古希腊思想去了解现代科学特别是相对论、原子论和量子物理学等。

在度过了无忧无虑的童年后，11岁的薛定谔首次进入了公共教育系统，就读于维也纳高等专科学校预科班。很快，他就展现出过人的天赋和学习能力。他虽名列前茅，但并不重视主课，只喜欢数学、物理等逻辑严谨的课程，甚至还能迅速抓住老师所讲的关键并马上完成相关习题。他讨厌死记硬背，却喜欢作家，尤其是戏剧家和德国诗人的作品。此外，他还热衷体育，特别是登山或远足，并为此花费了大量时间和精力。他不但继承了父亲的艺术细胞，对古今绘画具有很高的鉴赏力，还热衷于雕塑等创作活动。刚刚提到了他对戏剧和诗歌的喜爱，表现在他对戏剧很入迷，既喜欢看戏，还喜欢演戏，更喜欢评戏；而诗歌方面，他醉心于诗歌，不但读诗，还翻译诗，更写诗，当然主要是给"秋香"们写情诗，甚至还出版过自己的诗集呢。

19岁时，薛定谔以优异成绩考入维也纳大学，主修数学和物理。可刚一入学，他就遭受了沉重打击，他的偶像、奥地利最杰出的理论物理学家玻尔兹曼突然去世了！一番悲痛后，他以更大的热情，全面深入地吸收了玻尔兹曼的一切，以至后来他深情地回忆说："玻尔兹曼的思想，是我在科学领域中的初恋对象。过去不曾有，今后也不会有别的东西能使我如此狂喜。"其实，薛定谔的自学能力并不强，但非常幸运的是，他在大学期间遇到了一位特别善于讲课的老师——哈泽内尔。这位老师讲授的理论物理学课程，对薛定谔终生都产生了重大影响。薛定谔对哈泽内尔充满了敬意，因为正是从他的讲课中，他才掌握了随后科研的大部分基础，以至他后来公开承认"我的科学家个性的形成，包括知识结构、思想倾向和气质等，完全归功于哈泽内尔"。甚至在1933年的诺贝尔颁奖典礼上，他还致辞说："假如哈泽内尔未去世的话，现在领奖的就该是他。"天赋加勤奋，使薛定谔明白了两件事情：其一，自己并不擅长实验；其二，自己在理论方面颇具潜力。于是，他充分发挥特长，很快就崭露头角，并在23岁那年以《潮湿空气中绝缘体的导电性》为学位论文，顺利获得了维也纳大学的博士学位。

毕业后，薛定谔按规定服了一年兵役，然后于1911年返回维也纳大学，开始了长达10年的科研生涯，其间虽因第一次世界大战受到过干扰，但整体来说还是取得了不少成果。虽然这些成果不能与后来的顶级成果相比，但至少为他的成家立业打下了坚实基础。比如，26岁那年，经媒人介绍，他认识了未婚妻；27岁时，他获得了教师资格；28岁时，恩师哈泽内尔在第一次世界大战中冲锋陷阵时中弹身亡，这强烈刺激了薛定谔，使他讨厌战争，更加珍惜科研机会；31岁时第一次世界大战结束，奥匈帝国彻底崩溃，薛定谔的生活也发生了巨变，生活水平骤降，甚至变得经济困难；1920年4月6日，经长达7年的恋爱，33岁的薛定谔终于结婚了。婚姻给薛定谔带来了好运，这时瑞士苏黎世大学雪中送炭，聘他为理论物理学教授，从此，他的人生开始走向辉煌。

1921年10月，薛定谔带着新婚妻子离开了被第一次世界大战摧毁成废墟的奥地利，既摆脱了战败国给自己造成的心理阴影，又摆脱了经济困境，至少能安心从事教学和科研了。在苏黎世大学，薛定谔很受欢迎：他的理论物理课程好评如潮，他主持的研讨班人满为患。他还鼓励跨校合作，经常与苏黎世联邦理工学院等共同举办学术活动。他自己也与苏黎世的许多著名教授（比如数学家外尔和物理学家德拜等）结成了莫逆之交。其实，他们早就是笔友，只是现在终于能当面讨论、相互切磋了，因此，大家倍感快慰，都觉相见恨晚。为了能从大自然中吸收灵感，薛定谔经常将学术会安排在周六，由他太太当"后勤部长"，大家或登山或郊游或旅行，一边玩一边完成相关问题的讨论。

薛定谔在苏黎世工作了约6年，这也是他科研的最高峰时期。这期间他的成果不但数量多、涉面广，还质量高。特别是1926年，更堪称薛定谔的神奇之年。时年已39岁，早该错过最佳科研期的薛定谔，从1926年1月27日到6月23日，在不到5个月的时间内竟连发6篇论文，一举完成了当时量子江湖"各门各派"的大统一，将玻尔原子理论、矩阵力学、爱因斯坦波粒二象性思想和德布罗意物质波理论等看似千差万别的量子理论，用一种至今称为"薛定谔方程"的神器紧密地统一了起来，构建起了严谨有效、实用方便、更易理解和掌握的量子力学新体系，将当时已知的许多物理难题一扫而光，赢得了广泛赞赏。比如，当时的顶级物理学家们都纷纷去信，对薛定谔表示肯定和祝贺。爱因斯坦去信说："你取得了决定性的进展，你的思想表现出了真正的独创性。"玻尔去信说："你迈出了原子理论进展中的决定性一步。"68岁的普朗克致信说："我就像一个好奇的儿童渴求久久苦思的谜底那样，聚精会神地研读你的论文，并为看到的美景而高兴不已。我以无比兴奋的心情，沉浸在你的这篇划时代论著中。"

其实，普朗克积极联系薛定谔还有另一层更重要的原因，那就是自己即将退休，他真诚希望薛定谔这位后起之秀能来接班，担任柏林大学物理系主任。在普朗克的真情感召下，薛定谔于1927年底迁居柏林并在这里又待了约6年。当时，包括爱因斯坦和普朗克等许多一流科学家都聚集柏林，他们每周都举行学术讨论，随时报告和交流物理学的最新进展和疑难问题，这让薛定谔眼界大开，不但如鱼得水，更觉逆水行舟不进则退，因为，身边个个都是顶尖高手，诺贝尔奖得主也随处可见。

在柏林，薛定谔还与自己的偶像普朗克和爱因斯坦建立了亲密友谊。比如，他常与夫人一起去爱因斯坦家中做客：太太们切磋厨艺，薛定谔则与爱因斯坦一起去湖面泛舟，讨论物理学难题，交流彼此对量子力学的解释。后来，薛定谔自己的家也很快被他太太开发成了"科学家聚会中心"。因此，薛定谔将柏林的这几年看成是一生中最幸福的时期。在这里，他以极大的热忱投入教学工作，与同事们一起，把柏林大学物理系的教学水平提高了一大截。薛定谔不仅在课堂上循循善诱，也欢迎学生们到他家中探讨学术问题，完全没有架子，也非常平易近人。除教学外，此阶段的薛定谔还取得了两项科研成果：其一，是在1927年，他运用刚刚建立的"薛定谔方程"，建立起了基于量子力学的化学键理论，从而宣告了量子化学的诞生；其二，便是提出了著名的"薛定谔的猫"。

书说简短，转眼到了1933年。这一年，对薛定谔来说既有一个坏消息，也有一个好消息。坏消息是，希特勒上台了，不愿同流合污的薛定谔，于1933年11月，以休假为借口逃到了牛津大学；好消息是，他刚到牛津，就被通知获得了当年的诺贝尔物理学奖。

1936年，薛定谔衣锦还乡，回到阔别已久的祖国。可仅仅两年后，奥地利便被德国吞并，薛定谔也遭到纳粹报复，不得不于1939年逃到爱尔兰，从此开始了他人生中最后17年的富有创造性的科研生涯。其间，他取得的最大成就，便是在1944年完成了那部对生物学产生重大影响的《生命是什么》。

1956年，年近古稀的薛定谔再次返回祖国，并于1961年1月4日病逝于维也纳，享年74岁。他的墓碑上雕刻着那个永垂不朽的薛定谔方程。

附录：

受薛定谔《生命是什么》的启发，此处也用"他山之石"试图来解释量子力学中的另一种奇异现象，各位就当它是一个"脑力体操"吧。不想在微分方程上"烧脑"的读者，可以跳过此附录，直接进入下一回。

量子纠缠可能并不神秘：用数学解释物理

摘要：在微观物理学中，有许多稀奇古怪的现象搞得广大读者莫名其妙，其实许多物理学家也只是知其然，却不知其所以然。于是，便有人（甚至是非常厉害的科学家）搬出了万能的上帝。下面我们也请出一位"真上帝"，求它帮我们解释诸如电子能级跃迁、波粒二象性、量子纠缠这3个微观物理学中最玄幻的问题。这位"真上帝"，名叫数学，它将用几乎同样的一句话，统一揭示所有这些玄幻问题的奥秘。希望下面的解释能让您脑洞大开。

（一）趣序

曾经有位不懂光学、不懂磁学、不懂电学的小伙子，仅用一组数学公式就把光学、电学、磁学给融为一体了。这个小伙子，就是后来的全能物理学家麦克斯韦；那组数学公式，就是大名鼎鼎的麦克斯韦方程组。

曾经还有一位"民间科学家"，利用业余时间，用另一个数学公式揭示了物理世界中最深奥的物质与能量的关系。这位"民间科学家"，就是差点成为以色列总统的爱因斯坦；这个数学公式，就是妇孺皆知的 $E=mc^2$。

由此可见，对数学这个"上帝"，千万别怠慢，要时时真心烧香，天天虔诚叩头，若能持之以恒，保准有求必应。我们本来没想公开此附录，因担心"老节不保"，但读罢薛定谔的《生命是什么》后，我们就豁出去了。既然老薛在创立了量子力学并获诺贝尔奖后，都胆敢不顾声誉，竟像"民间科学家"一样问出一堆石破天惊的外行问题，我们又有啥不敢尝试的呢？

作为趣序的结尾，我们引用薛定谔在《生命是什么》自序中的第一句话："通常人们会认为，科学家作为在自己的研究领域拥有渊博的第一手知识的权威，是不会随便在自己不精通的领域著书立说的，也就是说高声望者肩负重责。然而，为了能够完成这本书，我恳请抹去我身上所有的声望，倘若真的有的话，这样也就可一并抹去与之相随的重任。"因此，我也希望读者在阅读此附录时，抹去我们身上的所有头衔，就当我们是傻瓜吧。

（二）微分方程基础

数学家可以忽略此节，有需求者，可查阅任何一本微分方程的教材。此处，我们只用最形象、最简洁的语言，复述对后面最有用的部分精华，它们都是现成的结论。

一阶微分方程 $dX/dt=F(X,t)$ 中，有一族很特别的类，名叫自治方程组，其中时间 t 不再以显式出现，因此它形如 $dX/dt=F(X)$。此处 X 和 F 都是 n 维向量。

结论1：任何自治的高阶微分方程都可以等价地转化为某个高维自治的一阶微分方程组。

在微分方程 $dX/dt=F(X)$ 中，满足 $F(X)=0$ 的点称为奇点。奇点又分为结点（含退化结点和奇结点等）、鞍点、焦点、中心点等。不过，本附录感兴趣的点只是如下"高密集点"：结点、稳定的退化结点、稳定的奇结点、焦点和中心点（注意：我们放弃了不稳定的退化结点、不稳定的奇结点、鞍点等）。

结论2：在"高密集点"的任何无穷小的邻域内，都有微分方程 $dX/dt=F(X)$ 的无穷多条解轨线汇聚其中。这些解轨线的密集程度之高，甚至可能填满某个测度大于0的区域，以至于能从物理上观测到这些点的密集邻域的存在。

注意：

1）这里 n 维函数列向量 $X=X(t)$ 是 $dX/dt=F(X)$ 的解轨线，意味着它满足 $dX(t)/dt=F(X(t))$。

2）数学上纯粹的点和线，都是没有直径和宽度的，或者说其测度是0，你根本看不见。但是，当这些点足够多，填满了某个平面时，你就看得见了，更可用物理设备检测出来了。

3）物理学意义上的粒子虽小，但是在数学家的"点"面前，就像是老鼠眼中的大象。粒子运动的轨线虽细，但是在微分方程组的解轨线面前，就像是小蚯蚓眼中的大蟒蛇。

结论3：如果 $F(X)$ 在有限区域内连续且有连续偏导，那么对于任何点 X_0，微分方程 $dX/dt=F(X)$ 都有且只有一条解轨线经过此点，而且，除了奇点之外，任何点 X_0 附近的解轨线都不再密集，更准确地说，如果某条解轨线满足当 $t \to \infty$ 时，$X(t) \to X_0$，那么，X_0 就一定是奇点。

综合结论2和结论3，便可形象地说，除了"高密集点"附近之外，微分方程 $dX/dt=F(X)$ 的解轨线都是物理上不可测量的，虽然轨线确实存在，至少有一条轨线。

（三）微观物理三大怪象

物理学家可以忽略此节，有需求者，可查阅大学物理专业的相关教材，因为本节内容都是现成的经典。此处，我们也只用最形象、最简洁的语言，复述微观物理中的相关"魔幻"现象。它们的正确性是毋庸置疑的，因为全球物理学家们已经无数次地对这些现象进行了验证，并已经给出了也许只有权威物理学家才懂的、个案性的"知其然"解释。

怪象1：电子的能级跃迁，即电子在围绕原子核旋转时，其轨迹是不连续的，它会突然从一个能级跳跃到另一个能级，不会有中间状态。

物理学家们用氢原子模型对怪象1给出了长篇大论的解释，虽然我们不去重复细节了，但必须指出：电子围绕原子核运转时，轨道直径 r 和轨道夹角 θ、φ 满足一个自治的二阶微分方程。因此，根据结论1，该二阶微分方程可以转化为某个高维一阶微分方程，即 r、θ、φ 满足某个微分方程 $\mathrm{d}\boldsymbol{X}/\mathrm{d}t=\boldsymbol{F}(\boldsymbol{X})$，其中 $\boldsymbol{X}=(r,\theta,\varphi,\cdots)^{\mathrm{T}}$。

怪象2：波粒二象性，即所有的粒子或量子，不仅具有粒子的特性，而且也具有波的特性。物理学家们用定态薛定谔方程解释了该怪象，虽然我们仍然看不懂物理学家们的解释，但是，有如下两点还是清楚的。

1）粒子在势场中的运动，满足定态薛定谔方程，从中可以求解出波函数 $\varPsi$，所以，粒子就是波，而且还是由 $\varPsi$ 所描述的波。因此，下一小节就不再重复解释了。

2）波函数 $\varPsi$ 满足的方程，是一个二阶自治微分方程，因此，根据结论1，该二阶微分方程可以转化为某个高维一阶微分方程 $\mathrm{d}\boldsymbol{X}/\mathrm{d}t=\boldsymbol{F}(\boldsymbol{X})$，其中 $\boldsymbol{X}=(x,y,z,\cdots)^{\mathrm{T}}$，并且 x，y，z 是包含在波动方程 $\varPsi$ 内的三维位置坐标。

怪象3：量子纠缠，即在一定条件下发生过关系的两个粒子，分开以后不管距离多远，它们的关系会一直存在；当你改变一个粒子的状态时，另一个粒子也会响应，而且反应速度是瞬间的。

这可能是物理学中最诡异的现象了，查遍所有资料，我都没有找到简洁合理的解释，反而像是什么神啦、鬼啦、灵异啦、上帝啦、意识本质啦、平行世界啦等超自然的解释却层出不穷。我们绝对是外行，不敢妄议这些解释。但是，我们注意到：当两个量子 x_1、x_2 产生纠缠时，满足如下积分公式。

$$\varPsi(x_1, x_2)=\int\exp[ip(x_1-x_2+x_0)/h]\mathrm{d}p$$

其中纠缠形成的波函数 $\Psi(x_1, x_2)$ 不能分解成 x_1 和 x_2 的函数的乘积，即对任何 $f(x_1)$ 和 $g(x_2)$ 都有 $\Psi(x_1, x_2) \neq f(x_1)g(x_2)$。这里 $x_1 = (x_{11}, x_{12}, x_{13})$ 和 $x_2 = (x_{21}, x_{22}, x_{23})$ 表示这两个相互纠缠的粒子 x_1 与 x_2 的位置坐标。

纠缠时的积分方程，显然可以转化为微分方程。其实，很可能在量子理论的专业书籍中，应该是先有微分方程，对它求解后才得到了该积分方程。不过，幸好微分方程和积分方程谁先谁后，对我们下面的解释无关紧要，反正这不影响如下事实：纠缠的量子 x_1 和 x_2 将满足某个自治微分方程 $\mathrm{d}X/\mathrm{d}t = F(X)$〔其中 $X = (x_1, x_2, \cdots) = (x_{11}, x_{12}, x_{13}; x_{21}, x_{22}, x_{23}; \cdots)$〕。

（四）物理怪象的一句话数学解释

基于前面讲的数学和物理知识，现在就来给出微观物理中上述"魔幻"现象的数学解释；形象地说，其实我们几乎只用同样一句"咒语"，也许就能把所有这些"怪兽"打回原形。原来，在数学家眼里，这些现象都只不过是家常便饭而已，完全没必要大惊小怪。

怪象1的数学解释。电子的能级跃迁，可能是微观物理的任何初学者首先感到的最不可思议的事情，因为，它与日常生活经验格格不入：不积跬步，竟然也能行至千里！

其实，数学解释可以是这样的。电子围绕原子核运转时，轨道直径 r 和轨道夹角 θ、φ 满足自治的微分方程 $\mathrm{d}X/\mathrm{d}t = F(X)$，其中 $X = (r, \theta, \varphi, \cdots)^{\mathrm{T}}$。于是，在可能的几个奇点 $[F(X)=0]$ 附近，电子高度密集地经过（虽然轨线互不相交），以至填满了"高密集点"邻域的某块测度大于0的区域，从而使其成为可被从物理上观测到的"电子云"。除了这些"电子云"之外，电子的轨线（即上述微分方程的解轨线）就突然变得相当稀薄了，以至物理上不可观测。于是便造成了这样的错觉：电子好像从一块云跃迁到另一块云，而没经过中间过程。更进一步地，在各个高度密集的奇点附近，解轨线的密度其实也互不相同，所以电子云的能级也就互不相同了。

如果我的上述解释还不够清楚的话，那么就来听一个故事。你平常很难看见蝗虫的影子，但某天突然发现它们密集地从天而降，吃光了你家的农田，然后又突然消失，接着又突然出现在邻村。没人看见它们的飞行轨迹，就好像它们在做"电子跃迁"一样，突然从一个村跳跃到另一个村，没有中间过程。其实，不是没有中间过程，而是中间过程太稀薄，以至不可观察而已。

怪象2的数学解释。波粒二象性也完全打破了老百姓的日常经验，让人很迷糊：光怎么会像芝麻那样是粒子呢？一颗一颗的粒子咋又成了波呢？

由于"粒子就是波"的结论已在前文说过了，所以现在只用数学方法来解释"波就是粒子"。波动轨迹满足微分方程 $dX/dt=F(X)$，那么，与怪象1中的解释一样，这些轨迹也将只能高度集中于某些满足 $F(X)=0$ 的奇点附近，或者说，波的能量也将只能高度集中于这些"高密集点"附近。假若在某点的任意小邻域中，能量已聚焦到足够强的、可被物理检测出来的 $E>0$，那么，根据爱因斯坦方程 $E=mc^2$，在该点邻域内，其实就相当于已形成了一个质量为 $m=Ec^{-2}$ 的粒子了！

综合而言，其实我们给出了一个更普遍的解释：波和粒子可以是一回事。

怪象3的数学解释。为了易于理解，我们首先来复述一个纯数学事实。如果 $Y=(y_1, y_2,\cdots)$ 是微分方程 $dX/dt=F(X)$ 的一条解轨线，即 $dY/dt=F(Y)$，那么，Y 中的任何一个坐标被变动后（比如将 y_i 变为 a_i），即使 Y 中的其他坐标都保持未变，$Y^*=(y_1, y_2, \cdots, y_{i-1}, a_i, y_{i+1},\cdots)$ 也不再是原来的那条解轨线了。换句话说，原来的那条解轨线就不会再经过 Y^* 点了。如果这条轨线是粒子的运动轨线，那么你若仍然守在 Y^* 处，就再也看不到那个粒子了，这就像是守株待兔一样。

纯数学事实说清后，回头再说量子纠缠就容易了。两个粒子 $x_1=(x_{11}, x_{12}, x_{13})$ 和 $x_2=(x_{21}, x_{22}, x_{23})$ 相互纠缠意味着满足微分方程 $dX/dt=F(X)$，这里 $X=(x_1, x_2,\cdots)=(x_{11}, x_{12}, x_{13}; x_{21}, x_{22}, x_{23};\cdots)$，那么当你变动任何一个粒子时，就相当于变动了解轨线 X 中的3个坐标（比变动一个坐标更严重），所以当你仍然守在原来的位置时，那只"兔子"（这两个粒子纠缠后的共同体）就不见了，于是，另一个粒子也就被改变了。

其实上述解释不仅仅适用于两个量子的纠缠。无论有多少个量子，比如 x_1，$x_2,\cdots, x_n$，只要它们能够相互纠缠［相应的波函数 $\Psi(x_1, x_2,\cdots, x_n)$ 不可分解］，并满足某个自治的微分方程 $dX/dt=F(X)$，那么，它的解轨线 $X=(x_1, x_2, \cdots, x_n,\cdots)$ 中的任何一个坐标都不能被变动，否则其他粒子都会跟着动，因为它们也是作为一个整体满足微分方程的。

以上解释仅供参考。谢谢！

第一百三十一回

拉马努詹数之神，美妙公式梦里寻

一提起数学，很多人就头皮发麻。为啥呢？因为除个别公理外，所有数学结论都必须经过严格证明，而这便是数学中最恐怖的事情！就算是那些著名猜想，也得经证明后才能被认可。换句话说，"数学"与"证明"的关系基本上可描述为"无证明，不数学"！但本回主角拉马努詹（又译作拉马努金）是几千年来，数学史上绝无仅有的奇迹：他操纵数学公式，就像呼吸一样自然。在其苦短的一生中，他仅凭直觉就发现了3900多个美妙无比的数学公式，广泛涉及质数、合数、伽马函数、椭圆函数、发散级数、超几何级数等领域，但从没给出过严格证明！换句话说，他的所有证明，都是由一位神秘女神在梦中帮忙完成的，或用他自己的话说，"于是，醒来后，答案就在那里了"。更不可思议的是，经全球数学家近百年的不懈努力，如今已证明，他在梦中得出的那些公式绝大部分都是正确的，甚至是伟大的。比如，他于1916年提出的一个猜想，在1973年被证明后，证明者竟因此获得了1978年的数学最高奖——菲尔兹奖。最不可思议的是，拉马努詹压根儿就没接受过正规数学教育，他的所有数学知识，都是在饥寒交迫的情况下，在没有任何人指导的情况下自学而来的！看来，爱因斯坦的话还真对，确实"想象力比知识更重要"。

拉马努詹的数学公式到底有多美呢？若要回答该问题，既简单又复杂。说它简单，是因为只需随便搬出一个公式，然后你将瞬间明白啥叫闭月羞花、啥叫沉鱼落雁。但是，许多读者都患有"数学公式过敏症"，所以为安全计，此处只好改变证明思路，借用著名数学家的文学语言来证明拉马努詹公式的天仙般美貌。比如，华罗庚的导师哈代教授在见到这些公式的第一眼时，惊呼道，"天哪！我从没见过如此美丽的东西"，又说"其中每个定理都居数学最高峰"，还承认"这些公式彻底征服了我"，更感慨"他一人就战胜了整个欧洲数学界"。

拉马努詹的数学公式到底有多大影响呢？这样说吧，他遗留的那些未证公式引发了大量后续研究，至今仍延绵不绝。甚至在1997年，美国佛罗里达大学还创办了学术杂志《拉马努詹期刊》，专门发表"受拉马努詹影响的数学领域"的研究论文。比如，他发现的好些定理，都在网络安全、材料科学、粒子物理、统计力学、空间技术、计算机科学等方面扮演了重要角色。他去世前的最后一项成果——仿θ函数，更有力推动了孤立波理论、癌细胞扩散及海啸运动的研究。最近，该理论又开始用来解释宇宙黑洞等。换句话说，他的数学公式引领了人类科学至少长达100年。

拉马努詹到底有多伟大呢？在2000年，美国《时代》周刊选出了100位"20

世纪最具影响力的人物"，拉马努詹榜上有名。伟大数学家哈代曾感慨道："我们只是在学习数学，而拉马努詹却是在发现并创造数学。"作为拉马努詹的"伯乐"，哈代甚至认为自己对数学的最大贡献，不是发现了多少定理，而是发现了拉马努詹。哈代在给史上数学家评分时，给自己评了区区 25 分，给他同时代的最伟大数学家希尔伯特评了 80 分，却给拉马努詹评了一个满满的 100 分。哈代甚至把拉马努詹比肩于数学巨人欧拉和雅可比。

总之，拉马努詹是 20 世纪最传奇的数学家之一！他的传奇到底有多精彩呢？欲知详情，请继续阅读下文。

话说，1887 年（光绪十三年）12 月 22 日，斯里尼瓦瑟·拉马努詹，以长子身份，按印度风俗诞生于他姥姥家；直到生下第 3 天，才被取了名字；直到 1 岁时，才被妈妈带回奶奶家，然后就在这里度过了 20 年。若按印度种姓制度，拉马努詹的家族属于一等公民"婆罗门"。但是，到他父亲这一辈时，家道早已中落，除了有神论的意识外，几乎一无所有了。以至他那老实巴交的爸爸只能在小店里当伙计，每天从早到晚的例行工作就是接客、记账、收账等。有时，拉马努詹也跟在爸爸屁股后面当小尾巴，可父子俩几乎从不对话。爸爸在社会上虽没啥地位，但按印度传统，在家里高高在上，从不做家务事，与儿子的关系也很疏远。这种"君子之交"一直维持了很久，以至成年后，拉马努詹从英国给爸爸写信时，言辞都仍相当拘谨；而给妈妈写信时，文字就非常活泼了。

对拉马努詹影响最大的人物，非他妈妈莫属。无论是长相还是性格等，他几乎都是妈妈的克隆。他妈妈身材高大，是一位"工于心计且有教养的太太"，也出身于曾经的贵族家庭，其祖上甚至享受过王族礼遇，可后来也家道中落了，以致妈妈不得不在寺庙里唱圣歌，以此募捐度日。妈妈非常要强，从来就得理不让人，恨不能将所有东西都据为己有。在她心中，儿子就是一切。从拉马努詹出生那天起，儿子吃饭，她必须亲自做、亲自喂；儿子起床，她必须亲自穿衣、亲自梳头、亲自缠腰裹带等；儿子玩游戏，她必须亲自陪伴，生怕有啥闪失；儿子上学，她更必须亲自送到校门口，亲眼看着儿子的身影消失在视线，然后才肯离去；至于儿子交啥朋友、有啥作息表等，她都得亲自过问和安排。若儿子在学校受了委屈，她肯定要怒气冲冲找校长评理。即使是像儿子结婚这样的大事，也仍由她独裁。还有一件大事，也在儿子心中打上了深深的烙印，那就是妈妈对神灵特别虔诚，对占星术和手相术等深信不疑，以至后来拉马努詹也坚信，他的所有数学成就，都是妈妈信奉的那位女神在梦中提供的。

妈妈对儿子为啥如此溺爱呢？其实这也大有原因！因为，拉马努詹家好像很受死神青睐：他1岁半时，有了一个弟弟，结果弟弟只活了3个月；2岁时，天花流行，当地死了4000多人，所幸的是他本人躲过了这一劫，只在脸上留下了终身未褪的天花斑痕（即俗话说的麻子）；他3岁时还不会说话，吓得父母以为他是哑巴，结果虚惊一场；4岁时，他又有了一个妹妹，却又昙花一现，很快就死了；6岁半时，他再有了一个弟弟，仍然很快就死了；7岁时，祖父被麻风病折磨死了；10岁时，又赶上霍乱流行，小孩死亡率超过30%，这次他又死里逃生。一句话，拉马努詹数次与死神擦肩而过，所幸都大难不死，最终成了家里唯一存活的孩子，自然也就备受宠爱，以致被养出了一身怪脾气：敏感，固执，任性，爱独处，喜怒无常，自尊心过强等。比如，他必须在固定地方才肯吃饭；饭若不香，就在烂泥里打滚撒泼；经常把家里的东西砸得乱七八糟。此外，他还不喜欢运动，饭量也大，家中美食都被父母省给了他，以致他获得了一个当时罕见的外号——"胖墩"，在与其他骨瘦如柴的小孩打架时，他当然就很有优势了。

5岁时，拉马努詹进入了当地的一所小学，从此开始学英文。但他不喜欢老师，上课时，不是调皮就是捣蛋。自己想做的事，拦都拦不住；不想做的事，谁说都不管用：反正除了任性，还是任性。学校在他眼里从来就不是启蒙之地，而是要竭力摆脱的枷锁。当然，老师也不是好惹的，对他的各种体罚也从不客气。于是，就出现了这样的"走马灯"：他不停地捣蛋，老师不停地体罚，父母不断将他转入新学校；他又在新学校"大闹天宫"，新老师又接着念紧箍咒，如此循环不已。8岁时，拉马努詹又想出了一种能同时对付老师和家长的妙计，那就是逃学，千方百计地逃学，直到后来，家长不得不动用警力，才能将玩消失的他给找回来。

不过，拉马努詹也有一个优点，那就是他特别喜欢思考问题。沉思中的他非常安静，与调皮时的他判若两人。他常常追问一些怪问题，比如谁是世界第一呀、两朵云相距多远呀、地球赤道多长呀等。也不知哪根神经突然短路了，反正在1897年11月的小学毕业考试中，快满10岁的拉马努詹竟莫名其妙地灵感爆棚，取得了全区第一名的好成绩，并于次年1月，进入了用英文教学的市立中学。拉马努詹在这里度过了最满意的6年时光，因为学校开始讲授数学课了，而同学们都围拢着他争相请教数学难题，这不但使他获得了满满的成就感，更让他意识到了自己超强的数学天赋。大约在中学三年级时，有一次他竟狠狠地"将了老师一军"，因为老师说："1个人吃1个水果，当然每人吃1个；2个人吃2个水果，每人也能吃1个；一般地，n个人吃n个水果时，每人也能吃1个……"话音未落，他就反驳说："难道0个人吃0个水果时，每人也能吃1个吗？"瞬间，老师"石化"了！看来，中学已容不下这个"悟空"了。

由于拉马努詹的家毗邻一所大学，且家里又缺钱，所以，妈妈便挤出几间空房向大学生出租。可哪知，这一无心之举，竟意外将儿子引入了"阿里巴巴的数学宝库"。原来，他家有两位数学系寄宿生，偶然发现房东的儿子很喜欢数学，就把自己所知道的数学知识全都教给了他。几个月后，大学生们江郎才尽，只好从图书馆拿来一些专著抵挡一阵子，可仍然只能节节败退，完全挡不住拉马努詹在数学领域里风驰电掣般的攻势。甚至连当时公认的、最难的数学教材《龙氏三角学》，也在他13岁时被彻底消化了，而且他还独立发现了著名的欧拉公式。接着，他又向更高年级的大学生请教，掌握了更多数学知识。拉马努詹对数学的理解与众不同。比如，他从来不按常规将三角函数理解为各边之比，而是用高深莫测的无穷级数去对待它们，难怪他能一口气背出诸如π和e等数学常数的小数点后的若干位数值。数学考试时，卷子刚发不久，他就出考场了，而且还保准得高分。后来，老师干脆不再判他的试卷，直接给他满分就行了。而事实上，"满分"还不够，因为他的许多解题法完全超出想象，妙得令人叫绝。别人眼中的天大难题，他只需看一眼就能出结果。后来，更有老师偷懒，直接让他协助完成许多个性化的数学教学任务。14岁时，全校同学都无法与他交流数学了，甚至连老师也常常跟不上他的思路，个别小气的老师更容不下他的小聪明。反正，大家都对他敬而远之，他也因此成了学校名人。

16岁那年，发生了一件对拉马努詹影响很大的小事，那就是他家的寄宿生不服输，又送来一套两卷本数学词典《纯粹数学与应用数学基本结果汇编》（以下简称《汇编》）。对普通人来说，这本书绝对味同嚼蜡，因为它像今天的任何数学词典一样，只是枯燥地罗列了已知的5000多个数学定理和公式等。这样的书，本来只是用来当词典查阅的，不可能有什么人去从头到尾阅读它，但拉马努詹一行一行地读了。天啦，这哪是凡人能干的事呀！背英文词典不稀罕，但背数学词典的人，除了拉马努詹之外，可能是前无古人、后无来者吧。关键还在于，他真将每个公式都看懂了，知道其中的公式为啥是正确的！换成数学语言来说，他其实是仅仅依靠冥想，就在头脑中完成了这些公式的证明。这对拉马努詹来说，可是一次不得了的训练，因为随后他将颠倒上述过程，做出若干伟大的成就：他先在头脑中（实际上他自己说是在梦中）证明了更多神奇公式，然后再在醒来后，将它们记录下来。

17岁时，拉马努詹中学毕业，以优异成绩考入了政府学院，并获得了奖学金，但出人意料的事再次发生了：本来是"学霸"的他，却突然变成了"学渣"，甚至连"学渣"都不如！原来，这时他坠入了情网，而且还是很特殊的情网，因为，这个情人不是别人，正是以那本《汇编》为代表的数学。面对这位"情人"，他茶不思、饭不想，完全进入了失魂落魄的痴迷状态：白天想她，晚上想她；吃饭时想她，睡觉时也想她。最麻烦的是，除了上数学课不走神之外，上其他所有课时，他脑海里全都是她，刚开始时，他还假装去其他课的课堂上点个卯，后来干脆直接翘课。当然，期末考试，除了数学满分外，他就只剩两门课不及格了。哪两门课呢？唉，这门课和那门课！于是，按学校规定，他刚刚到手的奖学金就泡汤了。这意味着他上不起学了，毕竟家里没余粮且经济条件越来越差，根本养不起他这个大学生。妈妈找校长吵闹一番，也无济于事。终于，在1905年8月，也许因自尊心受损，已经18岁的拉马努詹故伎重演，又来了一次逃学，一次大逃学，因为这次他离家出走了，急得妈妈在报上狂登寻人启事，急得爸爸在方圆数里内展开了地毯式搜索，生怕儿子出啥意外，直到3个月后，儿子才终于回家了！

1906年，拉马努詹又进入了另一所大学——帕协阿帕学院，因为他意外获得了该校校长的特殊奖学金。原来，该校的一位老师，在偶然看见拉马努詹的数学笔记后倍感惊讶，赶紧向校长做了特别推荐。在新大学里，拉马努詹的数学天赋表现得更出奇：老师演算了一黑板的过程，被他两句话就说清了，老师"挂"在黑板上后，也只能靠他来解围。可是，同样的悲剧又在期末发生了，他仍因多门功课不及格，再次失去了奖学金！天啦，偌大的印度，咋就没一所大学能容得下这位天才呢！为了能继续读大学，他想尽了各种办法：当家庭教师、勤工俭学、省吃俭用，甚至接受好心同学的救济等，但依然杯水车薪。完了，完了，拿不到学位就一切都完了，但从另一角度来看，他又有了，有了，一切都有了，因为从此以后，他终于可以与"梦中情人"终生厮守了。于是，20岁的他在食不果腹的情况下，独自一人，一边继续研读《汇编》，一边把越来越多的新公式记录在他的数学笔记里。

妈妈看着已被数学折磨得疯疯癫癫的儿子，既心痛又无奈。后来，经高人指点，她终于想出一个办法，一个能让儿子回心转意的好办法，那就是真的给儿子安排一个情人。于是，在他21岁那年，一位年仅9岁的童养媳就被娶进了家。妈妈这一招还真灵，因为按印度传统，男子一结婚就必须担负起家庭责任，所以，拉马努詹就必须尽快工作，开始挣钱养家糊口。于是，在接下来的几年里，拉马努詹一边工作，一边继续利用业余时间在他那本神奇的数学笔记里记录更多新公式。其间的酸甜苦辣之多，此处实在无法写尽，反正他一直处于极贫状态，甚至有时衣食难保。不过，也有幸运之时，比如，他曾遇到过本不富裕的大善人拉奥愿意无偿资助他的研究。

书说简短，时间飞到了1913年1月16日，在那位大善人的鼓励下，拉马努詹终于下定决心，主动在全球寻找"伯乐"，他将自己发现的一些数学公式寄给了剑桥大学著名数学家哈代，并附信说明了自己的情况。哈代一看，简直不敢相信自己的眼睛：天啦，这绝对是罕见的天才！于是，哈代赶紧动用自己的一切力量，1914年终于在剑桥大学为拉马努詹找到了一个教职，然后立即托人到印度，将这位神人迅速安全地接到了英国！如今，该故事已成为数学史乃至整个科学史上的传奇；同时，此事也成了他俩的学术转折点：拉马努詹因哈代而崭露头角，哈代也因拉马努詹而增光添彩。由于拉马努詹是自学成才，他对数学的严谨性一无所知，甚至压根儿就不知道啥叫数学证明，于是，哈代就与他优势互补，两人在剑桥大学的5年里共合作发表了28篇重要论文。哈代将这段经历，描述为"一生中最浪漫的事件"。拉马努詹也因其卓越成就，在31岁时当选为英国皇家学会外籍会员，成为享此荣誉的亚洲第一人。

拉马努詹是虔诚的素食者，在剑桥期间自己煮食，还常因科研而废寝忘食，再加英国冬天气候寒冷，所以，水土不服的他，身体越来越衰弱，他也越来越想家了。但又因第一次世界大战爆发，他无法回印度，这令他非常抑郁，甚至试图卧轨自杀。雪上加霜的是，1917年他又患上了当时的绝症——肺结核。千盼万盼，1919年4月，他终于回到了祖国，病情却一天天加重，但他仍未放弃数学研究，甚至在生命的最后阶段还做出了那个金光闪闪的"仿θ函数"。终于，在1920年4月26日，也就是回家刚一年，拉马努詹微笑着病逝于妻子怀中，年仅33岁。他没留下一男半女，只留下了一段感人肺腑的遗言，对他那一丁点可怜的遗产做这样的安排："小部分给家人，余款全部用于资助孤贫儿童的读书。"

谢谢您，拉马努詹！

第一百三十二回

哈勃定律惊破天，刷新人类宇宙观

伙计，先讲个笑话。啥叫文学呢？文学嘛，就是编故事，编人的故事，且编得越圆越好，编得越没破绽越好，因此，文学其实应该叫"人文学"，此类从业者，就叫文学家。以此类比，啥叫天文学呢？嘿嘿，天文学嘛，也是编故事，只不过是编天的故事，但必须编得自圆其说，否则就不会被承认，此类从业者，就叫天文学家。本回主角，还真就是这样一个获得过文学硕士学位，同时又获得过天文学博士学位的天文学家呢。所以，用一句绕口令来说的话，本回其实就是要给一个"给天编故事的人"编人的故事。至于这些故事是否编圆了，还请您来判分，万望高抬贵手哟。

一提起哈勃，你肯定会想到那个同名望远镜。其实，哈勃望远镜并非哈勃之功，而是以哈勃之名命名的、史上最重要的观天仪，它是一架在地球轨道上绕地飞行的空间望远镜，于1990年4月24日由美国"发现者"号航天飞机发射升空。为啥要兴师动众把偌大一架望远镜捅上天呢？嘿嘿，主要是想验证百年前由哈勃等天文学家所编的宇宙故事，看看这些故事是否真的已编圆，是否有啥矛盾等。还好，到目前为止，它经过30年日夜不停地观测，不但没找到哈勃编的故事的漏洞，反而找到了支持哈勃理论的若干证据。比如，截至2019年5月，它得到了迄今最完整、最全面的宇宙图谱，包含约26.5万个星系，其中有些星系已达133亿岁高龄。它比以前更准确地测出了造父变星与地球的距离，这便可更准确地定出哈勃常数的数值范围，从而让我们对宇宙的扩张速率和年龄有更准确的认知。它证实了宇宙的膨胀实际上还在加速，虽不知为啥加速；它证实了黑洞的存在，还将继续测量星系核心黑洞质量和星系本质的关系；它意外获得了舒梅克-列维9号彗星在1994年撞击木星的最清晰影像，成功抓住了几百年一遇的良机；它发现了一颗正在死亡的、滚烫的、橄榄球状的系外行星，该行星因距恒星太近而被撕扯、加热，其大气也正在加速逃逸，整颗行星正在被吞噬。

此外，由于在"编天的故事"方面，哈勃的贡献实在太大，因此，在天文学领域，除了哈勃空间望远镜外，还有很多其他东西也被用来纪念哈勃。比如，在专业术语方面，至少有哈勃图、哈勃序列、哈勃常数、哈勃定律、哈勃年龄、哈勃分类法、哈勃光度轮廓等。此外，小行星2069号被称为"哈勃星"，月球上的一个环形山也被称为"哈勃环形山"等。

在"编天的故事"方面，哈勃的地位到底咋样呢？哇，地位老鼻子高啦！这样说吧，天文学方面的许多重要光环都被他一人独享了。比如，他既是现代宇宙理论的最著名研究者之一，又是河外天文学的奠基人，还是提供宇宙膨胀实例证据的第一人，是观测宇宙学的开拓者，更是星系天文学的创始人，甚至被称为"星系天文学之父"。此外，他还被尊为20世纪天文学的"一代宗师"，20世纪最杰出的、最具天赋的天文学家，他的辉煌成就堪比伽利略等。

哈勃到底取得了哪些伟大成就呢？简单说来，主要有两个：其一，发现了大多数星系都存在红移现象，并进一步建立了哈勃定律，给出了宇宙膨胀的有力证据；其二，指出了银河系并非宇宙的主体，它只是与之相似的无数星系中的一员。总之，哈勃的天文学成就彻底改变了人类对宇宙的认识，甚至有这样一种说法：哥白尼改变了人类对地球的看法，而哈勃则改变了人类对银河系的看法。

哈勃到底是如何编出这些宇宙故事的呢？他又是如何成为顶级天文学家的呢？欲知详情，请继续阅读下文。

光绪十五年（即1889年）是一个多事之年：光绪皇帝终于开始亲政，甲骨文在殷代都城遗址被发现，本杰明出任美国总统，法国埃菲尔铁塔落成并正式开放，《华尔街日报》诞生，五一国际劳动节正式确立，巴西宣布成为共和国等。这一年，也好像是全球名人的换班之年：英国著名物理学家焦耳去世，美国总统戴维斯也去世，美国天文学家米切尔又去世；当然，也接二连三诞生了许多正反两方面的名人，比如卓别林、希特勒、尼赫鲁、李四光、李大钊等。当然，本回最关注的是这一年（即1889年）11月20日，天文学家埃德温·鲍威尔·哈勃出生在美国密苏里州之事，以及他后来在肯塔基州度过童年，9岁又移居伊利诺伊州等事。下面就开始来"编"哈勃的故事。

先"编"他祖先。哈勃的祖先其实是英国人，准确地说是早在17世纪就从英国移居美国的英国人，不过，待到他祖父和父亲时，早已美国化了，都成了工作勤恳、生活优裕的那类美国人。祖父是保险推销员，父亲是律师。母亲则是名门之后，准确地说是17世纪初在美洲新英格兰建立普利茅斯殖民地的总督的直系后裔。因此，从基因上看，哈勃还具有相当的先天优势呢。果然，他从小就喜欢读书，也读了很多书，其中包括儒勒·凡尔纳、莱特和哈格德等著名作家的小说，特别对《所罗门王的宝藏》一书更是爱不释手。看来，他还真喜欢文学，喜欢看那些"编人的故事"的书。但同时，他也喜欢"编天的故事"。比如，早在12岁时，他就在一封信中对爷爷谈起了自己对火星的种种猜想，其中不乏各种海阔天空的"瞎编"。当然，从正面来说，这叫作"他已表现出奇特的想象力和对天文学的浓厚兴趣"。

中学时代，哈勃的学习成绩很突出，更擅长田径等体育项目，不但经常进入前三甲，还曾打破过伊利诺伊州的跳高纪录，深得师生们青睐。17岁时，在其高中毕业典礼上，校长怀着复杂的心情对这位运动健将说："哈勃同学，我观察你多年了，从未见你安安稳稳学过十分钟以上。既然学习成绩确实不错，我也不得不把芝加哥大学的奖学金奖给你。"于是，他就进入了芝加哥大学，修读数学及天文学。看来，要想编圆天的故事，数学还是很重要嘛。

在芝加哥大学期间，哈勃深受著名物理学家密立根和天文学家海耳的影响，后者更激发了他对天文学的强烈兴趣，以至最终放弃"编人的故事"而改"编天的故事"。21岁时，他从芝加哥大学天文学系毕业，并获学士学位。同年，他又获得首批罗德奖学金，然后前往牛津大学王后学院攻读法律专业，两年后获得文学硕士学位。注意，这里是"文学"而非"天文学"哟。第3年，他又改学西班牙语专业。在牛津大学期间，他的长项仍是体育，不但是牛津大学田径队的主力队员，而且拳击更不得了，据说已达专业水平，甚至在一场拳击表演赛中还与当时的法国拳王打成了平手。有人曾劝他参加"世界重量级拳击锦标赛"，但被他婉拒了；否则，本回就该编拳王的故事了。

1913年，由于父亲去世，哈勃从牛津返回美国。在通过了律师资格考试后，他子承父业，在肯塔基州当了一名律师，但不到半年他就发现"律师不是他的菜"。随后，他又去印第安纳州的一个中学担任篮球教练，但几个月后，他又发现"中学教师也不是他的菜"。于是，在当年暑期，他决定放弃现有工作重新回归天文学，因为在冥冥之中，他隐约感觉到"好像天文学才是他的菜"，他应该在"编天的故事"方面有所作为。于是，在1914年，已经25岁的哈勃又返回母校芝加哥大学，师从著名天文学家弗罗斯特，开始攻读天文学博士学位。很快，在博士一年级时，哈勃就旗开得胜：在研究星云的本质时，提出了一个新观点，即某些星云可能是银河系的气团。接着，他又发现，在亮度较大的银河星云中，"星云视直径"与"恒星亮度"密切相关。由此他推测，某些星云特别是那些螺旋结构的星云，可能是更远的天体系统。

借助这些丰硕成果，哈勃于1917年顺利获得了博士学位，其学位论文题目是"暗星云的照相研究"。看来，要想编圆天的故事，还得掌握暗星云的照相技术呢；就像要想编圆人的故事，就必须尽可能收集素材一样。就在哈勃努力对天照相时，他进入了另一个重要人物的"法眼",此人便是著名天文学家海耳,他早已发现了哈勃那超强的观测能力。于是,就在哈勃毕业前夕,海耳向哈勃发出了邀请,希望他到威尔逊山天文台与自己一起工作。按理说,对任何有志于"编天的故事"的人来说,这都绝对是一个极佳机会,但也许缘分未到,当时第一次世界大战正酣,美国也刚向德国宣战,血气方刚又身强力壮的哈勃哪里肯安安稳稳待在后方,于是,他毅然谢绝了海耳,匆匆奔赴战场。

哈勃在战场上的表现也可圈可点。编入陆军兵团后,他智勇双全,很快就被委任为上尉,接着又晋升为少校。直到1919年夏天,第一次世界大战结束后,他才凯旋返回美国。幸好,海耳教授并未忘记他,当初聘他的那个终身职位、那个"铁饭碗"职位,也仍在那里等着他,大有"非他不嫁"之势。于是,30岁的哈勃终于进入了威尔逊山天文台,并真的在那里工作了一辈子。

不知是运气好,还是功力强,反正入职不久的哈勃就来了一个"开门红"。原来,海耳刚从富商胡克拉处募到一笔巨款,在威尔逊山天文台建造了一架当时全球最大的望远镜,其口径高达254厘米,哈勃则有幸成为该望远镜的首位使用者。于是,在1919年,迫不及待的哈勃用该望远镜瞄准了他在博士期间就曾猜测过的那些旋涡星云,并试图回答当时天文学界极为关心的一个问题,那就是,这些星云到底属不属于银河系!外行猛然一听,这问题好像不难嘛,只需用卷尺量量它们到地球的距离,若该距离已超出银河系的边界,那这些星云就是系外星云,反之则属于系内嘛。伙计,哪有这么容易呀,何处去找这么长的卷尺呀!咋办呢?找"神仙"帮忙呗!这回找太白金星可不行了,他老人家只会炼丹,必须寻找更厉害的星神,它的名字叫造父变星。书中暗表,所谓造父变星,就是一类很特殊的星体,它们的亮度会以一定的周期变化,而且周期的长短与星体的亮度成正比。女天文学家亨丽埃塔·莱维特已发现造父变星可用于测量星际和星系之间的距离,所以,造父变星也被形象地称为"量天尺"。

于是,整体思路就有了,即在那些旋涡星云中,千方百计寻找造父变星。一旦找到,马上就请他老人家出山,告知相关距离就行了。但是,在茫茫宇宙中,要想找到这些凤毛麟角的星星谈何容易呀,其难度绝不亚于大海捞针。功夫不负有心人,执着的哈勃架着那架全球最大的望远镜,在旋涡星云中找呀找:一年过去了,哈勃没能找到造父变星;两年过去了,造父变星没能找到哈勃;3年过去了,哈勃与造父变星,谁也没找到谁!书说简短,终于4年多过去了,时间到了1923

年，哈勃用他那架超级望远镜拍摄到了仙女座大星云（即仙女星系）和另一个名叫 M33 星云的靓照。他小心翼翼地把这些照片的边缘部分分解为清晰可辨的恒星。谢天谢地，在这些恒星中，通过仔细分析其亮度之后，哈勃终于找到了一颗日思夜想的造父变星。在其后一年内，他又找到了另外 11 颗造父变星。更加激动人心的是，这些造父变星和它们所在的星云，距离人类远达几十万光年。换句话说，该距离远远超过了银河系直径（10 万光年左右），因此，它们一定位于银河系之外，它们所在的星云也是银河系外的巨大天体系统，如今称为"河外星系"。1924 年，在美国天文学会的一次重要学术会议上，哈勃正式公布了这一发现。哇，可不得了啦，一石激起千层浪！原来还真是天外有天呀，甚至连银河系之外也不例外呀！总之，人类从此知道宇宙比过去想象的要大得多得多！

首战告捷的哈勃当然不肯就此罢休，他再接再厉，要将河外星系的家底摸得更清楚，也就是要回答这样的问题：虽然无法数清宇宙中到底有多少个星系，但能否搞清到底有多少类星系呢？于是，又经过了两年多的艰苦努力，他终于将铁棒磨成了绣花针。这根"绣花针"就是他于 1926 年给出的河外星系的形态分类法，如今称为哈勃分类。原来，哈勃发现，宇宙中的星系其实比人类过去想象的要简单得多，竟然只有四大类！它们分别是旋涡星系、棒旋星系、椭圆星系和不规则星系。前两大类（旋涡星系和棒旋星系）又可根据旋臂的性质和中央核球的大小，细分为 3 个次型（后来又细化为 4 个次型）；第三大类椭圆星系又可根据其椭球的扁率分为 8 个次型（后来又细化为 9 个次型）；第四大类不规则星系又可分为 2 个次型。如此分类后，便可归纳出很明显的规律，比如相同次型的旋涡星系和棒旋星系都有类似的旋臂性质等。哈勃的这些重大发现，编出了一个新的"天的故事"，它不但结束了长期以来人类有关宇宙结构的大争论，更揭开了宇宙史的新篇章，掀起了探索大宇宙的新高潮。或用天文学术语来说，那就是他开创了星系天文学，建立了大尺度宇宙的新概念。

接下来，哈勃要编第二个"天的故事"了。这次剧情更传奇，它竟然是，妈呀，银河系原来在膨胀，宇宙也在膨胀呀！形象地说，宇宙正像吹气球那样，其直径越来越大。这咋可能呢，有啥依据呢？故事还得从爱因斯坦的广义相对论说起。当年，这位吐舌头的伟大科学家根据其广义相对论预言，远方星体发出的光会出现红移现象。若干年后，科学家斯里弗在对旋涡星云的光谱进行了多年研究后，还真的发现：星光的谱线确有红移现象。哇，一时间全球物理界震惊了，可惜，大家的震惊都只聚集于一点，那就是"爱因斯坦的相对论太神奇了，其预测太准确了"。唯一没有盲从跟风的人，又是这位哈勃。只见他在斯里弗的观测基础上，与助手赫马森合作，对遥远星系的距离与红移量进行了大量测量，结果更精确地发现：虽然远方星系的谱线均有红移，但距离地球越远的星系，红移越大。这是啥意思呢？由此根据广义相对论，就可得出一个重要结论：所有星系都在远离我们而去，且距离越远，远离的速度越快；形象地说，宇宙在膨胀。书中暗表，膨胀结论的推理过程还可简述为红移是星系视向运动的多普勒效应造成的，红移与距离的正比关系就足以表明，距离地球越远的星系正以越来越快的速度远离我们。当然，若你对多普勒效应不熟悉的话，也没关系，完全可以直接忽略此处的解释。

1929年，哈勃通过对已测得距离的20多个星系进行统计分析后，更精确地发现："星系远离我们的速度"与"星系距离"之比是一个常数，两者间存在着线性关系。如今，该线性关系被称为"哈勃定律"，该常数称为"哈勃常数"。哈勃的这个故事一经公布，哇，全球物理界又震惊啦！爱因斯坦更震惊啦，他甚至亲自跑到哈勃所在的天文台，亲自确认了哈勃的相关观测结果后，沉痛地公开承认自己"犯了一生中的最大错误"，并在随后建立的引力场方程中删去了其统一场论中的宇宙常数。其实，在此之前，包括爱因斯坦在内的全球科学家都误以为宇宙是静止的，谁也没想到它会膨胀。

哈勃编出的这第二个"天的故事"意义非常重大，它甚至被称为"本世纪（指20世纪）天文学中最重要的事件"，它直接推进了现代宇宙学的诞生和发展。比如，运用广义相对论，人们如今已证明，哈勃定律其实是宇宙膨胀的必然结果。后来，根据哈勃的成果，经后人的理论研究，人们断定：宇宙已按哈勃常数的速率膨胀了137亿年。另外，既然宇宙在不断膨胀，那么，若让时间倒流便可推知：在遥远的过去，宇宙确实是由一粒"芝麻"爆炸而成的。换句话说，哈勃不但强力支持了宇宙大爆炸理论，还告诉我们，时间和空间其实都是有限的。

当然，哈勃在天文学方面的成就绝不止编出了上述两个"天的故事"。比如，他于1936年出版的现代天文学名著《星云世界》，就绘出了旋涡星云按银道坐标的空间分布图，再次证实了广义相对论，即银河系内银道面附近浓密的星际物质对光确实存在着吸收作用。他还发现了小行星1373号。

1953年9月28日，哈勃因突发脑血栓在美国加州圣马力诺逝世，享年64岁。

哈勃去世后，并未举行任何丧礼；其妻也未公布死讯，莫非她早已知道，丈夫还将"复活"，还将于1990年"蝶化"为一架望远镜飞入太空，永远在那里观测宇宙和星系。

安息吧，哈勃，谢谢您为人类做出的伟大贡献。

第一百三十三回

穷小子挑灯夜战，强辐射基因突变

本回主角名叫穆勒。但是伙计，甭上网搜索该名字，因为那将"呼啦"一下扑上来一大堆各行各业的穆勒，反而会把你搞糊涂。本回的穆勒，有时也译为马勒，他的全名叫赫尔曼·约瑟夫·穆勒，他是20世纪最有影响力的遗传学家之一，辐射遗传学的创始人。他因"发现X射线可诱发基因突变"而获1946年诺贝尔生理学或医学奖，同时也开辟了实验遗传学新领域；他是继摩尔根之后，获诺贝尔奖的第二位遗传学家。

这里为啥要特别强调"摩尔根""第二位"和"遗传学家"这3个关键词呢？一来，是想说明在20世纪前半叶，在遗传学领域确实很难拿到诺贝尔奖；二来，更想说明的是，"基因突变"乃现代遗传学制高点。实际上，摩尔根之所以能在1933年获诺贝尔奖，也是因为他"发现了基因突变"。在如此小而专的一个学术点上，很密集地评出两次诺贝尔奖，可见该制高点是多么重要！

基因突变到底有多重要呢？这样说吧，若无基因突变，那么在短短的36亿年中，地球上就不可能出现如此丰富多彩的生物种类，猴子也就永远不可能变成人。没有基因突变，就几乎不可能产生新物种。虽然达尔文的进化论特别是其自然选择理论，在生物演化过程中的作用不可忽视，但那绝不是生命故事的全部。由于进化论太深入人心，所以此处也想科普一下基因突变知识，以使大家了解一个更全面的生命故事。当然，更想借机说明本回主角为啥很伟大，为啥值得专门为他立传。

基因突变，是指基因组DNA分子发生的突然的可遗传的变异现象，其后果是出现了一个新基因代替了原有基因。于是在后代的表现中，也就突然出现了祖先从未有过的新性状。基因突变是生物演化的重要因素，它可发生在生命中的任何时期。对人类来讲，基因突变既有害又有用，其用途如下。

1）诱变育种，即通过人工诱发手段，使生物产生大量而多样的基因突变，从而可按需选育良种。本回主角则是实现人工诱发的第一人，他发现，若用X射线照射生物将诱发其基因突变。这也是为啥如今的太空计划经常会携带植物种子上天，即希望借助太空的失重和宇宙射线等来诱发种子的基因突变。当然，继穆勒后，人们如今已发现了多种诱发突变的手段，比如物理手段（X射线、激光、紫外线、伽马射线等）、化学手段（亚硝酸、黄曲霉素、碱基类似物等）、生物手段（某些病毒和细菌等）以及更复杂的内因手段（在DNA复制过程中，局部改变基因内部脱氧核苷酸的数量、顺序、种类等，从而改变遗传信息）。

2）害虫防治，即利用诱变剂处理雄性害虫，使之发生致命的基因突变，然后释放这些雄性害虫，使它们和野生雄性竞争，生产出有致命缺陷的或不育的子代，从而实现害虫防治。

但是，我们必须严肃指出的是，多数基因突变对生物本身来讲都是有害的，甚至是致命的，比如癌症的发生就与基因突变密切相关。穆勒对人类的另一大贡献在于，既然X射线等放射性会诱发基因突变，因此普通人就该远离它，这也是要禁止核武器的原因之一，因为它将引发受害者的基因突变，并永远殃及其无辜的子孙后代！

关于基因突变，还有必要了解它的如下性质。

普遍性：基因突变在自然界的各物种中都普遍存在。

随机性：基因何时突变，谁会突变，哪个基因将突变等，都是随机的。

可逆性：突变的基因，也可再次突变回来。

少利多害性：基因突变一般都会产生不利影响，只有极少数会使物种增强适应性。

不定向性：基因突变的效果难预测。

独立性：一个基因的突变，不影响其他基因。

重演性：同种生物的不同个体之间，可多次发生同样的突变。

基因突变还有一个需要特别强调的特性，那就是它的稀有性，即在自然条件下，很难出现基因突变。比如，在高等生物中，10万至1亿个生殖细胞中，才可能有1个生殖细胞发生基因突变。

这里为啥要特别强调稀有性呢？因为基因突变的稀有性，再次彰显了穆勒成就的伟大。实际上，若仅依靠自然出现的基因突变，遗传学家几乎就无事可干。比如，找不到发生基因突变的种子，就甭想育种；无法让雄性害虫的基因发生致死突变，就甭想让它祸害同类；不知基因突变的危害性，也许更多的人会莫名其妙死于X射线。总之，穆勒的发现不但让生物遗传学走上了快车道，更开辟了一个崭新的学科——辐射遗传学。

穆勒为啥能成为如此伟大的科学家呢？欲知详情，请读下文。

从前，1890年（光绪十六年）12月21日，穆勒作为家中独子，出生于美国纽约。

穆勒的祖上世居德国，但他那位大资本家的祖父很倒霉：本来顺风顺水，却因1848年的那次"突变"（当然不是基因突变而是社会突变），不得不举家逃往美国。从此，作为第一代移民，祖父不但自己变得胆小怕事，也对子孙管教很严，甚至在家里俨然成了独裁者，说一不二。书中暗表，这次突变又叫"1848年欧洲革命"。整个欧洲爆发了席卷各国的民族主义浪潮，资产者受到严重冲击，无产者的起义也最终被镇压。后来，两败俱伤的双方不得不调整策略，这就为随后众多国家的独立创造了条件。看来，突变不仅能创造新物种，还能创造新国家呢。从这个意义上看，生物和国家确实很像，若无突变，就很难出现"分久"之后的"必合"或"合久"之后的"必分"。

穆勒的父亲生在美国，长在美国。与祖居的德国相比，美国的社会环境本来更宽松，父亲的性格本该更开朗活泼，但由于祖父的管教太过死板，以至父亲一辈子都倍感郁闷，甚至自己都觉得很倒霉，因为父亲始终都被迫从事自己并不喜欢也不擅长的工作。比如，读大学选专业吧，祖父非让父亲进入法律系，结果不但成绩平平，后来也学非所用，荒废了大学的美好时光；毕业后就业吧，在当律师失败后，祖父又强迫父亲继承了家传的青铜工艺品制作与买卖工作，而可怜的父亲压根儿就没有商业头脑，当然也就更谈不上成功。其实，父亲真正感兴趣的事情，是研究大自然的奥秘及进化论等。

幸好，父亲总结了自己的教训，在培养儿子穆勒时就特别开明，不再强迫他做任何他不喜欢的事情。当然，父亲在潜意识中，也将自己未能实现的科学梦寄托在了穆勒身上。比如，父亲很早就注意培养儿子的生物学兴趣，以至穆勒从小就喜欢收集各种昆虫和动物标本，常随父母一起到野外郊游或到自然历史博物馆参观等。穆勒的母亲是法国人，也是典型的贤妻良母，更积极配合丈夫对儿子实施良好的家庭教育。在教育理念方面，穆勒的父母特别重视"授之以渔"，而非"授之以鱼"。所以，后来穆勒的动手能力和社会适应能力始终都很强。比如，为了研究相关小生物，若需抓蚂蚱，父母从来都只教穆勒如何去抓而非替他抓；若需养蝴蝶，父母从来都只讲授养殖要点而非替他养；若需制标本，父母从来都只提供一些技巧而非替他制标本等。总之，穆勒的童年非常幸福，不但深受父母宠爱，还接受了全面而良好的早期教育。

可是，幸福的童年很快就结束了，9岁那年，穆勒的父亲意外病故。从此，正读小学的穆勒与妈妈相依为命，家里的经济状况也迅速恶化，很快就捉襟见肘。幸好，妈妈省吃俭用，咬牙将儿子送进了莫里斯中学。在中学里，穆勒不但智商很高，成绩一直名列前茅；而且情商也很高，特别是组织能力更强。比如，他曾组织过纽约市的首个"中学生科学俱乐部"，把全校各方面的"学霸"和精英等团结起来，共同探讨大家感兴趣的科学问题。

17岁时，穆勒以优异成绩从中学毕业，但这时家里已养不起大学生了。正发愁时，他却被告知获得了全额奖学金。于是，穆勒顺利考入了哥伦比亚大学。在大学期间，为了贴补家用，穆勒四处打工，既当过银行勤杂工，也当过酒店侍应生。反正，只要能挣钱，啥事儿他都干。虽然勤工俭学花费了大量时间和精力，但穆勒的学习成绩始终遥遥领先。穆勒不但课内成绩非常优秀，课外活动也非常积极，他继承中学传统，在大学里又组织了"生物俱乐部"，将全校的生物爱好者组织起来，互相讨论、彼此启发、共同进步。正是在该俱乐部里，大约在二年级时，他偶然读到了洛克的《遗传、变异和进化》一书，从此便对遗传学产生了浓厚兴趣，更将它选定为自己的主攻方向。特别是在听取了威尔逊的"细胞学和染色体遗传理论"课程后，他学会了如何用遗传学观点去思考生物学问题。

20岁时，穆勒从哥伦比亚大学毕业了。随后，他到康奈尔大学医学院，一边担任生理学助教；一边利用晚上时间，教外国人英语挣外快；更一边继续深造，从事神经冲动的传导作用研究，并于1912年获得硕士学位。同年，穆勒遇到了人生中的第一位也是最重要的贵人，基因突变的发现者摩尔根教授。他被"贵人"接纳为博士研究生，进入了著名的"蝇室"从事果蝇遗传研究，并从此开始了自己最愉快、最艰苦，同时也是硕果累累的攻关工作，以至后来他回忆说"那五年我真是累坏了。"

穆勒既具有丰富的想象力，又具有严密的逻辑推理能力，还具有巧妙的实验设计能力。所以，他很快就在基因交换、基因排列、染色体和基因连锁图的绘制等方面取得了许多成果。比如，他提出的以"杂交后代群体中重组型配子数"与"亲本总配子数"的比值作为连锁基因在染色体上的距离的想法，就深受导师摩尔根的赞赏。他于1914年发现的果蝇弯曲翅突变体，就首次证实了导师早年的一个预言；他于1915年与导师等合写的专著《孟德尔遗传机制》，成了遗传学的经典教材；他于1916年发现了交叉干涉现象；他提出的"平衡致死系"遗传理论，被写入了基因学教科书等。总之，由于他的天才和勤奋，穆勒深受导师喜爱，成为导师最得力的助手之一，更于26岁获得了博士学位。在"蝇室"期间，穆勒也发现了一个问题，那就是，在自然条件下，果蝇的基因突变率太低，严重制约了科研进度。为此，他仔细寻找各种强力措施，希望大幅提高突变率，虽然当时并无收获，但相关意识在他脑中留下了深刻印象，以至后来他能最终抓住稍纵即逝的灵感，达到自己的科研顶峰。

若无第一次世界大战的影响，穆勒很可能会一直待在"蝇室"里。但由于许多师生纷纷被征入伍，"蝇室"难以为继，穆勒也面临失业。恰巧，这时第二位贵人又出现了，他就是朱利安·赫胥黎（又称小赫胥黎，因为他祖父就是那位鼎鼎大名的赫胥黎，即达尔文进化论的主要推手）。就在博士毕业那年，应小赫胥黎之邀，穆勒进入了休斯敦莱斯大学，并在那里工作了约15年。其间，他开始独立研究基因突变，研究基因与性状之间的复杂关系等。形象地说，他开始向自己的科研最高峰挺进了。

刚开始时，他还小有进展。比如，他于1918年发现提高温度会增加基因突变率，于1921年出版了专著《由单个基因的改变而引起的变异》，于1925年成为教授。但是，从整体上看，穆勒此时的研究进展相当缓慢，甚至进入了"山重水复疑无路"的地步。直到1926年11月，他才突然"柳暗花明又一村"，竟意外发现X射线可诱发基因突变！

原来，在离开"蝇室"后，穆勒发现，自己在果蝇遗传实验中经常被毫无规律的子代遗传数目搞得晕头转向，甚至有时连最基本的"孟德尔遗传规律"都被打破了！这是咋回事儿呢？这怎么可能呢？到底哪里出问题了呢？在对所有实验步骤进行了反复认真的摸排细查后，在回忆了导师的做法并对比了自己的差异后，穆勒终于发现了一个可疑点，那就是自己有这样的习惯：经常对实验室进行消毒，即用X射线来辐照实验环境和被实验的对象果蝇等。"射线辐照"和"毫无规律的子代数目"之间到底有啥因果关系呢？穆勒百思不得其解，只好通过仔细观察来发现尽可能多的蛛丝马迹。比如，他发现，经"射线辐照"后的子代果蝇经常出现各种疾病、畸形、甚至死亡等。这时，他突然灵感一闪，哦，"射线辐照"使父代果蝇的某些基因发生了突变，于是，不但子代遗传性状数目被搞乱了，子代还被遗传了若干致命畸形等。经反复验证，穆勒终于确认：大剂量的X射线会诱发基因突变，并导致染色体异常。他甚至研究了果蝇的基因突变率，设计了检测致死突变的方法。1927年，穆勒将这一惊人发现，以"基因的人工诱变"为题在《科学》杂志上发表了一篇著名论文，明确指出"用较高剂量的 X 射线处理精子时，能以约150倍的比值提高生殖细胞的基因突变率"。哇，一时间国际遗传学界轰动了，穆勒也成了全球知名的遗传学家。

伙计，别急，传奇还没完呢！因为刚开始时，大家都以为穆勒的这项成果只是遗传学的重大突破，只是便于得到更多的备选突变基因。但穆勒有更深的担忧，因为他已意识到了射线的危害，开始反对医学领域滥用 X 射线等，并四处呼吁辐射界的执业人员加强自我保护等。可惜，穆勒的声音被1929年爆发的"经济大萧条"淹没了，穆勒也被冷落了。这时，雪上加霜的是穆勒的第一段婚姻出现了危机。于是，他于1931年离开了美国，希望去欧洲开拓新事业。从此，他的人生轨迹就走上了过山车式的大起大落。

1932年，穆勒回到了他的祖居地德国，获得了一项科研基金，还找到了一份满意的工作，更在这里提出了基因突变的"靶子学说"等物理模型，在探索基因结构方面取得了重大进展。但随后，倒霉之事就接二连三地发生了：1933年，希特勒上台，穆勒作为"社会主义支持者"被逮捕了，他好不容易才被救获释，并于当年逃离德国，应邀来到苏联科学院。穆勒自信满满地认为，在苏联，他的科研工作会很顺利，并能将其成果应用于改善人民生活。穆勒在苏联共待了4年，其间主要从事辐射遗传、细胞遗传和基因结构等研究，确实也取得了不少成果。然而，当时在苏联却有一个"全能科学家"李森科，经他"权威"鉴定后，穆勒等的遗传学被定性为"医学中的巫术，天文学中的占星术，化学中的炼丹术"。虽然穆勒与李森科进行了针锋相对的斗争，但无奈后者的权势更大，穆勒只好被迫离开苏联。

就这样，穆勒在欧洲虚度了整整8年时光，事业上几乎一无所获，但生活上有重大丰收！原来，在1938年，已经48岁的穆勒在英国爱丁堡大学偶遇了一位从德国逃来的犹太女子，结果二人一见钟情、火花四溅，并很快就于第二年结为夫妇。1940年，为躲避第二次世界大战，穆勒带着太太返回美国，勉强在阿默斯特学院找了份工作，打算就这样平平淡淡度过一生。

可哪知，命运又跟他开了个大玩笑：突然间，他又大红大紫了！原来，1941年12月7日，日本偷袭珍珠港后，美国对日宣战，并考虑动用核武器。如此一来，穆勒对核辐射的多年研究也就派上了用场，他在不知情的状况下参与了"曼哈顿计划"，成了战争期间最重要的核专家之一。1945年8月6日，日本挨了原子弹后，辐射病和离奇死亡不断涌现，穆勒早年的预言成真。于是，核辐射迅速成为最受关注的公共安全问题，人们的核辐射自我保护意识也大大加强，人类对核战争的恐惧也越来越甚，当然对和平的渴望也就越来越强。

1945年，穆勒成为印第安纳大学教授，并在此度过了余生。其间，1946年时，他更因辐射遗传学的重大贡献获得了诺贝尔生理学或医学奖。至此，穆勒的"过山车"才终于在56岁那年停了下来，穆勒也才恢复了平静的正常生活。哦，对了，穆勒还做了一件好事，他在1955年与其他10位顶级科学家一起，签署了著名的《罗素-爱因斯坦宣言》，呼吁全世界领导人放弃核战争。该宣言最终促成了1957年首次召开的关于如何控制核武器的国际会议。1967年4月5日，穆勒病逝于印第安纳州，享年77岁。

第一百三十四回

世袭亲王敢狂想，弃文从理拿诺奖

伙计，本回主角名叫路易·维克托·德布罗意。您可能压根儿也不相信，像他这样的人竟能成为科学家。为啥这么说呢？因为一方面，从学术角度看，他其实是历史和法律专业毕业的文科生，是半路出家、误打误撞进入物理领域的门外汉。他从事物理研究的思路和方法，无不充满诗人的浪漫和作家的狂想。从他的科研路径中你很难找到严密逻辑的科学踪影，他的成功，完全属于文科生对理科的逆袭。另一方面，从社会地位角度看，他家是世袭贵族，虽不能说是"一人之下"，但绝对是"万人之上"，要钱有钱，要名有名，啥也不缺，完全没必要做那苦哈哈的科学研究。即使闲得无聊，他也可像历代祖先那样研究研究历史、熟悉熟悉法律，既充实了生活，又有助于在家族的"传统领地"更加如鱼得水。然而，事实却是，德布罗意不但成了科学家，还成了顶级科学家，他是波动力学的创始人之一，量子力学的奠基人之一，还是物质波理论的创立者，更是1929年的诺贝尔物理学奖获得者。

德布罗意的代表性论著，就是他那篇神奇的博士学位论文，其中石破天惊地提出了一个"打死你也不敢相信"的假设——物质波。实际上，刚开始时，物质波并未受到重视，因为它"太烧脑"，不仅烧你的脑，也烧许多顶级物理学家的脑。比如，"量子之父"、1918年诺贝尔物理学奖得主普朗克等一大批物理学家都不相信物质波的存在；"电子之父"、1902年诺贝尔物理学奖得主洛伦兹更断定："德布罗意误入歧途了，实在可惜。"其博士学位答辩委员会主席在答辩会上更为难，不知如何表态，既不敢断然否定，也不便轻易肯定；当被再三追问时，才答非所问地说："关于物质波嘛，我只能说，博士生德布罗意无疑是绝顶聪明之人。"即使是德布罗意的博士导师、著名物理学家朗之万教授，虽觉弟子的想法很独特、很新颖，但也认为他太大胆，几近荒谬，宛如满嘴跑火车。不过导师爱才如命，生怕误伤了弟子，万一造成终生遗憾咋办呢？于是，导师将弟子的论文副本寄给了那位最著名的专利员，请爱因斯坦帮忙把关，提出相关意见和看法。物理学家们之所以对物质波如此排斥，其实也很有道理，因为当时在人们的意识中，所有物质都只有两种可能的状态：要么是由原子、电子等粒子构成的实物，要么是电场、磁场、引力场等各种场。虽然那时许多实验结果之间也出现了难以解释的矛盾，且物理学家们也相信这些矛盾背后有着更深刻的根源，但大家肯定不敢相信，物质波便是其根源。

伙计，我知道你比爱因斯坦更厉害，所以在爱因斯坦表态前，还是先请你来帮忙审一审这篇博士论文吧。物质波到底是啥意思呢？嘿嘿，很简单！若用偏学术的话来说，那就是这样一段绕口令：任何量子，既是粒子也是波，既不是粒子也不是波；或者说，既不是经典的粒子也不是经典的波。若用俗话来说，嘿嘿，伙计，那你先别激动，更别生气了，因为根据物质波理论，你就不是人了！伙计，别急，别急，没骂你，我的话还没说完呢：你确实不是人，而是一堆波。更准确地说，任何微观粒子都是波，学名叫"物质波"或"德布罗意波"，而任何人都是由一堆微观粒子拼接而成的，所以你就是一堆波。伙计，无论你信或不信，都千万别激动，别生气，万一气炸了，你这一堆波就散架了，就灰飞烟灭了！咋样，你服吗？从小到大，咱就只知嘴是物质、话是波，水是物质、浪是波，反正，物质是物质，波是波，可德布罗意却彻底毁了咱"三观"！

好了，现在该公布爱因斯坦的审稿意见了。读罢德布罗意的博士论文后，只见爱因斯坦激动得满脸通红，"啪"的一声，拍案而起："胆大，大胆，胆大包天，包天胆大！"哇，一时间，吓得物理定律们瑟瑟发抖！爱因斯坦说罢，抓起纸张，唰，唰，唰，就给朗之万回了一封信："此文莫非出自疯子，但很有道理。"接着，他便热情洋溢地赞道："真乃天才一笔，已揭开巨大帷幕之角。"看来这次"千里马"终于碰到"伯乐"了，素来喜欢物理学对称性的爱因斯坦一下子就看出了德布罗意波的精髓，看出它已揭示了光子和运动粒子之间的普适对称性。于是，爱因斯坦马上将该新思想应用于自己正在研究的理想气体涨落公式中的波干涉问题，并连续发表两篇重要论文，对德布罗意的思想大加推荐和赞赏。比如，他赞道："看来，粒子的每个运动都伴随着一个波，即物质波，而且，这个波从原则上看应该是能观察的，只是目前不知其物理性质而已。"

正是由于爱因斯坦的强力推荐，物质波的概念才引起了广泛重视，并在随后催生了至少4人次的诺贝尔物理学奖；特别是对薛定谔产生了巨大影响，使他在1926年给出了著名的薛定谔方程，并创立了波动力学，即如今的量子力学。实际上，薛定谔在发表其波动力学论文时，明确表示"我的灵感，主要归功于德布罗意的独创性论文"。他还在1926年4月23日写信感谢爱因斯坦时说："若非您把德布罗意的思想告诉我，单靠我个人，可能很难建立起波动力学，甚至永远也不可能。"1927年，美国的戴维孙、革末和英国的汤姆孙，通过电子衍射实验各自独立证实了电子这种粒子确实具有波动性，而且，他们的实验思路其实也是德布罗意在博士论文答辩会上的预言。至此，作为"大胆假设"而成功的例子，物质波理论终于获得了普遍承认。

德布罗意这个文科生，到底是如何实现如此逆袭的呢？其"出道即巅峰"的传奇，又是如何演绎的呢？欲知详情，请继续阅读下文。

从前，1892年（光绪十八年）8月15日，在法国塞纳河畔的一个世袭豪宅里，诞生了一个排行老二的大胖小子。只见他，一手指天一手指地，曰："天上地下，唯我独尊；物质与波，浑然天成！"他身上发出光明，举目注视四方，抬足行了7步，每一步都在地上留下了香风四溢的莲花，一时间，引得父母等众人齐声喝彩。正欲仰天吟诗的那胖小子闻声回头一望，天呀，生在如此豪门之家，哪敢得意忘形呀，顿时吓得"哇"的一声，就躲进了妈妈怀中一个劲儿地吃奶，但心中暗忖道："哼，早晚会让你们再次喝彩的！"原来，把胖小子吓回原形的那个家族，就是法国鼎鼎大名的德布罗意家族。这个家族之显赫，可不得了啦：自17世纪以来，该家族的成员就在法国的军政和外交等领域大显身手，数百年来都是各代法王的功臣。1740年，法王路易十五更赐封该家族为公爵，封号由一家之长承袭；1759年，该家族又被神圣罗马帝国册封为世袭亲王。就这样，该家族竟有了亲王和公爵两个头衔。凭借祖上的荣耀，在德布罗意出生前的100多年中，该家族中的高官显贵就层出不穷，先后出现过一位总理、一位议长、三位上将、两位部长和两位大使，还有很多爵士、勋爵等。特别是德布罗意的祖父，既是著名的历史学家，也是法国著名政治家和国务活动家，还于1871年当选为法国国民议会下院议员，同年担任法国驻英大使，后来更担任过法国总理和外交部长等职。

德布罗意的父亲是第五代德布罗意公爵，也是当时的一位内阁部长。可惜，就在德布罗意14岁那年，父亲去世了；很快，母亲也去世了。幸好，德布罗意有一个比他大17岁的、很疼他的好哥哥，当时已是一位著名的X射线业余物理学家。哥哥不但承袭了父亲的爵位，还承担起了培养弟弟的责任，并安排弟弟进入了巴黎最好的贵族中学读书。实际上可以说，在德布罗意成功的"军功章"上，有德布罗意的一半，也有他哥哥的另一半。德布罗意从小就酷爱读书，他天资聪颖，有着惊人的记忆力，甚至过目不忘。在中学期间，他的法文、历史、物理、哲学等课程成绩都名列前茅；特别是在文学方面，更显示出了非凡才华。

在爷爷和家族传统的熏陶下，中学毕业后，德布罗意在18岁那年进入了巴黎大学攻读历史专业，以便今后传承家业，从事外交或军政活动。可是，他只用了短短一年时间，就以一篇研究中世纪法国历史的论文轻松获得了历史学学士学位。

深感不过瘾的他又于次年转入了法律专业，但仍觉太容易、不够刺激，以至智商"余额"太多。于是，他利用闲暇时间，疯狂阅读了众多文科书籍，当他读罢庞加莱的名著《科学的价值》和《科学与假设》后，突然顿悟了："哦，众里寻它千百度，蓦然回首，那物理却正在灯火阑珊处！"原来，书中提出的物理及哲学问题使他对物理学产生了浓厚兴趣，更使他在科研方法和哲学思维等方面受到了严格训练。总之，他终于为自己那过剩的智商找到了棋逢对手的知音。于是，他一边继续攻读文科，一边像哥哥那样开始关注自然科学。

其实，对德布罗意来说，要想从事自然科学研究并非易事，那将受到整个家族的强烈反对，因为按家族传统，科研压根儿就不是正当职业。实际上，他哥哥曾是整个家族中试图从事全职科研的第一人，结果家族长辈群起而攻之，经双方长期博弈，最终达成妥协：哥哥同意不辞去其海军要职，只做一名兼职物理学家；家族则同意拨专款，为哥哥在庄园里建造一个设备精良的物理实验室，以便从事业余研究。现在又轮到弟弟想跳出家族传统，他面临的压力当然更大，因为这意味着兄弟俩全都背叛了传统，在家族的这个分支中将再没人延续祖制了。由此可见，德布罗意从事科研并非一时兴起，而是对科学的真切好奇与热爱，是深思熟虑的抉择。

最终促使德布罗意在19岁那年下决心把更多精力投入物理学的人，其实又是他哥哥。因为，在哥哥的那个私人实验室，德布罗意从小就耳濡目染知道了不少物理轶事，而且就在他为选专业徘徊不定的1911年，哥哥刚好参与组织了首届索尔维会议，专门讨论辐射和量子论等内容，从而使弟弟有机会阅读了该会议的众多论文，聆听了若干有趣的学术报告，许多物理新概念特别是普朗克引入的量子等，更让弟弟入迷，促使他发誓要弄清量子的本性。于是，德布罗意进入了物理专业，且仅用两年就学完了自然科学的基本课程，并以优异成绩在21岁那年获得了理学硕士学位。其间，他还兼任了哥哥的实验助手，不过，他并未完全重复哥哥的实验物理足迹，而是走上了理论物理的道路。

就在德布罗意打算继续深入钻研物理时，第一次世界大战爆发了，他毅然从军，奔赴前线。刚开始时，他是坑道工兵，但性情开朗的他很快就厌倦了坑道中的刻板生活，而且挖坑道既枯燥也缺乏挑战和刺激。后经哥哥照顾，他被调到陆军无线电部门，当上了自己喜爱的通信兵，从事技术含量很高的电信设备维修工作。这不但使他熟悉了无线电波，还迫使他不得不经常查阅科学著作，经常思考技术问题，这对日后的科研大有帮助，比如他对波的理解就更深刻了。

第一次世界大战结束后，德布罗意退伍了，世界也恢复平静不再动荡了。可是，物理世界却又陷入了急剧动荡，甚至是深刻的革命，特别是那个捉摸不定的量子论，更让顶级物理学家们吵得天翻地覆，不可开交，公说公有理，婆说婆有理，反正谁也说服不了谁。比如，有的说光是波，有的说光是粒子，后来，那位专利员在提出光电效应理论时干脆说光也是光量子（简称光子），于是，爱因斯坦就因此而获得了诺贝尔物理学奖。但是，除光子之外，微观粒子还有很多，比如电子、原子等。它们到底是波还是粒子，或干脆既是波又是粒子呢？与许多物理学家一样，德布罗意也随时思考着这些"烧脑"问题。

为了尽快找出答案，德布罗意于1919年从战场返回哥哥的实验室，开始研究X射线。在这里，他不仅掌握了许多原子结构知识，还知道了"X射线时而像波、时而又像粒子"的奇特性质。他经常与哥哥一起长时间讨论X射线的波粒怪象，讨论波和粒子的关系，讨论普朗克和爱因斯坦在量子方面的争论。德布罗意不擅长实验，所以他将研究重点聚焦于"物理现象的理论解释"。

不过请注意，这时的德布罗意仍以文科为主，理科为辅。其实，他终生都没放弃过文科兴趣。这时，他还只是理科门外汉，仅有的物理知识也是作为业余脑力休闲而学习的一些零碎而已，既谈不上系统，也缺乏名师指点。为了使自己更像物理科班生，德布罗意终于在28岁时决定半路出家，拜哥哥的昔日导师郎之万（又译作朗之万）教授为自己的导师，开始攻读物理学博士学位。从此，德布罗意这位研究历史的文科生，就开始正式"逆袭"理科，并在短短5年内就让几乎所有正宗理科生黯然失色。然后，再等了区区4年，在众目睽睽之下，德布罗意仅凭一篇博士学位论文，就绝无仅有地在37岁那年把诺贝尔物理学奖抱回了家！

虽不知德布罗意到底是如何提出物质波这种疯狂猜想的，也不知郎之万是如何指导的，但是当你面对一个诗人或作家，并告诉他"光子既是粒子又是波"后，他完全可能在随后的醉酒状态下，大笔一挥就写出"所有粒子都是波"这样的诗句。但与普通诗人不同的是，德布罗意不但有不顾逻辑的"大胆猜测"，更有严谨的"小心求证"。而这时他的历史学研究思路，又刚好派上了用场。实际上，在他之前，已有众多物理学家从不同的角度对诸如X射线、电子、光子等微观粒子的波粒性等进行了许多论证，五花八门的思路和结果都可充分借鉴。

终于，站上前人肩膀3年后，德布罗意开始丰收了。他在1923年9月到10月间，魔术般发表了3篇开创性论文，奠定了物质波理论的坚实基础，得到了著名的"德布罗意波长与动量之间的关系"。之后，他将这些论文整理成题为"量子理论研究"的博士学位论文，即5年后获得诺贝尔物理学奖的那篇学位论文，并于1924年11月通过了博士论文答辩，获得了博士学位。其实，他的博士答辩也是险象环生。当初在撰写论文时，哥哥曾建议他做些验证性实验，可他未采纳。换句话说，所谓的物质波理论，其实是他在没任何事实支撑的情况下，"胆大妄为"地提出来的，这就使得答辩委员会非常为难了：凭啥相信一个文科生的"胡思乱想"呢，但确又找不到反驳理由；毕竟在理论推导方面，该论文几乎天衣无缝。答辩委员会主席硬着头皮问了一个问题："如何用实验来证实物质波呢？"结果，他早已成竹在胸，侃侃而谈道："用晶体对电子的衍射实验就可验证物质波的存在！"果然，3年后，戴维孙等就利用类似的思路真的验证了物质波的存在。后来，原子、分子等微观粒子的波动性均被一一证实。于是，人们终于相信：物质确实具有波粒二象性。

获得博士学位后，德布罗意继续留在巴黎大学，发表了更多有关波动力学的论文，同时也承担了相关教学工作。1928年，他被聘为新建的巴黎大学庞加莱学院理论物理教授，并在这一职位上一直工作到退休。其间，他又取得了不少成果，且这些成果都带有明显的文科特色。比如，他探索了微观现象产生的原因和决定论的科学哲学观点，他用波动力学的观点去探讨热力学和分子生物学等。但是，与其物质波相比，随后的成果几乎可以忽略不计，故这里就不再介绍。同时他也遭遇了不少失败，特别是在1951年以后的一段时间里，他又试图用相同的方法，将其浪漫的诗人作风用于研究更深层次的物理问题（比如，他试图用经典的空间和时间概念，去解释波动力学的因果关系，并试图建立引导波理论等），但这次他没能成功。

1960年，德布罗意的哥哥去世。按传统，德布罗意承袭了法国公爵兼德国亲王之位，成了第七代德布罗意公爵。德布罗意终生未婚，更无子嗣，只有两位忠心耿耿的随从。他平易近人，非常谦逊，喜欢简朴生活，甚至卖掉了世袭豪宅，住进了平民小屋。他深居简出，从不休息，是标准的"工作狂"，他把毕生精力都献给了科学事业。他喜欢步行，偶尔也乘巴士，但从未购私车。他是典型的贵族绅士，对人彬彬有礼，从不发脾气，这也许就是他能罕见长寿的原因吧。1987年3月19日，德布罗意安然逝世，享年95岁。

第一百三十五回

小人国里怪事多，玻色竟然当媒婆

伙计，小人国的故事，你肯定知道不少吧。无论是斯威夫特的《格列佛游记》，还是李汝珍的《镜花缘》，几乎所有版本的小人国都有两大特点：其一是，国人的个头儿很小很小；其二是，国人的思维举止很怪很怪。比如，《镜花缘》中的小人国，就喜欢说反话（明明是甜的，偏说是苦的；明明是咸的，偏说是淡的），叫你无从捉摸。小人国的国民疑心也很重，行路时恐为大鸟所害，无论老少，都是三五成群，手执器械防身等。你也许以为小人国根本不存在，是作家胡思乱想的离奇故事吧。非也，其实当国人的个头儿越来越小，小于拇指，小于豌豆，小于芝麻，小到粒子甚至更小时，这样的小人国真还存在，而且，当小到一定程度后，量变将产生质变，许多稀奇古怪的事情就发生了。本回主角玻色就发现了这样一个小人国，而且还是很重要的小人国，如今称为"玻色子"。只可惜，玻色这位发现小人国的巨人，行事太低调，不但从未获得过诺贝尔奖等科学大奖，甚至连遗留的相关生平事迹都少得可怜，以至本回不得不以粒子世界中的小人国故事作为素材来纪念他。

幸好，以玻色子为代表的小人国故事很精彩，其国民的思维举止绝对颠覆你的"三观"，绝对让所有作家和诗人的超级幻想黯然失色。反正，只有你想不到，没有它做不到。因此，建议你进入这些小人国后，多听多看、少说少串，否则惹怒了国王，后果将很严重哟，万一硬把公主嫁给你咋办！其实，就算你没进入这些小人国，照样能体会其中之热闹。一方面，以玻色子等微观粒子为成果关键词的获得诺贝尔物理学奖的科学家已经很多，而且还将越来越多；另一方面，许多国家已经或正在投入巨资兴建各种各样的粒子对撞机和加速器，比如电子/正电子对撞机、质子/质子对撞机、质子/反质子对撞机、电子/质子对撞机、电子直线对撞机、大型强子对撞机、重离子对撞机等。而兴建这些对撞机，其实就是在向这些小人国"申请签证"，一旦被批准便可前往"旅游"，尽情探索其中奥秘，没准还会顺便获个诺贝尔奖呢。

说是小人国，其实更准确地说应该是小人世界，因为其中有许多国家、许多人种、许多制度、许多宗教文化；各国都有自己的法律法规，各民族也有自己的习惯准则；至于制度嘛，既有多国一制，也有一国多制；至于宗教嘛，既有多宗教信仰，也有单宗教信仰等。至今小人世界还奥秘多多，人类只不过了解了其冰山一角而已。下面的故事也只是管中窥豹，更多秘密将等待你成为科学家后再来揭示哟。

话说，小人国世界，泛称微观世界，其中有许多星球；不过这里只关注粒子星球，因为该星球上只有粒子，即能够以自由状态存在的最小物质组成部分。粒子只是一种统称、一种模型理念，就像"人"也是一种统称一样。若将一种粒子看成一种人，那么目前在小人国中已发现了400多种人，而且还会越来越多。在这些小人中，有的我们已知道了明显的内部结构（比如原子中有电子、质子和中子等），好比看清了这些人的四肢五官，甚至五脏六腑等。当然，有的人目前看来还只是小小的实心球，没发现其内部结构，更不知其容貌。此外，这些小人之间，并非老死不相往来，而是以4种方式相互联系、相互作用，分别是强相互作用、电磁相互作用、弱相互作用和引力相互作用，其中引力相互作用非常弱，以至可忽略不计。小人之间通过这些往来作用，也可能生出新的小人，比如粒子通过衰变产生新粒子等。总之，在这些小人之间也会出现诸如"分久必合，合久必分"的粒子转化现象。

按照小人之间的相互作用性质，可将小人分成3类。

规范粒子，即传递相互作用的媒介粒子，相当于小人国里的媒婆。她们负责传递小人之间的相互作用，到处保媒牵线。目前已发现的"媒婆"主要有传递电磁相互作用的光子，传递弱作用的W粒子和Z粒子等。

轻子，相当于世外桃源的隐士。他们不直接参与强相互作用，但可直接参与电磁相互作用和弱相互作用。已发现的"隐士"有电子、μ子、τ子和相伴的电子中微子 ν_e、μ子中微子、τ子中微子及它们的反粒子共12种。伙计，你若觉得这些名词太陌生的话，其实也没啥关系，就当它们是阿猫、阿狗等称呼就行了。

强子，相当于交际花。她们不但直接参与强相互作用，也参与电磁相互作用和弱相互作用。强子的数目众多，大都是通过强相互作用后衰变而得的粒子，其寿命极短，是不稳定的粒子。换句话说，这种交际花是公子哥们的争抢对象，随时都可能易主。

到目前为止，人们还暂时未能看清"隐士"的真面貌，故未能发现轻子的内部结构，但已得到"交际花"的"素颜照"，所以发现了强子的一些内部结构，例如"樱桃嘴""杨柳腰"等，故强子也称为复合粒子。比如，自旋为整数的强子称为介子，它就是由一对正反夸克构成的；自旋为半整数的强子称为重子，它就是由3个夸克构成的。针对夸克，目前人们也还没获知其内部结构，不过已发现夸克的种类也很丰富，至少有六大类，包括上夸克、下夸克、奇夸克、粲夸克、底夸克、顶夸克等，正如交际花的眉毛至少有柳叶眉、蝶翅眉、云纹眉、鸳鸯眉、螳螂眉、火焰眉等一样。

正如所有人都有自己的身高、体重、肤色等内禀性质一样，作为小人国的公民（每种粒子）也有其内禀性质，而且某些内禀性质还完全出乎我们的意料。

大小。最小的粒子要比原子、分子小得多，以至现今最强的电子显微镜都无法观察。质子、中子的大小只有原子的10万分之一，而轻子和夸克的尺寸更小，还不到质子、中子的万分之一。

质量。规范粒子的质量为零，出乎你意料吧！当规范性以某种方式被破坏后，夸克、轻子、中间玻色子便获得了质量，又让你惊掉了下巴吧。比如，光子、胶子无质量，电子质量很小，π介子质量为电子质量的280倍，质子、中子都很重（接近电子质量的2000倍）。目前已知最重的粒子是顶夸克；最轻的粒子是电子中微子，仅为电子质量的7万分之一。

寿命。电子、质子、中微子是稳定的，故为长寿粒子，其他粒子几乎都不稳定，即可衰变。比如，一个自由中子会衰变成一个质子、一个电子和一个中微子；一个π介子会衰变成一个μ子和一个中微子。粒子的寿命以强度衰减到一半的时间来定义。质子最稳定，目前已测得其寿命大于10^{33}年。

对称性。若存在一种粒子，则必存在它的反粒子！吓你一跳吧！比如，有电子，就有正电子；有质子，就有反质子；有夸克，就有反夸克；有轻子，就有反轻子等。总之，一对正反粒子相碰就湮灭，变成携带能量的光子，即粒子质量转变为能量；反之，两个高能粒子相碰时，就可能产生一对新的正反粒子，即能量也可以转变成具有质量的粒子。这种对称性，绝对超越任何科幻作家的想象吧！

自旋。它是粒子的内在性质，是其与生俱来的一种角动量，其量值以0.5为单位，且无法被改变，即自旋$J=0$，$1/2$，1，$3/2\cdots$。

守恒。物质虽在不断运动和变化，但也有一些东西是不变的。比如，粒子的产生和衰变过程，将遵循能量守恒定律等。

双重属性。粒子都具有粒子性和波动性，即小人国的国民，既是粒子又是波。这也是现实人类不曾有过的传奇吧！

本回主角玻色的主要贡献，就是为小人国的国民制定了一种硬性规矩，名曰

"玻色–爱因斯坦统计规律"。凡遵守该规矩且自旋为整数（即$J=0，1，2\cdots$）的粒子，就称为玻色子。它们不受制于泡利不相容原理，即同质的玻色子是不可区分的。在低温时可发生玻色–爱因斯坦凝聚。目前已知的玻色子主要有介子、氘核、氦–4等复合粒子，以及希格斯粒子、光子、胶子和Z粒子等基本粒子。那位读者问啦，啥叫"泡利不相容原理"呢？嘿嘿，难不住俺，它就是指在这样的粒子系统中，不能有两个或两个以上的粒子处于完全相同的状态。换句话说，这些粒子都是可区分的。那位读者又问啦，啥叫"玻色–爱因斯坦统计规律"和"玻色–爱因斯坦凝聚"呢？嘿嘿，哥们儿，也难不住俺，你只需要咬住物理专业，读完高中读大本，读完大本再读研究生，然后就可轻松找到答案了。不过，目前你只需将它们理解成某种既定规律就行了。

与玻色子相对应的是另一类粒子，称为"费米子"，它们遵循的硬性规矩叫"费米–狄拉克统计"，它们的自旋为半整数（即$J=1/2，3/2\cdots$）。

好了，各位，现在开始画龙点睛了：物质的基本结构是费米子，而物质间的相互作用，却由玻色子来传递。形象地说，玻色子是专职媒婆。当然，"媒婆"也有很多种，粗略说来可分为基本玻色子和复合玻色子。

基本玻色子包括以下种类。

胶子，传递强相互作用的玻色子，质量为0，电中性，自旋为1，此类"媒婆"共有8种。

光子，传递电磁相互作用的玻色子，质量为0，电中性，自旋为1，此类"媒婆"只有1种。

Z玻色子，传递弱相互作用的玻色子，自旋为1。此类"媒婆"只有1个，不带电，质量约为91.2吉电子伏。

W玻色子，此类"媒婆"共有2个，分别带1个正、负电子电量，质量约为80.4吉电子伏。

引力子，传递引力相互作用的玻色子，质量为0，电中性，自旋为2。人们推断此类"媒婆"只有1种，但目前还未找到。

希格斯玻色子，它能引起规范对称性被自发破坏，并给其他粒子提供质量，它的自旋为0，质量约为125吉电子伏。

复合玻色子主要有以下种类。

介子，是由一个正夸克和一个反夸克组成的强子，常见的有 π 介子、ρ 介子、κ 介子等。

氘核、氦–4等，是由偶数个核子组成的原子核。

质子和中子，它们也都是费米子，故含偶数个这种费米子的原子核是自旋为整数的玻色子。

好了，上面之所以要详细介绍小人国的故事，主要目的有两个：其一，想科普一下粒子知识，并顺便弥补主角玻色生平素材不足的缺陷；其二，更重要的是，想彰显玻色成果的伟大，换句话说，他的玻色–爱因斯坦统计规律和玻色–爱因斯坦凝聚，开辟了粒子世界的半边天，另外半边天属于费米子。那么，玻色到底是何方神圣，他又是如何取得这些成就的呢？下面就是我们花费九牛二虎之力才勉强找到的一些零散信息，但愿不会让你失望。

1894年1月1日，本回主角萨蒂延德拉·纳特·玻色，以长子身份诞生于印度加尔各答的一个普通人家。父亲是东印度铁路工程部的职员。由于共有7个孩子要抚养，玻色的家最多只能算"小康"。不过，玻色还是读完了中学和大学，而且读的还分别是当地名校：加尔各答印度教学校、加尔各答大学。玻色在学校里很争气，学习成绩名列前茅，精通多国语言，还多才多艺。比如，与爱因斯坦一样，他也喜欢拉小提琴。更重要的是，他接触了一大批优秀老师，他们不但教给他许多文化知识，更鼓励他树立了远大志向。

也许玻色的志向过于远大，直接全身心扑入了最前沿的物理领域（其证据有二：其一，他曾将爱因斯坦的广义相对论从德语翻译成英语；其二，他身边朋友说，玻色把爱因斯坦当成了自己的祖师爷。在相对落后的印度，玻色的做法绝对是罕见的超前行为）。当然，也许是别的原因。反正作为曾经的"学霸"，自从17岁那年大学毕业后，玻色就再也没啥可见的长进了！比如，既未继续深造硕士或博士，也未在职称上有任何进展，以至在母校加尔各答大学的小讲师位置上滞留了整整10年，全无升职希望。27岁时，实在熬不下去的他跳槽到了刚成立不久的达卡大学物理系，结果又继续暗无天日地当了3年讲师。更糟糕的是，1923年，29岁的玻色被告知，其讲师职位的聘期即将到期且不会再被续聘。迫于养家糊口的压力，他不得不与校方进行漫长的抗争，当然也搞得精疲力竭。

可哪知，奇迹却突然从天而降！有一天，讲课心不在焉的他总算罕见地实现了理论预测与实验相一致的结果，他还没来得及高兴，就被聪明的学生当场指出了明显的理论推导错误，被搞得下不了台！这是咋回事儿呢，咋可能呢？经反复验证，玻色确认：实验结果肯定没错，学生也没错，自己的理论推导确实错了。为啥"错误"的理论推导，竟能与正确的实验结果相吻合呢？答案只有一个，即那个"错误"其实没错！针对该怪现象，经反复思考，玻色突然茅塞顿开，哦，原来常用的麦克斯韦–玻尔兹曼分布对微观粒子不成立，同质粒子并非总能彼此区分。于是他赶紧将此想法写成一篇短文《普朗克定律与光量子假说》，毕竟这也有助于讲师续聘嘛。可是，论文投出后，很快就被拒稿了；再换另一刊物投稿时，结果照旧；反复多次后，玻色干脆一不做二不休，直接将论文寄给了正如日中天的爱因斯坦，希望得到一个公正评判！

爱因斯坦一看，天啦，咋又冒出个绝世天才呀！他不但完全同意玻色的观点，还马上写了一篇支持其理论的论文，寄给德国最著名的学术刊物，并要求编辑部把这两篇论文一同发表。于是，玻色理论终于受到广泛推崇，玻色也在1924年从"丑小鸭"一飞变成了"白天鹅"，时年刚好30岁。爱因斯坦在给玻色回信时，还盛赞道："你的工作，将该领域推进了一大步，我为此深感欣慰。"玻色当年的那个"错误"，现在被称为"玻色–爱因斯坦统计规律"，其依据在于：光子无法被彼此分辨，或更一般的情况，任何两个同质玻色子都无法被分辨。爱因斯坦当年的那篇论文正是将玻色的概念延伸到原子，发现了玻色气体，并预测了一种现在称为"玻色–爱因斯坦凝聚"的现象，该现象在1995年终被实验证实。

突然完成这篇爆炸性短文后，玻色好像也江郎才尽了，至少再也没做出过更高水平的成就了。当然，他的人生也发生了翻天覆地的变化：大学续聘肯定没问题了，甚至在1924年当年就被资助去欧洲访学两年。他先去法国，与居里夫人合作了一年；然后又到柏林，与爱因斯坦又合作了一年；其间，更与德布罗意等多位全球顶级科学家进行了多次面对面讨论。1926年，他返回印度后，在爱因斯坦的极力推荐下，立即就被破格提升为达卡大学教授兼物理系主任，直到1945年，然后，他回到母校任教至1956年。至于他于1944年被选为印度科学代表大会主席，以及1958年选为英国皇家学会会员等，那就更是小菜一碟，不足挂齿了。总之，他很快就成了印度最有影响的科学家之一。

据说，玻色的兴趣领域非常广泛，除了物理外，至少涉及文学、地质学、动物学、人类学、工程学、生物化学等。他还花费了不少时间和精力，试图把孟加拉语推广为教学语言，把科学论文翻译成孟加拉语等；他做了许多好事，以促进家乡发展。

又据说，玻色听课时喜欢睡觉，甚至就在他出国访问时，有一次在著名教授玻尔的课堂上，他被"挂"在黑板上的玻尔叫醒道："喂，醒醒！玻色教授，能帮忙救个驾吗？"于是，玻色懒洋洋地睁开双眼，很轻松地就把那难题解决了，之后，他又进入了梦乡！

还据说，"玻色"这个名字，虽在国际上很罕见，但在他家乡多如牛毛。玻色不但有许多同名老师、同学、同事和朋友，而且还因"玻色"这个名字闹出过"大乌龙"。那是1927年，在意大利科莫将举行一次重要的学术会议，大会主席向早已名声在外的玻色发去了热情洋溢的邀请信。可哪知，邮递员却阴差阳错，将此信递给了另一个也叫"玻色"、也教物理的教授。于是，这位名不见经传的"李鬼"，就莫名其妙到意大利亲耳聆听了爱因斯坦、薛定谔、狄拉克、玻尔、海森伯、普朗克、洛伦兹、德布罗意等当时全球顶级物理学家们的精彩报告。至于是否听懂了，只有天知道。唯一可惜的是，那位真玻色却错过了此次良机。

1945年，为纪念玻色的开创性贡献，狄拉克将遵循玻色－爱因斯坦统计规律的粒子命名为"玻色子"。

玻色的成果，已经而且还将继续催生一大批诺贝尔物理学奖。但是，直到他1974年2月4日以80岁高龄安然去世时，他自己始终与诺贝尔奖无缘。当生前被问及此事时，他坦然答曰："我已得到了应得的一切！"

第一百三十六回

低温物理一巨龙，亦庄亦谐老儿童

本回主角名叫彼得·列昂尼多维奇·卡皮察，他是强磁场物理学的奠基人之一，超流体的发现者之一，更被誉为"低温物理学之父"；他发现了著名的卡皮察定律和卡皮察热阻，发展了磁控的一般理论，建成了能连续运转的磁控管振荡器，提出了球形闪电的本性假说等。总之，他是现代物理史上的一位奇才，在许多领域的成就都非常惊人，但是他那张嘴更惊人，常吐出阿凡提式的连珠妙语，让人目瞪口呆。

1978年，他以84岁高龄，因"低温物理学领域中的根本性发现和发明"获得了诺贝尔物理学奖。专程从苏联赶到瑞典后，他的获奖感言竟是："我真不知为啥获奖，你们说的那成果是我的吗？别搞错了哟！就算是，也该是40多年前的事了吧，我早忘了！"此言一出，立即引得台下哄堂大笑。当现场记者采访他"一生中最重要的东西，学自哪所大学或哪个研究所"时，白发苍苍的他竟很认真地答道："不是大学，也不是研究所，而是幼儿园。"此言一出，又让众人错愕不已。良久，他才一板一眼解释道："在幼儿园，我学会了饭前洗手，午饭后要休息，东西要放整齐，学习时要多思考，要学会观察，不是自己的东西就别拿，有错就改，答应过的事情要兑现，愿意将自己的东西与别人分享。其实，我一生所用的东西，就这些而已。"回过味来的听众终于爆发了雷鸣般的掌声。会后合影时，别人都西装革履，于是他叫来服务生，恳请对方帮忙把自己的礼服也取来。服务生撒腿就往他在瑞典的宾馆跑，结果他才说："你得乘火箭，礼服在苏联呢！"此言一出，众人再也憋不住了，有的前仰，有的后合，更有的笑得直抹眼泪。

其实，卡皮察的一生，绝非都是喜剧。他不但尝尽了人间酸甜苦辣，还经历了数次大灾大难；甚至从某种意义上说，他的幽默也是用血泪换来的。

1894年7月8日，他出生在一个沙俄高官家里，这自然就埋下了大起大落的种子，再加两次世界大战的亲身经历，他的人生就更坐上了过山车。

卡皮察家族与科学的缘分相当深厚：单单是院士级科学家，就连续出现了至少4代。他外公是著名的数学家、天文学家、大地测量学家和旅行家，周游过许多国家，外公不但是少将，还是俄罗斯科学院院士；父亲是沙皇时期的一位将军，著名的建筑工程师，不但博学多才，还很有修养；母亲是知识女性，从事文学和教育工作，热心公益活动；他岳父也是俄罗斯科学院院士；后来，他的一个儿子也成了科学院院士。卡皮察的科学基因很好，且从小就受到了良好的家庭教育，各方面的基本素质都很优秀。

在普通中学读了一年后，卡皮察转入了当地的一个实验中学。他自幼勤奋好学，爱好广泛，体育细胞也不少。不过，最让他钟情的课程还是物理和电工学，以至学校破例允许他可随意进出相关物理实验室。若有啥仪器或仪表坏了，老师也常请他帮忙修理；若实在没东西修理，他就把家里的钟表拆开后再重新装上，以缓解难耐的手痒。

1912年，卡皮察以优异成绩从中学毕业后，考入了圣彼得堡工学院，并在这里碰到了人生中的第一个贵人，当时著名的物理学家约飞教授。正欲被贵人重用时，可惜第一次世界大战突然爆发，卡皮察应征入伍，担任前线救援队司机，直到1916年才重返学校，然后被约飞接收为物理实验员。刚加入约飞的学术研讨班，卡皮察就来了一个"开门红"。那时约飞正被一个科研课题搞得焦头烂额，因为他不知如何将石英拉成细丝！卡皮察一听，"扑哧"一声就笑了："哈哈，小菜一碟，俺在幼儿园就会了！"果然，他从家里取来儿时玩具——一把弓箭，再在箭头上蘸满石英溶液，接着"嗖"的一声就来了个百步穿杨，于是，溶液在飞行过程中就被拉成了细丝，细丝在空中瞬间就被凝结成了石英细线！就这样，一场游戏下来，不但轻松解决了难题，还差点惊掉约飞的下巴。看来，卡皮察的幼儿园还真没白上。所以呀，伙计，千万别瞧不起幼儿园；实际上，卡皮察的第一篇学术论文正是这种"石英丝游戏制作法"呢。

卡皮察24岁那年，俄国"改朝换代"了，作为"前朝"精英家庭的成员，卡皮察所受冲击之大，可想而知。不过，为突出重点，此处略去不述。幸好，在约飞的帮助下，卡皮察于1918年大学毕业并留校担任讲师，同时还被聘为新成立的物理技术研究所研究员。于是，他与自己的贵人、该所所长约飞就更亲近了。当时，卡皮察的生活相当艰难，每日只有配给的50克黑面包，根本填不饱肚子，严冬也无燃料取暖。他本想仿照其他教授移居国外，可又舍不得约飞，舍不得约飞正组织的一个学术研讨班，因为大家可毫无拘束地交流，讨论各种物理问题，经常持续到深夜，也产生了不少灵感。但情况越来越糟，不但生活艰辛，科研的必要工具和仪器也极度匮乏，甚至连普通的裸线都很难得到。因此，卡皮察在此时的许多奇思妙想也都无法变成现实，结果被后来者纷纷超过了。

更惨的是，大约在1920年，一连串的灾难砸到了卡皮察头上：在饥寒交迫的情况下，先是他儿子患猩红热去世了，紧接着他的妻子和女儿也双双死于流感，与此同时父亲也死于怪病。除了忍辱负重的妈妈外，所有至亲几乎全都在一年左右去世了！悲痛欲绝的卡皮察不知所措，更无法继续其科研工作。终于，他下定决心，要彻底改变自己的生活道路。幸好，他的贵人约飞过得很好，不但于1920年11月晋升为苏联科学院院士，还担任了更高级的行政职务，而且这位贵人对卡皮察仍然一如既往地关照。

1921年6月，卡皮察获得了一个千载难逢的良机：作为约飞带队的考察团成员，他与大家一起前往英国访问，并在那里遇到了自己的第二个也是最重要的贵人——当时刚获诺贝尔物理学奖且正任剑桥大学卡文迪什实验室主任的卢瑟福。于是，一场自编、自演、自导的悲喜剧，就在这里精彩推出了！

约飞首先唱红脸，只见他苦口婆心、声泪俱下，当着考察团所有成员的面极力规劝卡皮察回心转意，让他别出国不归，要与大家一起回祖国为人民服务。最后，甚至公开指责死不悔改的他背叛祖国。约飞骂罢一昂头，就带着考察团自豪地回苏联了！

卢瑟福也唱红脸，而且还是真心唱红脸。因为他坚持认为自己的实验室早已人满为患，根本不想再接收任何人了，更无意对卡皮察特殊照顾！

于是，卡皮察就摇动三寸不烂之舌，闪亮登场了。他首先向卢瑟福问了一个脑筋急转弯问题："您做实验的可容忍误差是多少？"莫名其妙的卢瑟福老实答道："2%到3%吧！"卡皮察掐指一算："哦，贵实验室现有30多名研究人员，'误差率2%到3%'就意味着可容忍的人员误差是0.6到0.9，再考虑四舍五入，哈哈，刚好可以再多容纳我一人！"

就这样，三人剧最终以喜剧收场：约飞，理直气壮回苏联交差；卡皮察，终于脱离了苦海，留在英国剑桥，并在这里一待就是整整14年，唯一的遗憾是没能将妈妈也一同带出。卢瑟福，更得到了一员"五虎上将"，以至一年后，当卡皮察再次追问他"当初为啥要接纳自己时"，卢瑟福爽朗地笑道："我也不知为啥，但事实证明，我对了！"当然，从此以后，在卡皮察心中卢瑟福就成了再生父母。所以，他每次给留在苏联的妈妈写信时，都会大谈特谈卢瑟福，谈他如何友善，谈他如何知识渊博，更谈他如何对科研工作严格要求等。他在信中还将卢瑟福尊称为"鳄鱼"，并解释道："在俄国，鳄鱼是一家之父的象征，令人赞赏和敬畏，它有直挺挺的脖子，无法回头。它只是张着嘴，一直往前，知难而进，穷追不舍，就像科学，就像卢瑟福一样。"所以，至今在卡文迪什实验室里，纪念卢瑟福的那个浮雕仍是由卡皮察等设计的鳄鱼。即使到了晚年，每当谈到卢瑟福时，卡皮察也会情真意切地说："我非常感谢他，感谢他对我的友好和善意。"

书说简短。进入卢瑟福领导的剑桥大学卡文迪什实验室后，卡皮察异常勤奋，异常珍惜这来之不易的天赐良机。比如，刚进入实验室时，需要熟悉相关实验技能、了解仪器用法，还要通过一些课程考试等。别人通常需要1至2个月，而卡皮察却仅用了2周就全部搞定，让相关老师不得不刮目相看。紧接着，他就在卢瑟福的建议下，开始研究 α 粒子的能量变化，且在短短9个月后就完成了一篇高水平学术论文，经卢瑟福审阅后，很快就发表在《英国皇家学会会刊》这样的权威学术期刊上。大约在1922年，卢瑟福被一个难题困住了，那就是在测量 α 粒子的速度时，如何避免螺线管被电磁热效应烧毁。当时许多聪明人的降温办法都不灵，卢瑟福也急得一筹莫展，于是，这个难题就交给了卡皮察。只见他斜眼一瞥，就搬出了另一项"幼儿园绝技"。结果，他只花了区区150英镑，就又用游戏手法在1922年11月轻松交出了令人满意的答卷。不服气的卢瑟福非要刨根问底，结果又被吓了一跳。原来，卡皮察的办法竟是，既然无法快速降温，那就快速断电嘛，在螺线管还未被烧毁时断电不就行了嘛！

由于卡皮察的"幼儿园绝技"太多、太厉害，他终于在1923年1月被正式认可为博士研究生，导师自然是那只"鳄鱼"。卢瑟福还千方百计为弟子争取了各种优惠政策。比如，在计算读博时间时，一方面，起点被大大提前到1921年，即三人剧刚结束时；另一方面，再考虑到弟子在俄国的工作经验，终点又被多减免了一年。就这样掐头去尾，结果仅仅半年后，卡皮察就在1923年6月14日，以一篇题为《α 粒子在物质中的穿越和产生磁场的方法》的论文，获得了剑桥大学的博士学位。又比如，在经济方面，卡皮察明明已毕业，结果导师假装不知，又给他多发了专门针对博士生的为期3年的"麦克斯韦奖学金"。看来，卢瑟福还真把卡皮察当幼儿园小朋友来照顾了。其实，在卢瑟福面前，卡皮察还真像小朋友呢。比如，他一戴上博士帽，就冲入导师办公室问道："老师，我是不是看起来比刚才更聪明了？"一头雾水的卢瑟福正不知咋回答时，调皮蛋指了指自己的帽子，补充道："博士难道不更聪明吗！"茅塞顿开的卢瑟福哈哈大笑了起来！

　　博士毕业后，无论生活或工作，卡皮察都走上了阳光大道：1924年，被任命为卡文迪什实验室的磁学研究助理主任；1925年，成为剑桥大学三一学院研究员；1927年4月，在巴黎结识了一位美女老乡，她还是他在苏联期间一位同事的闺女呢，两人当即坠入情网，很快就回剑桥结了婚；1929年，卡皮察当选为英国皇家学会会员；同年长子出生，后来长子也成了杰出物理学家兼电视台主持人；1930年，卢瑟福说服英国皇家学会，专门为卡皮察建了一个用于强磁场和低温研究的实验室，取名为蒙德实验室；1931年，卡皮察的次子出生，次子后来成了一位地理学家并当选为苏联科学院院士，也是家族中的第四代院士；1932年，蒙德实验室落成，卡皮察正式出任该实验室主任。春风得意的卡皮察一边积极准备向自己的科研最高峰挺进，一边也童心大发。比如，有一次，某厂长请他检修一台机器，许诺修好后付给1000英镑酬金。他看了看，随手拾起地上的榔头，瞄准主轴就是一下，结果，机器就被敲好了。这时，厂长后悔了，想讨价还价，砸一榔头就值1000英镑？卡皮察摇头道："不，敲一下，付1英镑就够了；另外999英镑，是要找到敲在哪！"又比如，他的讲课经常前后矛盾，当被问及原因时，他竟反问道："若我没错，你们拿啥思考呢？"还比如，他的同一场科普讲座，一会儿阳春白雪，一会儿又下里巴人；当被问及为啥要这样时，他的绕口令答案竟是："我试图让95%的人听懂5%的内容，让5%的人听懂95%的内容！"

　　正当卡皮察到处跟人开玩笑时，命运也突然跟他开了个大玩笑。原来，1934年10月初，当卡皮察像往常一样偕夫人回国看望了老母亲后，准备返回剑桥时，却在海关被苏联政府告知：不准离境！幸好，夫人被允许回英国照顾年幼的孩子。对于卡皮察被祖国扣留这种事，众说纷纭，主要观点有两类。

　　其一，是以卢瑟福为代表的"扣押派"，认为苏联政府无理扣押了卡皮察。爱才如命的卢瑟福还动用了各方面关系，希望营救出自己的得意弟子，让他重返剑桥。毕竟，这时的卡皮察已万事俱备，随时都可能在低温物理方面取得惊人的重大成果。刚开始时，卢瑟福以私人关系向苏联驻英大使求援，结果被拒，对方的回答竟是："你们英国希望有个卡皮察，我们苏联也希望有个卢瑟福。"随后，卢瑟福又给英国首相写信，希望通过国家之间的正规渠道解决问题，结果仍以失败告终。

　　其二，是以卡皮察和苏联政府为代表的"沉默派"，假装就没这回事儿。不过令卢瑟福稍感欣慰的是，卡皮察回国后，仍被允许从事自己喜欢的科研工作，甚至就在当年底（即1934年12月28日），卡皮察还被任命为刚成立的物理问题研究所所长。为了不让弟子的科研前程就此荒废，卢瑟福把卡皮察在蒙德实验室的设备全部寄到了莫斯科，而且还数年如一日，坚持每两个月就给弟子写封长信，既在生活上全面关心，也在事业上多方帮助。直到去世前10天，卢瑟福还在1937年10月9日给卡皮察寄出了最后一封信。

万幸的是，卡皮察没辜负导师的殷切期望：也就是在导师去世的当年，借助导师提供的设备，卡皮察终于做出了他一生中最重要的那个成果，即发现了液氦的超流动现象，该成果在41年后被授予诺贝尔物理学奖。此虽后话，但卢瑟福的在天之灵也该满意了，导师也可含笑九泉了。

其实，若现在回望历史的话，卡皮察能在1937年及时做出这项伟大发现，不仅是他本人之幸，也是全人类之幸；因为仅仅在几个月后他就陷入了政治斗争中。总之，除了一些今天看来微不足道的科研成果外，此后的卡皮察就再也没做出过更伟大的成果了，只是在斗争的旋涡中越陷越深。

一会儿他被捧上天。比如，他曾2次被授予"劳动英雄奖章"，6次被授予"列宁勋章"，2次被授予"斯大林勋章"，数次被授予"锤头镰刀"金质奖章等。

一会儿他又被打倒在地，对方甚至还觉不过瘾，要再踏上一只脚，让他永不能翻身。其中被"踩"得最惨的一次，他被彻底解除了所长职务并遭到软禁，被迫隐居长达8年之久，直到1954年才重获自由。又过了一年，已61岁的他才恢复所长之职。隐居期间，卡皮察仍未放弃科研工作，没有实验环境，他就做些纯理论研究。后来，他又自己动手，建造了一个简陋实验室，并开始研究球形闪电等问题。反正，此时的条件虽艰苦，但至少他对得起自己的良心，不用再担惊受怕，这反而激发了他不少灵感。

直到1965年，71岁的卡皮察才又被允许出国。于是，这位旅游爱好者又开始返老还童了：在短短几年中，他先后强行军般周游了丹麦、英国、南斯拉夫、波兰、荷兰、印度、加拿大、美国、瑞士和意大利等国，有时是接受各种荣誉称号和奖章，有时是进行访问讲学或出席学术会议。当然，在所有这些活动中，只要有机会，无论对方是国王或普通市民，他都会讲几段笑话，或给别人来几个脑筋急转弯。与此同时，他还不断撰写各类文章，甚至是非科学类的文章，热心于各类跨界活动，甚至到1980年，他的美国崇拜者还专门将他的哲学类文章整理成了一本文集《实验、理论、实践》。

　　1984年4月8日，当子孙们正忙着为他准备隆重的90大寿庆典时，卡皮察却因严重中风与世长辞，从此，他永远化身为天堂老儿童了。

第一百三十七回

赛博时代忆维纳，罕见神童数学家

如今，人类已进入赛博时代。可奇怪的是，现代版"叶公好龙"却正在隆重上演：你看，人人谈赛博，处处谈赛博，时时谈赛博，可就是没人关心"到底何为赛博"！百姓拿赛博当时髦：赛博产品和机构铺天盖地，年轻人好像都是赛博"达人"；大爷大妈茶余饭后，更少不了"来盘赛博，消消食儿"；大有"非赛博，不新潮"之味。专家拿赛博当网络，甚至在权威词典中都理直气壮地将"Cyber（赛博）"翻译成"网络"。于是，网络专家就成了赛博专家，以为数字化、网络化后，就自然赛博化了。领导拿赛博当战场，将"赛博空间"与海、陆、空、天等并列，成为第五个誓死捍卫的领土要素。狭义说来，上述百姓、专家、领导都对，但又都不全对！

在赛博时代，仅仅穿上赛博的外衣肯定不够，至少还要拥有一副强壮的赛博之躯，甚至仅仅有一副强壮的赛博之躯也还不够，还必须拥有一颗火热的赛博之心。那么，赛博之心到底是什么呢？

首先，赛博是一种新的世界观。

赛博世界是不确定的，它会受到周围环境中若干随机因素的影响。比如，虽然你可把控车辆生产线的所有细节，但无法预料汽车会遇到什么行人。你可预测天上星星有几颗，但无法预测天上彩云有几朵。

赛博时间是不可逆的。比如，若把一部行星运动的纪录片快速放映，那么无论是正序还是逆序放映，你感受到的行星运动都完全符合牛顿力学（即时间的正向流动与逆向流动并无区别），这就是牛顿时间的可逆性。但是，若把一部雷暴影片逆序放映，那么怪事就出现了（在应当看到气流上升的地方，却看到气流下降；云气不是在结集，而是在疏散；闪电反而出现在云朵发生变化之前等），这就是赛博时间的不可逆性。

赛博世界是熵的世界，赛博系统不是孤立系统，它可通过信息反馈、微调和迭代等来减少熵的"无组织程度"，因此，在赛博系统中会发生熵减现象。在赛博世界中，信息是不可或缺的关键。

其次，赛博也是一种新的方法论。在赛博空间中，既然世界观变了，相应的方法论当然也要变。主要的方法论有以下几个。

统计理论。由过去，可从统计上推知未来、预测未来，比如著名的维纳滤波理论。

反馈机制。当我们希望按照某给定的式样来运动时，给定式样和实际完成的运动之间的差异被用作新的输入来调节这个运动，使之更接近于给定的式样，这便是反馈的核心，比如导弹制导的成功就主要依赖于反馈机制。当然，必须充分把握好"反馈与微调"的度，若反馈不及时，系统就会不稳定；若微调过度，就会矫枉过正，也会出现震荡。例如，"一管就死，一放就乱"的病根其实在于没有处理好针对反馈的微调工作，甚至掩耳盗铃地人为篡改或封闭反馈。在赛博世界，只有及时、全面、准确地掌握反馈，并依此进行合理的微调，才能保持系统的稳定并达到预设目标，否则就是自欺欺人。

黑箱逼近理论。针对内部结构未知的黑箱系统，用内部结构已知的白箱去逼近，使得黑白两箱在接入相同输入时，它们的输出互为等价，虽然它们的内部结构可能完全不同。比如，用线性系统去逼近非线性系统，并以此来处理随机噪声等。

数学理论。赛博学的底层数学基础，是莱布尼茨的普遍符号论和推理演算；中层数学基础是数理逻辑；上层的数学理论就更多了，包括但不限于概率论、熵理论、博弈论、热力学理论、信息论、博弈系统论、安全通论等。

表示理论。在赛博系统中，用时间序列、随机变量来表示所接收和加工的信息流的数学统计性质。

总之，赛博系统以偶然性为基础，根据周围环境的随机变化来决定和调整自己的运动，因此它与传统的牛顿力学方法论完全不同，真心希望别再出现"身在曹营，心在汉；身在赛博时代，心在牛顿时代"的情况了！

上面为啥要花费这么多篇幅来介绍"赛博之心"呢？一来，它确实是现代社会的精髓，数字世界的灵魂，它为现代科技提供了崭新方法，从多方面突破了传统思想束缚，有力促进了人类思维方式和哲学观念的一系列变革。总之，它是每个现代人都必须适当了解的重要知识。二来，更主要的是赛博理论主要归功于本回主角维纳。当然，作为数学家，维纳的成就绝不仅限于创立了"赛博学"，比如他还建立了维纳测度、引进了巴拿赫–维纳空间、清楚阐述了位势理论、发展了调和分析理论、发现了维纳–霍普夫方法、提出了维纳滤波理论、开创了维纳信息论等。本书并不想拿数学公式吓人，所以后面将不再细述维纳都干了些什么，而是要介绍他为啥能这么厉害。

1894年（光绪二十年）11月26日，本回主角诺伯特·维纳，以长子身份出生在美国哥伦比亚的一个犹太人家庭，从而开始了他那传奇的一生。其实，维纳的传奇早在他出生前就已开始了，因为他老爸就是一个传奇，罕见的传奇！特别是他老爸那张嘴，更是传奇中的传奇，不但能"口吐莲花"，还能以40多种语言"口吐莲花"。反正，老爸一人几乎就能让联合国的所有翻译下岗！老爸还是一个典型的"学渣"，先读华沙大学医学专业，结果被大学淘汰；再读柏林工业大学机械专业，又主动把大学淘汰。进入社会就业吧，要么被老板炒了鱿鱼，要么就炒了老板的鱿鱼。总之，老爸学啥啥不会，干啥啥不成，以致19岁时还没找到归属感。后来，老爸竟孤身一人，怀揣区区25美分就舍命漂洋过海，从故乡波兰闯荡到了新大陆美国，或给人打工，或帮人种田，或替人看门，无论多苦多累的活，只要能混口饭吃，老爸都从不嫌弃。

可哪知，一无所有的老爸在人生地不熟的美国，不但没饿死，反而成了哈佛大学教授。对，你没看错，就是那个让人高山仰止的哈佛大学，是教授而不是副教授，更不是临时工。他还成了全美著名的语言学家，还娶到了一个洋媳妇——维纳的妈妈，一位"和蔼可亲，讲究实惠，随和合群"的矮小美国女孩，简称"小美女"。妈妈的主要任务好像是要调教老爸这位"热情而性格暴躁、才华出众而经常心不在焉的丈夫"，在这一点上，后来的维纳与老爸倒还真是如出一辙，而老爸在家中的主要任务，则是要调教维纳和他的弟妹们。

老爸自己虽是老牌"学渣"，但他下决心要把儿子培养成"学霸"。后来的事实表明，老爸不但成功了，还超级成功，因为用"学霸"来形容维纳早已远远不够了，他应该是神童，甚至是神童中的神童！换句话说，维纳这个传奇，在很大程度上其实是他老爸传奇的续写，或老爸传奇的传奇产物。其实，老爸是一位天生的学者，一位集德国人的思想、犹太人的智慧和美国人的精神于一体的学者。

维纳在老爸的熏陶下，从1岁半起就开始学字母，3岁时开始学写字，3岁半时开始读书，读生物学和天文学方面的初级科普和启蒙书。6岁时，维纳就用巧妙方法，证明了"A乘B等于B乘A"：他画了一个长为A，宽为B的矩形，其面积为A乘B；然后，将该矩形旋转90度，这时其面积显然未变，但其长等于B，宽等于A，故其面积也可写为B乘A；证毕！不到7岁时，他就阅读了许多大部头书籍，比如达尔文的《进化论》、金斯利的《自然史》和雅内的《精神病学》等科学名著！若有不懂，他就与老爸展开深入而平等的讨论。当然，老爸会故意引导儿子独立思考、独立解决疑难问题，还千方百计激发儿子的好奇心，以至维纳终生都保持着强烈的好奇心。紧接着，维纳就开始贪婪地学习数学、拉丁语、德语和生物学等知识了。老爸对儿子的要求相当严格，一手胡萝卜一手大棒：若无故出错，就狠命批评，甚至无情惩罚；若表现很好，就会受到奖励，比如与老爸一起在大自然中散步，或采蘑菇，或旅游，或参观各种工厂和博物馆，甚至远游欧洲开眼界等；所以维纳终生都对老爸既爱又怕。

维纳对科学的兴趣相当广泛，几乎涉及所有领域，这也是他后来能超越同时代的其他科学家首先创立赛博学的根本原因。而他的这项本领，在很大程度上又该归功于老爸。一方面，老爸信奉通才教育；另一方面，老爸为人豪爽，爱交朋友，家中常有哈佛大学的数学家、心理学家、哲学家等科学家来串门；再加老爸本来就是有心人，为了儿子的教育，他几乎投入了全部热情和爱，几乎不顾习俗、不讲体面。所以，在各学科教授的耳濡目染之下，维纳的知识结构从小就与众不同，几乎是一个毫无禁忌的大仓库，只要是知识都来者不拒，只顾拼命往里装，管它是否有用。

9岁时，维纳直接跳入高中。刚开始时，因为他比同班同学至少小7岁，大家只拿他当可爱的小猫：张哥哥送他一块橡皮，李姐姐给他一个玩具。至于座位嘛，当然是前排中央的"领导席"。有一位女教师，特别喜欢小维纳：课间休息时，还把他抱在大腿上问长问短，就像哄自己的小宝贝，一有机会，就牵着他在走廊里嬉戏玩耍。据维纳后来回忆，这段时间他特幸福，也特受宠：不高兴时，还可以任性地哭鼻子或发脾气；高兴时，来点恶作剧，大家也只是会心一笑。但是，当考试成绩下来后，同学们才突然发现：妈呀，维纳哪是小猫呀，简直就是一只吊睛白额大老虎，因为他的成绩把大家都远远甩在了数里之外！于是，大家再也不敢轻视这位小神童了。幸好，维纳又矮又胖、视力不佳、笨手笨脚，所以，大家总算在体育课上找回了一点面子。可这又让他那过于敏感的神经受到了刺激，维纳甚至认为自己遭到了同学取笑，被人伤害。其实维纳终生都不擅长人情世故，或曰情商较低。

11岁时，维纳上大学了。他本可轻松考入哈佛大学，但为低调行事，父亲安排他去了一所不太知名的塔夫学院，攻读数学专业。大学期间，他成绩优异自不必说，一开始就直接闯进了最高难度的数学教室，还顺便迷上了生物学：不但向一本杂志投了处女论文，详细分析了蚂蚁的群体行为，更对一只豚鼠进行了活体解剖，试图观察其血液循环过程，虽然实验最终失败，但此次解剖给他留下了深刻印象，也在很大程度上激发了他的科研热情。

维纳热心生物的另一原因是想尽早超越父亲，尽早摆脱父亲的控制，因为老爸也是一位百科全书式的人物，而生物学则是老爸少有的短板之一。大学毕业后，维纳进入哈佛大学读研究生；这次他不顾父亲反对，毅然主修了生物学。可哪知，这位超级"学霸"，这位考场上的常胜将军，只读了一学期的生物学就主动鸣金收兵了。原来，他手笨眼盲，压根儿就不是做实验的料！其实，维纳也曾尝试过要在父亲的长项（语言能力）方面超过父亲，可最终输得更惨，维纳在精通了多达12门外语后就彻底认输了。毕竟，要想胜过父亲，还得再学会至少28门外语。总之，维纳想超越父亲的梦想，在父亲的有生之年几乎从未实现，即使后来成了著名教授，老爸也照样对他指手画脚。

维纳在哈佛的这半年中，其实也有一个收获，那就是发现自己并不适合在这里读书，或者说，他不喜欢哈佛的文化氛围。于是，16岁那年，在父亲的安排下，他首次离家，到康奈尔大学哲学系读研究生。这时，他意外发现了一个重大秘密：父母竟然都是犹太人，且母亲对犹太血统很忌讳，并不希望儿子遵守相关习俗！此事对维纳的触动很大，不但引发了母子间的终生矛盾，还突然让他成熟而独立，更使他下定决心追求大自然的普遍真理。此后，维纳不但更加同情犹太人，还公开以自己的犹太血统为荣。由于自理能力实在太差，社交能力更弱，再加又远离父母，所以一段时间后，维纳就开始想家了。刚开始时，还可通过书信往来缓解一下孤独感，但越到后来维纳就越想离开康奈尔。终于，一年后，维纳揣着硕士学位证书，匆匆回到了父母身边，回到了哈佛大学，开始攻读博士学位，并在施密特教授的指导下撰写博士论文。仅仅一年后，维纳就上演了那场传奇式的博士学位论文答辩。

在答辩会上，主席见他一脸稚气，颇为惊讶，就好奇地询问其年龄。可哪知，这神童并不直接回答，而是说："我今年年龄的三次方是个4位数，年龄的4次方是个6位数，这两个数刚好把0至9这10个数字全都用上了，不重不漏，这意味着全体数字都向我俯首称臣。"此言一出，四座皆惊，大家都被他的谜语给镇住了。整个答辩会，就成了研讨他年龄的专题会。经他提示后，大家才茅塞顿开，哦，原来这时他只有18岁。18的立方是4位数5832，18的4次方是6位数104976，这两个数恰好"不重不漏"地用完了10个阿拉伯数字，而且，在所有自然数中，18

是满足此条件的唯一数！

博士毕业后，维纳前往英国剑桥大学和德国格丁根大学，在著名数学家罗素、哈代和希尔伯特等的指导下从事博士后研究工作。通过两年的训练，维纳开始成熟了：既乐意广交朋友，又热心与他人相处。这时，他那位"专横"的父亲虽然还想"遥控"他，但已略显鞭长莫及了。维纳将这段自由自在的时期，戏称为"解放区的岁月"。当然，他在学术上也取得了不少成就。但是，为了彻底摆脱老爸的控制，维纳也许矫枉过正了，因为在接下来的4年中，维纳差点把自己给"报废"了。从1915年至1919年，维纳完全处于大幅度震荡中：其间，他在哈佛大学当过助教，在缅因大学当过讲师，在《美国百科》杂志当过兼职编辑，在军队当过二等兵，更在报社当过特约撰稿人等。幸好，在1919年夏天，在老爸的直接干预下，在哈佛大学数学系主任的推荐下，25岁的维纳终于到麻省理工学院数学系任教了。从此，他才走上了正规的科学家道路，并一直在这里工作到退休为止。看来，维纳的赛博学还真是无所不能呀，甚至可用于老子管儿子！

由于维纳的成就太多，且大都高深莫测，下面直接跳到1947年10月，跳到他的最重要代表作《赛博学》（Cybernetics）。当时，赛博学还只是一门以数学为纽带的边缘学科，甚至都不知该叫啥名字，也不知该咋翻译，但如今，它已成了时代的核心。既然本书意在帮助读者成为科学家，那么维纳当初创立赛博学的过程就很值得借鉴了。

其实，当时全球许多领域的科学家，早就在冥冥之中隐约感觉到了后来称为赛博学的灵魂（即所谓的"反馈控制"），但始终对它"只能意会，不能言传"。因为，任何一个人，无论他有多广的视野，无论他有多丰富的知识，他对这种泛在的"反馈控制"都只能是"神龙见首不见尾"。于是，维纳等科学家终于意识到：现代科学的发展，一方面学科越分越细，使大家沦为狭隘分工的奴隶；另一方面，学科交叉和综合又势不可当，这又与狭隘的专业分工相矛盾。若要解决该矛盾，就必须打破原有的专业界限，集合一批知识面广的专家共同攻关。比如，让数学家、数理逻辑学家、生理学家去接触工程，让工程师熟悉生理学，鼓励开垦科学处女地，鼓励优势互补，因为正是在这些边缘区域，也许才有最好的机会。

幸好，这时神经生理学家罗森布卢斯等，主持了每月一次的"青年科学家沙龙"，包括维纳等在内的来自数学、物理、电子、工程、生理、心理、医学等各行各业的专家都主动聚集起来，进行激烈的"头脑风暴"，深入讨论科学方法论等。

大家以圆桌聚餐的形式，自由谈话，毫无拘束。饭后，由某一领域的专家以宣读论文的方式，来接受大家的尖锐而善意的批评。经过该沙龙长达10年的思想碰撞，一门全新的核心学科终于诞生了，它就是维纳创立的赛博学！

1964年3月18日，维纳在斯德哥尔摩讲学时，因心脏病突发而逝世，享年69岁。

伙计，奇迹再一次出现了！它就是维纳的寿命数字69，这可又是一个绝无仅有的神数哟！你看，69的平方是4位数4761，69的立方是6位数328509，这两个数恰好又不重不漏地用完10个阿拉伯数字，且满足该条件的数也只有69。莫非所有数字真的都臣服于伟大的科学家维纳！

附录：

维纳心学与王阳明赛博学

摘要：本附录指出，若从动态方法论角度看，陆王（即陆九渊和王阳明）的心学其实就是维纳的赛博学，至少可以说，动态心学与赛博学的方法论核心几乎完全一样。

（一）前言

如果王阳明是理工男，如果他有更强的英语进行时时态意识，那么，"赛博学之父"，可能就不再是维纳了，同时，历史上陆王心学与程朱（即程颢、程颐和朱熹）理学的许多争论也许就烟消云散了。真的，若不信，请继续读此附录。

可能许多人都不知道：赛博学之源，其实是心理学！这里的心理学，当然不是陆王心学+程朱理学，而是弗洛伊德等心理学家们研究的那个现代心理学，更准确地说是心理学的一个名叫"协调心理学"的分支中的一项成果。但是，陆九渊和王阳明的心学与维纳的赛博学绝对密切相关，甚至彼此之间仅隔了一层纸，这层纸其实就两个字：动态！换句话说，若让陆王心学动起来，那么所形成的动态心学基本上就是赛博学了。若从方法论角度看的话，赛博学的核心就是所谓的"赛博过程"，它可归纳为4个字：反馈+微调。如果更详细一点，也可再加2个字，变成：（反馈+微调）+迭代。特别提醒，要想真正理解赛博学，就必须牢固树立"动态观"，即要从"动"的角度去看世界。可惜，由于中文没有进行时态，因此人们就很容易习惯性地陷入"静"的思维定式中。虽然国人能够理解"某人正在死亡"的含义，但在潜意识中根深蒂固地只有：某人要么是"死的"，要么是"活的"。正是这种潜在的"静态观"，使王阳明将自己的成果总结成了心学，而不是赛博学。实际上，大量的事实都表明王阳明自己一直是在动态地使用心学，所以才取得了前无古人、后无来者的"三不朽"成果。但是，其他人只是在静态地学习心学和使用心学，于是，不仅成果寥寥，而且引发了众多没必要的纷争。

那么，促成赛博学的心理学成果，主要有哪些呢？若从方法论角度来看，它们刚好就是王阳明心学的全部核心："心即理""知行合一"和"致良知"。

（二）心即理

关于"心即理"，文人们已争论了600多年，本附录绝不想再陷入任何争论中，只是想将它动态化，然后再看看它将如何演变出赛博学的核心——赛博过程。

"理"在哪儿？程朱坚信"理在物中"，所以需要格物致知；陆王咬定"理在心中"，所以就心外无物、心外无理了。若仅从静态观点和物质观点来看，无论"理"在哪里，程朱和陆王两派中都只有一派正确，所以他们只好誓死捍卫自己的"主义"。今天看来，其实完全没必要。

一方面，世界是由物质、能量和信息三者组成的！无论"理"是什么，它肯定既不是物质也不是能量，只能是某种信息。而"同一信息，同时处于多个不同的地方"的现象随处可见，何必去争论它只能在哪里呢？正如，"明天过春节"这条消息，就既可以在电视中，也可以在网络里嘛！

另一方面，对"心即理"中"即"字的理解，至关重要。若用静态观去看"即"，那么，只要A和B之间哪怕有一丁点区别，那就不可能"A即B"。但是，"即"字有一个被忽略了的动态含义："从……到……"。例如，"即位"。因此，若用动态观去看"心即理"，其实就是从"心"到"理"！那么，如何才能"从心到理"呢？早先，程朱理学说需要"格物致知"，即把"理"从"外物"中"格"（研究）出来（当然会把它放入"心"中）。若以"人"为出发点看出去，那么，程朱理学其实只叙述了赛博学中赛博过程的反馈部分。其次，陆王心学又说"理"本来就在"内心"中，而你只需要随时微调（即所谓的"吾日三省吾身"）就行了。所以，心学和理学加在一起，就构成了赛博过程的一个核心链：反馈+微调。更进一步，无论是格物还是省身，显然都不是一蹴而就的，都需要多次反复进行，所以就需要再把动的因素加进去，即让反馈＋微调所形成的循环链不断重复迭代。于是，赛博过程的全部3个核心要素反馈、微调、迭代，就有机地互动起来了。而这里的"理"显然可以是宇宙间的任何规律（虽然古人们主要关心"理"的社会学含义），而"心"还是那个心（用现代心理学的术语，便是人的"意识"），因此，一旦从动态观点去看"心即理"时，王阳明版的赛博学就跃然纸上了。

换句话说，若从方法论上看，动态心学其实本该就是赛博学，可惜我们与它擦肩而过了。

（三）知行合一

与上文类似，本附录不想陷入众多著名的争论中，因为朱（熹）圣人说，先知后行，知难行易；王（阳明）圣人说，知行合一（知与行没有先后顺序，它们就像一枚硬币的两面）；当然，还有其他大人物说实践出真知、先行后知等。总之，各派都有自己的硬道理，各派在批判别人时都很理直气壮。但是，有一点必须指出，所有这些争论的基础都是"静态观"。一旦从"动态观"的角度再回头看时，相关矛盾早就无影无踪了。

为了说明问题，我们先复述一个简单且已家喻户晓的争论：先有鸡，还是先有蛋？若以"静态观"去讨论，那么就会陷入无休止的争论中，既可以是"先有鸡后有蛋"，因为蛋是鸡生的；也可以是"先有蛋后有鸡"，因为鸡是由蛋孵出来的；还可以是"鸡与蛋为一体"，蛋在鸡肚子里时，它们确实在一起。但是，若以"动态观"去讨论，鸡与蛋谁先谁后的问题就很滑稽了，因为鸡与蛋其实是一个动态的演化过程，或者说是一个赛博过程：若将蛋孵鸡看成反馈，那么，鸡再生蛋就可看成微调（即无竞争优势的鸡可能就会被淘汰，或不会生出有竞争力的蛋，可能最终被淘汰）；再经过 N 年的演化（即迭代），便最终形成了鸡与蛋的动态演化过程。因此，完全没必要去争个谁先谁后，实际上，今天的蛋已非昨天的蛋，更非几千年前的蛋了；今天的鸡也非昨天的鸡，更非几千年前的鸡了。（注：不仅是鸡和蛋，其实，所有生物的演化过程都是赛博过程，而微调手段都是同一个词：死亡！）

鸡和蛋问题讲清楚了后，知行问题也就说明白了！其实，与上文相比，这次王阳明离赛博学更近了，他甚至已经逮住了赛博学，不过却只把它当作普通"战俘"，又给放回家了。

不知你是否意识到，王阳明在"知行合一"中用了一个非常关键的"合"字，它显然是一个动词，是一个由远到近、逐步逼近的过程。若把"知"当成"鸡"，把"行"当成"蛋"，那么，"知行合一"其实就是"鸡"和"蛋"的演化过程，当然也是一个完整的赛博过程。更具体地说，"知"本身就是一个逼近过程，是一个时间函数，比如 t 时刻的"知"可记为 $Z(t)$；同理，"行"也是一个逼近过程，也是一个时间函数，比如 t 时刻的"行"可记为 $X(t)$。于是，"知行合一"就可量化为，随着时间的推移，$Z(t)$ 和 $X(t)$ 同时向"一"逼近的过程，而且在任何时刻 h，$Z(h)$ 都与 $X(t<h)$ 有关，即当前的"知"由过去的"行"来反馈（或微调）决定；同理，$X(h)$ 也与 $Z(t<h)$ 有关，即当前的"行"由过去的"知"来反馈（或微调）决定。此过程不断循环往复，直到人们对"知"或"行"的结果满意为止。更严格地说，在绝大部分情况下，"知"和"行"虽可以无限逼近"一"，但永远不会等于"一"。

显然，"知行合一"中的"一"，可以是宇宙中的任何自然规律。因此，"知行合一"其实就是告诉我们"人类对任何自然规律的认识和改造过程都是一个赛博过程"，而这正是维纳赛博学的最核心结果。若非要找出维纳与王阳明的结果之间有什么区别的话，那只能说，维纳强调了该结果对所有生物都有效，而王阳明只重点考虑了人。

为了解释"知行合一"的普遍性，也为了形象起见，现在来分解一下导弹击中目标的"知行合一"过程。此时"行"依靠导弹的动力系统，"知"依靠导弹的制导系统，"一"可以是"击中某空域中的某架飞机"。

考虑击中目标前的任何时刻 t。

一方面，t 时刻动力系统的"行"取决于制导系统的"知"，更准确地说，取决于 t 时刻的"知"与"一"之间的差别：若在预定精度范围内已没差别了，那么，导弹就击中目标了；否则，就继续朝着使这个差别更小的方向"行"，最终要逼近"一"。如果没有"知"，导弹肯定就不知道该如何"行"，甚至都不知道该往哪个方向"行"。当然，t 时刻的"知"，肯定不是最终的那个"一"，因为目标飞机在动，甚至可能是在无规则地动，所以，在击中它之前的任何时刻，相应的"知"都不是"一"。

另一方面，t 时刻制导系统的"知"，取决于该时刻动力系统的"行"，比如导弹已"行"到哪里了。更准确地说，取决于 t 时刻的"行"与"一"之间的差别：

若在预定精度范围内已没差别了，那么，导弹就击中目标了；否则，就微调更新当前的"知"，使得这个差别越来越小，或使该"知"指挥后续的"行"更加逼近"一"。如果没有"行"，导弹肯定也不知道自己的"知"。比如，若导弹不知道目前自己的方位是什么，它当然也就对如何逼近"一"全然不知了。当然，t时刻的"行"也肯定不是最终的那个"一"，因为目标飞机在动，甚至可能是在无规则地动，所以，在击中目标之前的任何时刻，相应的"行"也都不是"一"。

其实，导弹的整个飞行过程，都是"知"和"行"以秒或毫秒为单位不断微调更新的过程；而"行"的更新，主要取决于"知"的反馈；同样，"知"的更新，也主要取决于"行"的反馈。如果反馈不及时，那导弹就可能脱靶；如果微调幅度过度，就可能形成导弹震荡等。在该例中，"知行合一"但几乎永远不会等于"一"的含义就是导弹虽可以击中目标，但是，其误差不可能为零。比如，第一次击中机头，第二次可能是机尾等，反正每次打击都可能有一定的偏差。

（四）致良知

王阳明自己认为，"致良知"是其心学的巅峰，是核心灵魂。许多心学专家，甚至把阳明心学称为"良知学"。本附录不想从儒学角度去评论"致良知"，而只给出它的赛博学含义。

如果只看"致良知"这3个字，还真看不出它与赛博学有什么关系。"致"虽然是一个动词，"致良知"也是逼近"良知"的动态过程，但是如何"致"呢？如果只是按照预定的路线图，严格无差错地执行计划，那么就不存在反馈或微调等，也就不是赛博过程了。不过，幸好王阳明在解释"致"时，已经把其赛博过程描述得相当清楚了，这就使得从赛博观点看，"致良知"变成了王阳明版赛博学的一个应用实例了。更具体地说，"致良知"只是"知行合一"的特例，此时，"一"就是"良知"而已，而"致"的过程就是上文解释的"知行合一"赛博过程。

当然，如果非要强调"致良知"与一般赛博过程的区别的话，那么，儒学专家认为"致"本身就是兼知兼行的过程，因而也就是"自觉之知"与"推致之行"的"知行合一"过程。"致"是在事（包括物）上磨炼，见诸客观实际。"致良知"就是在实际行动中实现良知，"知行合一"。

王阳明之所以重视"致良知"，主要是因为他很在乎"良知"。"致良知"，谈何容易？王阳明说："私欲日生，如地上尘，一日不扫，更又一层。"破山中贼易，破心中贼难。不要去操心你的成功，要去操心你的良知。由此可见，王阳明之所以只创立了心学而不是赛博学，这绝非偶然，因为他只关注结果，而不关注方法，所以，即使他已经掌握了赛博方法，却仍然"鸟尽弓藏"，活生生把一个无价宝给抛弃了，让400年后的维纳捡了一个大便宜，最终创立了赛博学。

（五）动态心学"四句教"

为了便于理解和推广，王阳明将其心学总结为更加形象的"四句教"，即"无善无恶心之体，有善有恶意之动，知善知恶是良知，为善去恶是格物"。

本文从赛博学的方法论角度出发，将该"四句教"改编为如下的动态心学四句教，也算是对本附录的一个小结吧。

反馈微调赛博体，有馈有调迭代好，无馈无调知行难，知馈知调靠技巧。

此"新四句教"可简单解释如下。反馈微调赛博体，意指反馈和微调是赛博过程的主体。有馈有调迭代好，意指赛博学核心的更详细解释是"反馈＋微调＋迭代"。无馈无调知行难，意指任何过程，如果缺少了反馈或反馈不及时，或缺少了微调或微调失度（幅度过大或过小），那么都很可能造成该过程失败，使得既难知、又难行。知馈知调靠技巧，意指如何反馈或如何微调，其实有很多技巧，绝不是一个简单的事情。比如，人工智能之所以在沉寂了数十年后，又于最近几年突然爆发式发展，主要归功于相应的反馈和微调的技巧得到了大幅度的改进。

第一百三十八回

毒舌泡利不相容，量子世界孙悟空

1900年，诺贝尔奖委员会正式设立，将对物理、化学、医学和生理学等领域的重大科学成就给予高额奖励。似乎是为了拿诺贝尔奖一样，沃尔夫冈·泡利诞生在了奥地利维也纳一个医学博士家里，时值1900年4月25日，不过诺贝尔奖要次年才开始颁发呢。

诺贝尔奖当然不会颁给新生婴儿，咋办呢？赶紧长呗，赶紧进入最前沿的科学领域呗，赶紧做出重大科学成就呗！泡利说干就干，一蹬腿就长到了18岁！那位看官抬杠说啦："这咋可能呢！"嗨，有啥不可能的，此前素材一片空白，俺总不能凭空瞎编吧！不过，据说他有两个很厉害的父亲：一个是生身父亲，是维也纳大学的物理化学教授，也是一位名医，那年头化学和医学还不怎么分家呢；另一位是教父，奥地利著名的物理学家兼哲学家马赫。这位教父可不得了，不但自己在科研方面很厉害，他那伶牙俐齿更是威力无比：被爱因斯坦奉为"相对论先驱"后，却把相对论贬得一钱不值；痛斥玻尔兹曼分子论时，出言一句比一句狠毒，以致最终促使后者绝望自杀。在科学家父亲和教父的熏陶下，泡利从小就聪明过人，不但享受了良好的生活和学习环境，还从初中起就自学了当时鲜为人知的爱因斯坦广义相对论，高中时就已独立完成了3篇相对论论文。此外，泡利更继承和发扬了教父那罕见的"毒舌神功"，这当然在很大程度上归功于父亲遗传的绝顶聪明的头脑和难得的火眼金睛。

18岁时，中学刚毕业的泡利带着父亲的推荐信，直愣愣就撞进了慕尼黑大学著名物理学家佐默费尔德（又译作索末菲）教授的办公室，声称来不及上大本了，要直接攻读研究生，且已选定索教授为自己的导师。言下之意就是说"诺贝尔奖在那里等他都着急了，大有非他不嫁之意"。一生培养过6位诺贝尔奖得主的索教授，先是一愣，然后哆哆嗦嗦半天才换上高度近视眼镜，把这不怕虎的初生牛犊上上下下打量了一番后，终于发现："哦，这不是牛犊，而是马驹，是千里马的马驹！好啦，就是你啦，留下吧！"于是，泡利就成了慕尼黑大学最年轻的研究生。

索教授的眼力到底咋样呢？是骡子是马，还得先拉出来遛遛吧！于是，第一年遛下来，泡利就初露锋芒，当年便发表了一篇高水平学术论文，深入研究了引力场中的能量分布问题。看来，泡利还真不是一头骡子。第二年遛下来，泡利就打出一套"组合拳"，在两篇论文中指出了当时的权威科学家外尔的一个严重错误，并以密集的"炮火"毫不留情地猛烈批判了外尔的引力理论，其立论之明确，思考之成熟，用词之稳准狠，很难相信其作者只是一位不满20岁的毛头小子。看来，泡利还真是一匹马。又遛了一年多后，索教授还没来得及给弟子颁发"千里马证书"，这小子就在1921年，一声仰天嘶鸣，绝尘而去了！他不但以一篇氢分子模型的论文获得了博士学位，还在同年为德国的《数学科学百科全书》撰写了一篇长达237页的奇文《关于狭义和广义相对论的词条》。该文至今仍是相对论领域的经典文献之一，以至爱因斯坦都为之赞叹不已地说："该领域的任何专家都不会相信，此文出自一个年仅21岁的青年之手，任何一个人都会羡慕作者，羡慕他在文中所显露的超强理解能力、熟练的数学推导能力、对物理的深刻洞察力、使问题明晰化的能力、系统的表述能力、语言的把握能力、对该问题的完整处理能力和尖锐的评价能力等。"

就像孙猴子始终尊重菩提老祖一样，泡利对自己的导师索末菲教授也是少有的极度尊重。具体说来，在当时全球的所有顶级物理学家中，泡利从未敢批评更别说尖锐批评过的唯一人物，可能就是自己的导师了。泡利终其一生，都在导师面前谨守着弟子礼仪，哪怕他后来如日中天，只要索教授来访，他都会立刻起身远迎，甚至鞠躬行礼。他的这种乖顺举止，常让身边的同事惊讶不已：老虎咋转眼变猫啦；毒舌之嘴咋也能比蜜还甜啦；平常总是批评别人的人，在导师面前咋不敢再说半个"不"字啦！泡利甚至公开承认：只要导师一皱眉，他就深感敬畏，就赶紧"三省吾身"，这种感觉自从1918年第一次见到导师后就从来没减弱过。这让泡利的继任老板们既羡慕又嫉妒，当然更不恨。

博士毕业后，由于"菩提老祖"没禁止弟子说出自己的名字，所以泡利就在没有任何紧箍咒的限制下，冲入了物理世界（准确地说是量子世界），开始了指东打西的"大闹天宫"。这位"齐天大圣"拖着的那根金箍棒更是变幻莫测，一会儿是他那超强的智商，一会儿是他出奇的妙招，一会儿又是他那天不怕、地不怕的闯劲儿，一会儿更是他那伶牙俐齿的毒舌。反正，自从他出道后，物理世界就再也没安宁过，若算上他的众多未发表成果，那他绝对称得上是"物理世界的征服者""量子领域的秦始皇"。比如，他在写给约当的信件里早就证明了"关于矩阵力学和波动力学的等价性"，而这可是一项诺贝尔奖级的成果哟！他在写给海森伯的信件里也早就提出了不确定性原理，而这又是一项诺贝尔奖级的成果！当然，泡利的唯一遗憾是，作为当时公认的、最聪明的物理学家，他没能像爱因斯坦那样做出超越诺贝尔奖级别的、划时代的成果。虽然他自己获得了诺贝尔奖，还催生了众多诺贝尔奖级的成果，但这绝不意味着他就不敢冲撞爱因斯坦，早在20岁那年，泡利还是博士生时，有一次他聆听了爱因斯坦的演讲，结果，坐在最后一排的他向爱因斯坦提出了非常尖锐的问题，其火力之猛，让爱因斯坦都差点招架不住。据说此后，爱因斯坦演讲时，眼光都要特别扫过最后一排，看看有无那熟悉的身影，以便提前做好心理准备。还有传闻说，爱因斯坦在一次国际会议上做报告，结束后，泡利竟站起来表扬爱因斯坦说："这次我觉得您并不太蠢！"还有一次，当爱因斯坦发表了反对哥本哈根诠释的论文后，泡利指着该论文调侃道："若其作者是低年级大学生的话，我会认为他很有头脑，也很有前途。"当然，不可否认，在泡利心中，爱因斯坦一直就是绝对偶像，更是希望超越的对象。比如，当泡利终于拿到了那个他觉得20年前就该属于自己的诺贝尔奖后，爱因斯坦专程前来参加庆祝会，并做了即兴发言，结果，泡利此时的错觉竟是爱因斯坦好像是要"禅让"，好像是要将物理世界的王位让给他似的！

其实不仅是爱因斯坦，当时物理世界的几乎所有大师级科学家，都或多或少、或明或暗地被泡利以各种形式虐待过，无论他们是"太上老君"，还是"如来佛祖"。有一次，在瑞士苏黎世听完朗道（又译作郎道）的演讲后，泡利竟又从最后一排站起，毫不客气地说："你讲得太乱，我根本弄不清哪些是对的，哪些是错的！"须知这位讲演者当时可是以"狂傲自大"著称的罕见鹰派人物哟，他不但是诺贝尔奖得主，还被公认为是"人类最后一位全能物理学家"。又有一次，反质子的发现者、意大利物理学家塞格雷做完报告刚要离开时，泡利却当面对他说："我从没听过这么糟糕的报告。"说完，又突然回头，对同行的物理化学家布瑞斯彻说："我想若是你做报告的话，情况可能更糟糕。"还有一次，以放荡不羁著称的物理学家费曼，本来从不在意他人的批评意见，但破例且迫不及待地想知道泡利对自己的评价，结果，泡利尖刻地说："费曼那家伙，讲起话来简直就像纽约黑社会的老大。"费曼听了，也只能摇头苦笑。据说，泡利对同行的最高评价是："哇，你这次竟然没啥错误！"而最低评价则是："你那东西，连错误都算不上！"有一次，某物理学家好心将他从迷路中拯救出来，结果他"毒舌"一伸，吐出来的致谢辞竟是："哇，还真看不出来，除了物理，你还是很能干的嘛！"泡利在学术讨论中最常说的话就是："我不同意你的观点。"因此，人们幽默地称此为"泡利观点不相容原理"，以区别他后来发现的量子基本定律——泡利不相容原理。

22岁那年，博士刚毕业的泡利前往格丁根大学，担任著名量子物理学家玻恩的助教，并很快就取得了突破，解决了天体摄动理论在原子物理中的一些应用问题。按理说，这时玻恩是泡利的老板，但在学术讨论会上，他俩经常颠倒角色：泡利对老板大吼："别说话，住口！"老板温和地说："但是，泡利你听我说……"这时，讨论会的结束语肯定又是泡利的咆哮："不，我一个字也不想再听了！"尽管如此，玻恩仍然非常喜欢泡利，特别欣赏他那寻根究底、一丝不苟的钻研精神，更欣赏他那灵敏的思想火花。玻恩甚至一度认为"也许泡利会比爱因斯坦还伟大"，不过后来，玻恩又补充说："泡利完全是另一类人，他不可能像爱因斯坦那样伟大。"

也是在给玻恩当助教期间，泡利偶然遇到了前来讲学的量子力学泰斗、丹麦著名物理学家玻尔。两人一交谈，双方都顿觉相见恨晚，从此就开始了富有成果的长期合作。其实，一方面，玻尔之所以看中泡利，是欣赏他的敏锐、谨慎和挑剔，因为那使泡利具有"一眼就能发现错误"的能力，所以玻尔称赞泡利为"物理学的良知"。另一方面，泡利之所以对玻尔也产生了敬意，那是因为他当时非常感谢玻尔"亲切地让我了解到了最广泛的知识，这对我有着不可估量的益处"。甚至在20多年后，在回忆自己的科学生涯时，泡利还再次表达了对玻尔的敬意，他说："我的科学生涯新阶段，始于第一次遇见玻尔。"也就是在泡利和玻尔彼此认识的当年秋天，泡利便迫不及待地扛着"铺盖卷"匆匆投奔到了玻尔旗下，进入了哥本哈根大学理论物理研究所。但是，这也绝不意味着泡利就对玻尔俯首听命。实际上，泡利的那双批评之眼，对任何人都随时保持着高度警惕，准确地说，在整个哥本哈根学派中，泡利是唯一敢打断学派领袖玻尔讲话的人，且敢于毫不隐瞒地指出玻尔的错误。比如，玻尔就因"放弃严格意义下的能量守恒定律，提出了所谓的BKS理论"而遭到泡利的严厉批评。不过，泡利虽喜欢与别人争论，但他绝不唯我独尊。当他验证了某个学术观点并得出正确结论后，不管这个观点是谁的，他都会兴奋异常，如获至宝，而把争论时的面红耳赤忘得一干二净。正是他的这种远离世俗、尊重真理的科学态度，使他赢得了物理学界的普遍厚爱，以至在他去世很久后，当物理学界又有新进展时，人们还会常常说："若泡利健在，不知他对此又有何高见。"

也是在玻尔的实验室里，大约22岁的泡利结识了海森伯。虽然他俩的年龄几乎一样，只差几个月，但海森伯对泡利几乎是言听计从，甚至达到了崇拜的地步。当时海森伯本想投身相对论，但泡利根据自己的判断，愣是将海森伯拽进了原子物理领域，因为泡利当时觉得"相对论近期取得突破进展的可能性不大"。反过来，师兄泡利也一直对师弟海森伯刮目相看，特别欣赏对方的物理直觉。曾经有段时间，人们被复杂元素的光谱问题搞得焦头烂额时，泡利把几乎所有相关物理学家全都贬了一遍，贬得相当难听，最后唯独补充了一句话："海森伯是个例外，他更有头脑。"当然，泡利与海森伯也闹过别扭，甚至在重要国际会议上发生过公开争吵、不留情面的互相攻击。但整体上说，在同龄人中，泡利对海森伯的评价最高。

正是在索末菲、玻恩、玻尔和海森伯等众多名师益友的帮助下，泡利学到了富有教益的思维方法和科研技巧，从而使他为后来的成功打下了坚实基础。特别是在1923年至1928年间，泡利进入了自己的科研丰收期。虽然在这5年中，泡利只是汉堡大学的一名小讲师，但他的两项主要成果都是在这时完成的。具体说来，在25岁那年，他做出了一生中最重要的成果，即运用其天才的洞察力，从浩如烟海的光谱数据中提炼出了泡利不相容原理，为原子物理的发展奠定了重要基础。该成果的难度有多大呢？这样说吧，若只考虑其繁杂的工作量，那它的难度就远大于当年开普勒整理行星轨道数据的难度。也正是该项成果，使泡利在20年后的1945年获得了诺贝尔物理学奖！为啥获奖时间会被延迟这么久呢？因为当时的泡利不相容原理并未立刻呈现出重要价值。书中暗表，为避免高深的物理解释，此处略去相关成果的具体内容。实际上，无论是高中化学课，还是大学量子力学课，其实都介绍过泡利不相容原理，如今它已成为自然界的基本定律之一，更是量子力学的主要支柱之一；它使人类对微观世界的认识产生了革命性的影响；它使原子结构的知识更加系统化，比如它能给出门捷列夫元素周期律的科学解释等。27岁那年，泡利又利用如今称为"泡利矩阵"的神器奠定了自旋操作符号的基础，由此建立了非相对论自旋的理论；该结果启发狄拉克发现了著名的"狄拉克方程"，也使后者因此而获得了诺贝尔物理学奖。

泡利虽经常挑剔别人之错，但他自己也犯过不少错误，其中最严重的错误有两类。第一类，他错误地反对了别人，特别是错误地反对了电子自旋和宇称不守恒，造成了不小的负面影响。由于相关内容太"烧脑"，此处就不再详述了。第二类，他做实验时经常出错，甚至发生爆炸，于是被同行调侃为"实验杀手"或"泡利效应"。据说，只要他出现在哪里，哪里的仪器就会出故障。甚至有人编了一个段子。有一次，实验物理学家夫兰克在格丁根大学做实验时，仪器突然失灵，本来精通实验的弗兰克百思不得其解，就写信给泡利，很欣慰地告诉他说："你总算无辜了一回，这次故障与你无关！"可哪知，泡利却回信坦白道："抱歉，当时我虽不在现场，但刚好乘火车途经此地！"于是，夫兰克茅塞顿开，一拍脑袋："哦，真是泡利惹的祸！"当然，这里亦庄亦谐地专门讨论泡利之错，并无任何恶意，只是想强调：无论是谁，无论其声誉多高、功力多厚、思维多灵，他都难免出错，都难免有自己的弱项。"犯错误"既无损于科学家的伟大，也无损于科学的伟大。事实上，科学之所以能发展到今天，就是因为它一直在"不断犯错误，不断纠正错误"。

泡利不但醉心科研，也很会生活。比如，他酷爱跳舞，喜欢泡夜总会，甚至有一次为了参加一个跳舞比赛，他竟没能亲自出席非常重要的第二届索尔维会议，却只将其会议论文寄给了组委会。另外，对普通学生来说，泡利也不是一位好老师，他的课讲得"奇臭无比"：在课堂上，他常常讲着讲着就忘了自己的角色，转而自顾自地推导起莫名其妙的数学公式来。他的板书也很糟，从一个角斜到另一个角，字也越写越小，让学生们越来越糊涂。当然，特别优秀的学生却能充分享受他的天才。

泡利的后半生，故事就不多了。简单说来，28岁时，他到瑞士苏黎世联邦理工学院，担任理论物理学教授；34岁娶媳妇；35岁时，移居美国以躲避法西斯的迫害；40岁时，受聘为普林斯顿高等研究院教授，此间他成功预言了中微子的存在，直到20多年后，费米才在实验中证实了该预言并因此而获得了诺贝尔物理学奖。第二次世界大战结束后，1946年泡利获得美国国籍，然后重返瑞士苏黎世联邦理工学院。

也许是天妒英才，非常痛心的是，1958年12月15日，年仅58岁的泡利在苏黎世不幸逝世。这对物理世界无异于晴天霹雳，因为，在大家印象里，在物理史上，他永远都是独一无二的。他的生前好友玻尔、海森伯、朗道、吴健雄、克罗尼格等都专门撰写了回忆录，以纪念这位在学问上始终追求严谨、在生活上为人刻薄、在言辞上无比犀利、在批评别人时毫不留情面的"孙悟空"。

第一百三十九回

鲍林独享两诺奖，人生跌宕寿命长

鲍林的名气好像并不很响，但他的一生奇迹不断，总是冰火两重天！

首先，他能于1954年独享诺贝尔化学奖就是奇迹，因为按诺贝尔的遗嘱，诺贝尔奖只授予单项重大发现，不针对多项成果的打包，而鲍林却首次突破了该原则。准确说来，他的获奖成果至少有两部分：化学键本质和分子结构原理。虽然这两部分密切相关，虽然它们也都很重要，但若只考虑其中任何一项的话，请问，还够得着诺贝尔奖吗？其实，鲍林的成果还有很多。比如，他首次全面描述了化学键的本质，发现了蛋白质的结构，揭示了镰刀型细胞贫血病的病因，揭示了DNA的部分结构，推进了X射线结晶学、分子精神病学、电子衍射学、量子力学、生物化学、核物理学、麻醉学、免疫学和营养学等众多学科的发展。哦，明白了！鲍林之所以名气不响，也许是他的涉及面太广且缺乏"一招鲜"吧，毕竟他的科研领域太偏太专。当然，不可否认，鲍林是量子化学、结构生物学和分子生物学的先驱者，他还被爱因斯坦称赞为"真正的天才"。

其次，鲍林能于1962年再次独得诺贝尔和平奖，又是一个奇迹。一方面，第二次世界大战后，以各种方式反战特别是反对核污染、核试验和核战争的著名人士多如牛毛，包括但不限于爱因斯坦、罗素、玻恩等，但只有名气相对更小的鲍林独揽了诺贝尔和平奖，而其他科学家却连共享的机会都没有；另一方面，更神奇的是，经他和众人的共同努力，当时的美、英、苏还真的签署了《禁止在大气层、外层空间和水下进行核武器试验条约》(简称《部分禁止核试验条约》)，所以他获和平奖也算名正言顺，毕竟良好的实际效果就摆在眼前嘛！由于本回只是科学家传记，只是帮助读者成为科学家，所以对科研之外的事情就尽量简化，随后将不再涉及此事，虽然它确实很重要。

第3个奇迹就是，鲍林竟然阴差阳错地成了迄今唯一的、两度单独获得诺贝尔奖的人。爱较真的看官也许要反驳啦，居里夫人等不是也都两次获得过诺贝尔奖吗？嘿嘿，没错，但她是与别人共享，而非独享的哟！

第4个奇迹就是，鲍林竟然活到罕见的93岁！虽然他祖上确有长寿基因，但他父亲英年早逝，母亲也殒命于不惑之年。用他妹妹的话说，他"能活过童年，未被饿死、病死或被他那精神失常的妈妈意外搞死"就已是天大奇迹了！而鲍林则在这个"天大奇迹"之上又创造了更大的奇迹，因为他话语尖刻、树敌甚多、常遭攻击，总是陷于有损健康长寿的情绪之中哟！

第 5 个奇迹就是，当年路透社在报道鲍林逝世的消息时，竟称他为"20世纪最受尊敬和最受嘲弄的科学家之一"。这里的"最受尊敬"好理解，比如，他曾与牛顿、居里夫人及爱因斯坦等一起，被英国《新科学家》周刊评为"人类有史以来最杰出的20位科学家"之一。可"最受嘲弄"又是啥意思呢？两次获诺贝尔奖，咋还会被嘲弄，甚至最受嘲弄呢？是什么原因，什么事件，或什么人在嘲弄他呢？欲知答案，请读下面。

诺贝尔奖正式开始颁发那年，准确地说是1901年（光绪二十七年）2月28日，莱纳斯·卡尔·鲍林以长子身份出生在美国俄勒冈州的一个贫困家庭。这里的贫困，不仅包括父亲经营不善或财运不佳而造成的经济贫困，也包括母亲身体不好、情绪不稳而造成的精神贫困。更糟糕的是，父亲的经济贫困又加剧了母亲的精神贫困，反过来，母亲的精神贫困又拖累了父亲的经济贫困。这两种贫困的恶性循环，最终使得鲍林从小就在贫困中挣扎，在贫困中磨炼，从而养成了他后来特有的古怪性格，比如直言不讳、绝不退让、敢于冒险、不敬权贵、自命不凡、我行我素、直觉敏感、桀骜不驯甚至荒诞不经、坚持己见甚至相当偏执等。

先说鲍林的母亲吧。一方面，从遗传学角度看，她对儿子的影响最大。比如，鲍林的长寿基因就来自母系，虽然妈妈本人死得很早，但她的外公是一个长寿奇迹，90岁高龄时都还是活跃的西部牛仔。另一方面，若从社会学角度看，母亲对鲍林的影响又最小，至少她不关心甚至根本不知道该如何教养子女。当然，这又是母亲祖上的传统，因为无论是她父亲还是她爷爷当年都对家庭极不负责，只管生不管养。妈妈年轻漂亮，深爱着自己的丈夫，喜欢享受生活，不愿被家庭所累。刚开始时，母亲只是脾气不好；后来，又牢骚满腹，埋怨丈夫没出息；再后来，更对孩子们感到厌烦，并最终变成了一个感情冷漠的母亲。故事到此，悲剧其实才开始一半，因为更糟的是，母亲早年就患有阵发性抑郁症，后来又患多种慢性病，不但不能挣钱贴补家用，还得花费大量医疗费，使得本来就很穷的家庭变得更穷；最后，可怜的母亲悲惨地死于精神病院。总之，除了天然亲情外，妈妈就像一块无情的石头，处处阻挡在鲍林成长的道路上，以致母子关系形同虚设，但是，奇迹再一次发生：母亲这块挡路石竟突变成了磨刀石，在它的磨砺下，鲍林竟被磨成了一柄锋利无比的倚天剑！当然，这既要从生物学角度感谢妈妈，更要从社会学角度感谢爸爸，因为，爸爸正是磨成这柄利剑的磨刀人！

爸爸是位有理想有抱负的"拼命三郎"，重家庭，重亲情，且做事特有计划性和目的性。作为一名药剂师，他给自己制定了两项战术任务，即多挣钱养家和哄老婆开心；还给自己制定了一项战略任务，即把子女们培养得出人头地。为了多挣钱，爸爸一会儿给人打工，一会儿自己当老板；一会儿东奔，一会儿西走，有时甚至每天工作12到15小时。可惜，他最终却没能完成挣钱任务，以致家里越来越穷。为了哄老婆开心，爸爸对妈妈总是逆来顺受，即使出门在外，也要频繁写信安抚老婆的无尽牢骚。可惜，哄老婆任务也完成得不够圆满，老婆越来越不开心。为了完成教育子女的战略任务，爸爸就更尽心尽力了。当然，爸爸的拿手好戏就是表扬、拼命表扬、逮住机会就表扬，特别是当众表扬。哪怕只是儿子关注大人之间对话的那股子认真劲儿，都成了被爸爸表扬的事迹。为此，鲍林特喜欢与爸爸待在一起，随时都愿做爸爸的"小尾巴"和"跟屁虫"。很小的时候，爸爸就让儿子旁观自己的制药过程，正是在这种场景下，小鲍林接触到了许多简单化学操作，并从此爱上了化学实验，显露了非凡的智慧。

5岁时，鲍林进入当地的一所小学读书。6岁时，他就已有较强的文字表述能力了。真的，没骗你，因为小学二年级时，他就开始给同班女生写情书了，那个酸劲儿哟，简直让人肉麻。当然，那女孩儿能否读懂，就另当别论了。鲍林学习很认真，总喜欢打破砂锅问到底。三年级时，有几道数学难题挡住了去路，他竟然急得号啕大哭了起来。8岁时，他开始喜欢古典文学，爸爸赶紧趁机教他学习拉丁语，并巧妙引导他爱上了自然科学。比如，有一次，他捡到一块破镜头片后，竟连续数天在阳光下验证聚焦现象。9岁时，他已开始阅读达尔文的著作了，甚至还动手验证电石灯的化学反应，即给碳化钙浇水后，再证明所冒之烟确能被点燃。鲍林从小就是书虫，他很快就将家里的藏书全都通读了一遍，后来再把有字的废纸也读完了，以至无字可读了！这下可急坏了爸爸，咋办呢？爸爸怀着骄傲的心情，赶紧给当地一家著名报纸写信，请求增援。就这样，书荒问题才终被圆满解决，当然，报社也趁机对自己进行了一通狠狠的表扬。可怜的爸爸为了把儿子这柄宝剑磨得更锋利，随时都在想方设法开发儿子的智力、陶冶儿子的情操、提升儿子的道德品格等，但非常可惜的是，就在鲍林9岁那年，贫病交加的爸爸活活把自己给累死了。不过，值得爸爸含笑九泉的是，后来的事实证明爸爸的战略任务完成得相当出色！谢谢您，鲍林爸爸，谢谢您为人类培养出了罕见的伟大科学家。

爸爸意外去世后，鲍林不得不自我磨砺，而且此时的磨刀石更硬了：悲痛欲绝的妈妈身体更差，情绪更坏，已开始精神错乱，且越来越严重；两个妹妹还年幼无知，也得照顾；家里的经济情况更是雪上加霜。作为全家唯一的男子汉，鲍林义无反顾地成了"顶梁柱"。他开始疯狂挣钱，无论是报童、门童还是送奶工，只要能挣到哪怕一个铜板，他都绝不嫌弃。当然，他最喜欢的工作，还是电影院的勤杂工，因为可以趁机看几眼免费电影。异常艰难的生活把鲍林压得沉默寡言，鲍林的大妹妹后来对这段日子给出了一个直截了当的评价："我们兄妹能活下来，简直就是奇迹！"实际上还有另一个奇迹，那就是生活压力越大，鲍林就越喜欢看书，越喜欢做化学实验，因为，这是他逃避现实的最好办法。想读书时，他就躲进公共图书馆。可是，想做化学实验时又咋办呢？非常幸运的是，11岁的鲍林认识了父亲当年的一个朋友、心理学教授捷夫列斯，他拥有一所私人实验室，并教会了鲍林许多有意思的化学实验，这大大加强了鲍林对化学的热爱，并最终促其走上了化学家之路。

12岁时，辍学很久的鲍林，在接受了短期强化训练后，直接升入高中。这时，他已成为一个富有激情、精力过人的聪明男孩。他在自家地下室也搭建了一个简陋的实验室，实验设备和化学药品等主要来自附近的一个废旧冶金厂。从此以后，只要有机会，鲍林和他的几个铁哥们儿就躲在地下室里进行各种奇奇怪怪的化学实验。在高中阶段，鲍林虽然不得不花费很多时间去挣钱，但他的各科成绩都很好，尤其是化学更是稳拿第一。为了显示自己立志要当化学家的决心，他甚至在自己的名片上都迫不及待地标上了"未来化学家"头衔。由于学校实验室太拥挤，鲍林曾灵机一动，试图经营自己的那个私人化学实验室，梦想"一边挣钱，一边做实验"，可惜，后来他才发现：像他这样热爱化学实验的人，其实并不多，愿意掏腰包做实验的人就更少。通过中学阶段的训练，鲍林系统学习了数学、物理和化学等多门自然科学课程，并练就了优美的文笔。

16岁时，鲍林离开了高中。若单看学习成绩，他能进入任何一所感兴趣的大学，但摸摸钱袋后，可供选择的大学就凤毛麟角了。幸好，有一所大学的性价比还不错，于是，在舅舅等亲人的资助下，鲍林就考入了俄勒冈州农学院化学工程系，希望通过读大学，既解决贫困问题又从事自己热爱的化学专业。鲍林在整个大学期间，与其说是在读书，还不如说是在打工挣学费并顺便听课。至于他勤工俭学都做过哪些工作，哇，那就多得数不胜数了，甚至在大二时，在实在挣不够学费的情况下，鲍林还被迫停学了一年。但令老师和同学非常惊讶的是，鲍林与各门功课之间的关系非常诡异：只要他往教室里一坐，无论曾经缺课多严重，所有的知识都"哗啦啦"一股脑儿扑上去，就像久别重逢的铁哥们儿彼此拥抱一样；只要他往考场一坐，高分就自动爬上了他的卷子，几乎都不用老师批阅。所以，他当时被称为全校最聪明的学生。在大学四年级时，既因生活所迫，也因他的表现实在太好，学校竟破例让他担任了一门实验课的老师，从而被同学们戏称为"学生教授"。可哪知，这位"假老师"的讲课极富魅力，牢牢抓住了学生的心，尤其抓住了班花的心。于是，就在大学毕业前，鲍林这位6岁就会写情书的奇人，又奇迹般把班花追到了手！

21岁那年，鲍林大学毕业，并同时收到了哈佛大学和加州理工学院的研究生录取通知书，但后者提供的条件更优厚，不但免学费，还给奖学金，更有每月高达350美元的助教津贴，这就足以解决鲍林最头痛的经济困难问题了，而且还可挤出剩余部分寄给家里。于是，鲍林毫不犹豫就选择了加州理工学院，并师从该校著名化学家诺伊斯。这位诺伊斯教授擅长物理化学和分析化学，知识非常渊博，他对学生循循善诱，为人和蔼可亲，被学生们赞为"极善于鼓动学生热爱化学的教授"。比如，他教导鲍林不要只停留在书本上，应注重独立思考，同时还要研究与化学有关的物理知识。1923年，诺伊斯完成了教材《化学原理》的初稿，在正式出版前，他让鲍林在假期中把书中习题全做一遍，结果，鲍林按时高质量完成了任务，让导师十分满意。从此，导师更赏识鲍林，并把他介绍给许多知名化学家，不但使鲍林开阔了眼界，建立了合理的知识结构，还使鲍林很快进入了学术的核心圈，这对鲍林随后的发展十分有用。在导师的指导下，鲍林的科研初战告捷，圆满完成了辉铝矿的晶体结构测定工作，这不仅让鲍林在化学界初露锋芒，也增强了他投身科研的信心。1925年，24岁的鲍林终于获得了化学博士学位。

至此，鲍林的"倚天剑"终于磨好，单等"屠龙"开始了！可那神龙到底在哪儿呢？只见鲍林摇身一变就幻化成了鲍大侠，再手搭凉棚四海一望："哦，在欧洲！"于是，1926年2月，鲍大侠一个箭步就跨入慕尼黑，在著名科学家索末菲的实验室里工作了一年，发现了稍纵即逝的龙影；然后，大侠又一闪身，就进入玻尔的实验室工作了半年，发现了龙爪留下的脚印；大侠再顺藤摸瓜，终于追到了薛定谔的德拜实验室；于是，大侠瞄准那若隐若现的龙身，屏住呼吸，举起"倚天剑"，用尽全身力气劈将下去！"轰隆隆"，随着一声天崩地裂的巨响，再看那神龙时，早已逃得无影无踪了！

一击未中的鲍大侠并不气馁。但见他于1927年结束了两年的欧洲游学，回美国找了个助教岗位，并以此为掩护，一边讲授量子力学和晶体化学等课程，一边耐心侦察那逃遁而去的神龙。1930年，鲍大侠施展隐身术，再次来到欧洲，先到布拉格学习了射线技术，再到慕尼黑学习了电子衍射技术，然后，于1931年回到加州理工学院任教授。这时，那神龙已变成"化学键"，悄悄隐入了化学深渊中。这一次，胸有成竹的鲍大侠毫不迟疑，手起刀落便将那硕大的龙头砍成了两半。于是，从1931年2月起，他发表了一系列的"价键理论"论文，到1939年时，更出版了化学史上的划时代巨著《化学键的本质》，从而彻底改变了人类对化学键的认识。当然，鲍林的这一剑，也使他于1954年获得了诺贝尔化学奖。

"屠龙"后，鲍林又取得了不少成就。比如，1954年，他提出了麻醉和精神病分子学；1965年，提出了原子核模型设想等。为突出重点，此处就不再详述了。不过，有两项成果必须说说，因为它们让鲍林"受尽了嘲弄"。

第一次被嘲弄是因为鲍林提出了"共振论"，一种新的量子化学理论，如今已成为有机化学结构的基本理论之一。换句话说，这是一个纯粹的自然科学成果。可怪事却发生了：竟然有一大批"权威"，甚至动用国家机器，对该理论群起而攻之，从而使得该理论成了"20世纪最受争议的化学理论之一"。更搞笑的是，这些攻击者压根儿就不是化学家，他们的批判也完全源于某种意识形态，他们更给该理论扣了一个当时十恶不赦的帽子——唯心主义！终于，在这些无情的嘲弄下，量子化学在一些国家几乎被灭绝，直到20世纪80年代后，这场闹剧才逐渐收场。

第二次被嘲弄就更不可思议了。从来没当过医生的鲍林，却鬼使神差地在医学领域引发了一场旷日持久的大论战。因为他于1970年出版了自己大跨界的《维生素C与普通感冒》一书，并提出了许多"危险观点"。比如，他建议每天至少服用1000毫克维生素C，而当时美国的权威标准却只是区区60毫克！此书一出，舆论哗然，鲍林立即身陷重围：医学界嘲笑他乱弹琴，甚至讥讽他为江湖医生。崇拜者们则叹惜他晚节不保，不该大规模发布如此危言耸听的消息！本回无意陷入论战的细节，只想指出：一方面，鲍林当时的做法确实太鲁莽，毕竟医学领域人命关天；另一方面，今天人们对维生素C的认识，正越来越接近鲍林的观点！

1994年8月19日，鲍林这位为人类和平与科学发展贡献巨大的奇人，以93岁之高龄在美国仙逝。安息吧，鲍林教授！

第一百四十回

贝塔朗菲集大成，一般系统出理论

伙计，本回肯定不是我们写得最精彩的，但是写起来最耗精力的！为撰写本回，我们利用大数据手段，几乎将网上信息搜了个底朝天。此外，针对纸质材料，我们不但查遍了各大图书馆，还在旧书市场流连忘返，高价收购了所有能找到的素材，可惜，最终结果仍不理想。

不过，若你读完此回，能在方便时读一读主角的代表作《一般系统论》，那我们就心满意足了。我们保证，你肯定能部分读懂它，而且一定会从中受到有益启发，对你的工作和学习产生重大影响。它将大幅改变你的世界观，让你用一种全新的系统思路去思考问题、去寻找解决方案。当然，若你想成为科学家，那就更希望你认真研读它，每当遇到难以克服的重大障碍时，也许它都值得再复习一遍。真的，不骗你，更不是给主角当推销员，因为我们自己就是直接受益者。正是在一般系统论思想的指导下，我们完成了《安全通论：刷新网络空间安全观》，从而结束了全球网络空间安全领域的"盲人摸象"局面，建立了统一的安全基础理论，给出了黑客攻防对抗的最佳理论极限。此外，我们还首创了"上有政策，下有对策"情境下的系统论，即《博弈系统论：黑客行为预测与管理》，并将其应用于黑客行为的精准预测和有效管控。

另外，还必须指出，任何人，哪怕是系统科学的权威，也甭想真正完全读懂《一般系统理论：基础、发展和应用》，毕竟至今它只是冰山一角。虽然主角的书其实已出版了近百年，且还掀起过轰轰烈烈的学习高潮，但真正的坚持者并不多，反而根据各自理解给出不同解释的论著倒不少，这也是我们推荐各位重点阅读原著的原因，毕竟"问渠那得清如许？为有源头活水来"。比如，量子力学创始人薛定谔就是在主角的"人是开放系统"思想影响下，完成了划时代巨著《生命是什么》，更激励3位年轻人获得诺贝尔生理学或医学奖。又比如，普里果金也因"对开放系统热力学的发展"而获得了诺贝尔化学奖。所以，我们真心希望你能在《一般系统理论：基础、发展和应用》的启发下，早日成为一名杰出科学家。

为主角写传记，为啥如此费劲儿呢？主要原因有两个。

一是贝塔朗菲（又译作拜尔陶隆菲）其人太低调，他留下的生平事迹几乎一片空白，至今仍主要出现在别人的脚注中，虽然他创立了20世纪最具深远意义的理论之一，使人类思维方式发生了深刻变化。他未获得过诺贝尔奖，虽在临终前曾获诺贝尔生理学或医学奖提名；他生前名气虽不小，但连工作都不稳定，甚至长期处于流浪状态。他去世后，遗体被迅速火化，未举行公开葬礼就悄悄下葬于家族墓地中。无论从哪方面看，他也许都是20世纪最杰出的思想家之一，20世纪最不著名的知识巨人！注意，这里说的是"知识巨人"，因为他创立的一般系统论，一方面，既是科学又是哲学；另一方面，既不仅是科学又不仅是哲学。系统论的忠实崇拜者钱学森就曾多次建议将"系统科学"与"自然科学"和"社会科学"并列，使其成为一大门类。

二是贝塔朗菲之书太奇妙。这里的书，当然是指他的奇书《一般系统理论：基础、发展和应用》，虽然他在医学、哲学、生物学、心理学、社会学、历史学、教育学和精神病学等领域也做出过重要贡献，甚至达到准诺贝尔奖水平，但与奇书相比，这些贡献就几乎可忽略不计了。

奇书之奇，主要体现在两点。

其一，谁也不知道贝塔朗菲是何时以及如何写成奇书的。史学家们发现：早在1932年，他就发表了《抗体系统论》一文，提出了系统论的思想；1937年，他就提出了一般系统论原理，奠定了相关基础；1945年，他公开发表了关于一般系统论的文章，但并未引起注意；1948年，他在美国再次讲授一般系统论时，才受到学术界重视；1950年，他发表了《物理学和生物学中的开放系统理论》，明确提出了生物体是开放系统的思想，而正是该思想催生了至少3位诺贝尔奖得主；1954年，他出版了《一般系统年鉴》；1955年，他首次以论文集形式正式出版专著《一般系统论》，其体系架构还未成熟，甚至还有不少重复性内容；1968年，他出版了《一般系统理论：基础、发展和应用》专著，此时，他在系统科学中的地位才被确立；1972年，即他去世的当年，发表了论文《一般系统论的历史和现状》，最终将一般系统论扩展到系统科学范畴，其时已过去了整整40年！由此可见，不光是传记作家，恐怕即使是主角自己再生也很可能无法精确复盘其创立过程。其实，至今一般系统论也还未完全成熟，还在不断发展中，特别是在自然科学和社会科学中的应用，更是才刚刚开始。若非要猜测主角成书过程的话，那很可能是一个赛博过程：他在很早以前，在从事每一项职业时，都是在一般系统论思想的指导下进行的。反过来，在不同岗位上取得的经验和教训，又反馈到一般系统论的未成熟版本中，使之在版本升级时进一步趋向成熟。总之，经过至少40年的"反馈—微调—迭代"，他才终于在去世前有了一个较成型的框架，才出版了《一般系统理论：基础、发展和应用》这部奇书。

其二，谁也不能精确描述《一般系统理论：基础、发展和应用》到底都说了些什么，除非阅读原著，否则很可能因为忽略某一句看似无关痛痒的话而错失发现一次重大科学发现的机会。历史上的相关案例实在太多：从正面来看，前面介绍过的薛定谔和普里果金就是幸运儿；从反面来看，曾经许多地方都掀起过学习系统论的高潮，结果却只顾"问渠"而忽略了"源头活水"，以致只抓了"虾米"没逮住"鲸鱼"，甚至在某种程度上还玷污了系统论的名声。这也是本回不敢科普一般系统论的原因。

为让各位体验啥叫奇妙，下面斗胆介绍一点我们对《一般系统理论：基础、发展和应用》中"整体大于部分和"原理的理解。当然，也许你读罢原著后会有更深的理解，那就欢迎批评指正。

"整体大于部分和"是一般系统论中最简单、最基础的一个原理，若用文学语言来描述，那就是"人人心中有，个个笔下无"，即几乎每个人都能觉察到它的存在，正如每个人都见过苹果落地一样，但就是没人想到它竟然是一个宇宙中的普遍真理，只有牛顿才最终归纳出万有引力定律。比如，常见的一个口号："团结就是力量！"但请问，这个"力量"是从哪儿来的？你若回答"从团结中来的呗！"伙计，那我们就得再一次建议你去读读原著。若团结后的"力量"等于"团结"前每个人的力量之和，那又何必需要团结呢！若团结后的"力量"反而小于"团结"前每个人的力量之和，那就说明，此处的"团结"是假团结、真内讧。

从时间上看，其实早在2000多年前，亚里士多德就已隐约提出了"整体大于部分和"的论断，只不过当时的表述是"整体不等于部分和"，而直到本回主角才正式给出了该原理的更精确表述：系统的整体功能大于各部分的功能之和，或更严格地说，系统能表现出一些新功能，它们在系统的任何部分中都不曾出现过。比如，考虑苹果和地球构成的系统，若只看苹果或只看地球，哪怕你比牛顿还聪明百倍，也找不到万有引力，只有从整体角度出发，你才可能成为牛顿。

若从"整体大于部分和"原理出发，回望人类历史，你将发现：妈呀，在许多实例中，其实所有人早就知道此原理啦！比如，远古时代，人们就知道，活人与死人相比，其零部件一样也不少，但活人的功能远大于死人。于是，人们就将多出来的这部分功能"增量"叫作灵魂，从而才有"人死之后，魂就飞离"的说法。若再往前推，其实动物也知道这个原理。比如，狼就知道，狼群的狩猎能力大于孤狼之和；独居老虎也知道，只有雌虎与雄虎组成系统后才有生育功能等。

若从"整体大于部分和"原理出发，展望未来，那你就更该随时保持系统论的意识，否则你的竞争力将得不到充分发挥。比如，若你将自身与正在从事的事业作为一个整体来考虑的话，那么"整体"与"部分和"的增量越大，你就越成功。如何使该增量最大呢？一般系统论将告诉你，其办法就是让各部分间的关联关系达到最优！比如，同一单位的同一批人，若领导者变了，也许单位的整体能力就会发生巨变，而从本质上说，变换领导其实就是变化各人之间的有形或无形关联关系，增量越大，单位就越好。整体中，各部分间关联关系的最优状态是啥呢？人呗！你看，人体的整体功能远大于眼、耳等各部分的功能之和，也大于其他动物；从某种意义上说，更大于任何机器，比如，做同样的智能活，人只需吃个馒头就够了，而机器则要消耗若干吨煤。

好了，关于主角之书，就到此为止，下面重点介绍主角之人吧。

话说，光绪二十七年（即1901年），清政府与英、美、俄、德、日、法、意、奥、西、荷、比11国签订了《辛丑条约》。若用系统论语言来说，从此，在中国与外国组成的系统中各部分之间的关联关系发生了巨变，中国彻底沦为半殖民地半封建社会了。也是在这一年，1901年9月19日，本回主角路德维希·冯·贝塔朗菲诞生于奥地利的一个世袭豪门。他祖上早在16世纪中期就是匈牙利的武士，祖父移居奥地利，担任剧团指挥，父亲是铁路局的高管。伙计，150年前的铁路局可是"高科技企业"哟。他妈妈很美，也是富商家的"千金"，从小就生活在上流社会。

贝塔朗菲本来有一个哥哥和一个姐姐，但哥哥只活了一周就夭折，姐姐在2岁时，也死于咽喉感染综合征，所以，当宝贝老三出生后，父母就对他特别关爱，生怕再有半点闪失。妈妈的精心照料更不在话下，甚至在10岁前都不敢送儿子到学校读书，只是请来家庭教师上门服务。也许由于他过于聪明，也许由于家教效果太好，他进入学校后，立马就轻松、稳当地坐上了"头号学霸"的交椅，哪怕他经常旷课。

就在贝塔朗菲入学后，父母离异了，且双方都各自组成了新家庭。用系统论的话来说，在他与妈妈和继父组成的新系统中，"整体减去部分和"之后剩下的爱明显减少了。幸好，经各方关系的迅速调整，爱的"增量"又陡升，以至这次家庭变故并未给他造成心灵创伤，后来他还与继父成了好朋友。继父家经常来往的艺术家和科学家等对他的影响更大，使他从小就深受学术氛围的熏陶；继父的丰富藏书，也让他如痴如醉。

17岁时，贝塔朗菲进入大学预科。这时，第一次世界大战结束，奥地利经济严重恶化，生父去世，继父也被迫退休。无论是国还是家，整体情况都大不如从前。不过，贝塔朗菲对知识的追求，仍一如既往、热情不减。比如，他广泛学习了荷马、柏拉图等的文科作品，接触了拉马克、达尔文等的科学著作，掌握了微积分，更尝试过创作诗歌和小说等。甚至，他还开始熟悉显微镜的使用，练习动植物的解剖，并因此而爱上了生物学，以至他后来的《一般系统理论：基础、发展和应用》也主要起源于生物学。

预科毕业后，贝塔朗菲先考入因斯布鲁克大学，但很快又转学到维也纳大学，因为，他被这里的科学和哲学课程强烈吸引，参加了学校的"维也纳小组讨论会"，经常与科学家和哲学家等共同切磋科学方法与语言问题等。所以，他后来的《一般系统理论：基础、发展和应用》也对科学方法特别关注。

贝塔朗菲不但渴望知识，还渴望爱情。刚上大学不久，他就与一位意大利黑发女郎好上了，但很快又掰了。不过，他非常珍惜这段失败的初恋，甚至保存了她的所有情书。他对爱情的执着精神，感动了丘比特。于是，爱神抬手就是一箭，便将他的心"穿"给了另一位金发碧眼、温柔美丽的富商"千金"（也是他后来的终身伴侣）。其实，她也是大学预科毕业生，本来也正准备上大学，但被丘比特之箭射中后，她就于1925年3月1日嫁给了24岁的贝塔朗菲。从此，他们就融为一体了，她也不再上大学了，而是成了他的助手、司机、厨师、会计、保姆、阿姨、打字员、陪练员、灵感速记员等。反正，他只负责海阔天空地任意想象，负责挣钱养家糊口，所有其他事情则全都归她管理。后来，他们的"二人系统"又有了一个"增量"，那就是他们唯一的儿子，后来也成了生理学家。从此，这个"三人系统"的幸福"增量"就更爆棚了，无论遇到啥困难和挫折，他们都共同克服。

在爱情力量的推动下，贝塔朗菲的学业也"噌噌"往上蹿：1926年，获得博士学位，其学位论文就是用系统论初步思想研究心理物理学；1928年，出版专著《现代发育理论》，仍用系统论初步思想研究生物学；1932年，出版了《理论生物学》，此时他的一般系统思想已呼之欲出了，特别是同年发表的论文《抗体系统论》，就已让一般系统论破土而出，只不过当时太渺小，没引起外界注意而已；1934年，他被聘为维也纳大学无薪讲师，因此养家糊口还得主要靠他的写作来挣稿费。幸好，他拥有一般系统论这"一招鲜"，无论做啥工作、无论写啥文章，都可"吃遍天"。所以，全家的日子也过得挺滋润，他的名气更随着这些文章传到了千家万户，以至1938年他获得了洛克菲勒基金，资助他去美国做一年的生物学历史研究。从此，贝塔朗菲夫妇最幸福和最心酸的日子就开始了！

原来，他们前脚刚跨出国门，希特勒后脚就吞并了奥地利！咋办呢？无奈之下，贝塔朗菲只好给洛克菲勒基金会写信，希望申请在美国多待一段时间，可得到的回复却啼笑皆非，因为回信说，像他这样的大专家，应该不难留在美国，基金会将帮助那些更需要帮助的人。由于宝贝儿子还在奥地利，贝塔朗菲夫妇一咬牙，就在结束了美国的学术访问后，于1939年迎着战争回到了希特勒占领区，在维也纳大学研究癌症问题，同时也承担繁重的医学教学工作，其选课学生常常超过1000人。对，你没看错，就是1000人，因为医学专业的学生可免兵役，可不上战场为希特勒卖命，所以大家都转入了医学专业。就这样，贝塔朗菲在炮弹飞舞的家乡度过了惊心动魄的5年多，直到1945年4月，其间实验室被炸了，办公室被炸了，夫妇俩在过去25年间收藏的全部书籍也被炸了。即使如此艰难，贝塔朗菲还是在爆炸声中，在一般系统论思想指导下，提出了"生命是开放系统"这一惊人论断。

除了坚持不懈完善一般系统论外，贝塔朗菲的后半生，若仅从形式上看简直就像流浪汉或高级临时工，只不过他的打工工具始终都是那"一招鲜"而已。你看，第二次世界大战后，他先在国内苦熬了3年；接着1948年至1949年，他受戴维斯基金赞助前往渥太华大学任生物教授，用一般系统论思想研究癌细胞，并发明了一种简单的癌症诊断法，这也是他后来获诺贝尔奖提名的成果；1952年，他应邀去美国18所大学做系列学术演讲；1954年，他成为斯坦福行为科学中心研究员，可惜只维持了一年，又不得不再找工作；1955年11月，他总算在洛杉矶找到一份工作，研究精神病治疗问题，其间他频繁与国际同行交流，度过了一段美好的短暂时光；1958年，他再次失业；直到近60岁时，他的流浪生涯才总算结束，成为艾伯塔（又译作阿尔伯塔）大学生物学教授。在这段难得的稳定期中，他的科研也进入了最高峰，也是最后的高峰：1967年，出版《机器人、人和意识》；1968年，出版《有机心理学和系统理论》；同年，出版了最终集大成的巅峰之作《一般系统理论：基础、发展和应用》。

贝塔朗菲其实相当外向和喜好交际，但不知何故，在就业问题上他总是运气不好，一辈子都在四处流浪，好容易才稳定下来，结果又到了退休年龄。唉，看来还真是"天将降大任于是人也，必先苦其心志，劳其筋骨，饿其体肤，空乏其身，行拂乱其所为"。当然，若按孟子这个标准，贝塔朗菲一生所受之苦还真的值了。

1972年6月12日，因心脏病突发，贝塔朗菲在纽约去世，享年71岁。这位睿智的学者，终于走完了颠沛流离的一生，他的名字将在系统科学中永放光芒。

第一百四十一回

错须诺奖不为难，费米研制原子弹

费米之名我们绝不陌生，因为媒体常常惊呼的所谓"费米子"就是以他的名字命名的基本粒子。此外，物理和化学中的许多重要成果，也都以他的名字来命名，比如第100号化学元素镄、费米黄金定则、费米–狄拉克分布、费米面、费米液体及费米常数等。他建造了首台可控核反应堆，使人类真正迈入了原子能时代，故他也被誉为"原子能之父"和"中子物理学之父"。如果你对他印象还不深的话，那就再补充一条：无论从理论还是从实践角度看，第一颗原子弹的成功都主要归功于他。他是现代物理史上的奇才，也是20世纪最伟大的物理学家之一，他的一流成就遍布现代物理学的多个领域。比如，他首创了β衰变理论和电弱统一理论，发展了量子理论，甚至在去世前几年，又在高能物理方面取得了惊人成果，揭示了宇宙线中粒子的加速机制，提出了宇宙线起源理论，与杨振宁合作提出了基本粒子的首个复合模型等。

哦，对了，在费米身上还发生了一件天大的奇事：1938年11月10日，费米被告知，因他在4年前"认证了由中子轰击所产生的放射性新元素，以及由此发现了慢中子引起的反应"而获得了当年的诺贝尔物理学奖。但仅仅12天后，德国科学家就推翻了他的实验结果，以事实证明：费米错了！原来，用慢中子轰击铀元素后，获得的所谓"新元素"不是费米当初宣布的第93号新元素，而是已知的第56号"旧元素"！遭此晴天霹雳后，费米连滚带爬冲进实验室，重复了对方的实验，并确认了自己真的错了。咋办呢？好办！只见他自信地往麦克风前一站，就坦率承认了自己的错误。更出人意料的是，他这种尊重真理的做法，却换来了更大丰收。他在对方成果的基础上很快就提出了一种新假说——链式反应理论：铀核裂变时，会放射中子，这些中子又会击中其他铀核，于是，就会发生一连串的反应，直到全部原子被分裂。当这种分裂一直进行下去时，巨大的能量就会爆发，由此制成的炸弹，其威力将至少是同质量TNT炸药的2000万倍。这就是原子弹的原理！看来，费米的伟大确实无须诺贝尔奖来支撑。

费米的全名叫恩里科·费米（又译作恩里科·费密），1901年9月29日诞生于意大利首都罗马。他是家中老幺，上有哥哥和姐姐各一个。青少年时代，费米的最大特点就是没特点，或曰平凡。他的祖先很平凡，直到祖父那辈才终于"农转非"；父亲很平凡，因贫辍学后，靠勤奋和忠厚在铁路上成了一个小工段长，且与身边同事相处很好（这一点对费米后来的成长很重要）；母亲很平凡，既是一位典型的贤妻良母，又是一位严肃的小学教师；费米更平凡，不但长得又黑又瘦又矮小，且性格内向、胆小害羞、笨手笨脚，反正一点也不讨人喜欢，更无半点要成为伟人的预兆。6岁前，费米的成长几乎处于"原生态"，他被送回乡下老家，成了一位由保姆照管的"留守儿童"。毕竟妈妈无法一边工作，一边照顾3个几乎一般大的孩子。

7岁时，留守儿童费米终于回到父母身边，开始读小学。能与父母、哥哥和姐姐一起生活，小费米的心里当然十分温暖。可是，屋里却一点也不温暖。他们一家5口挤在"鸽子笼"里，而且冬天也没暖气。小费米的手指被冻成了10根"胡萝卜"，手背也肿得像面包，手上和脚上的冻疮更是又痛又痒十分难受。起初，费米对付寒冷的办法就是哭！但他很快发现，这个办法不管用，而且越哭越冷。还是父母的办法好，那就是晚上全家围坐在小吊灯下，全神贯注于自己的事情：爸爸费劲地扫盲；妈妈或做家务，或批改作业；3个孩子各自读书，把双手压在屁股下面取暖，把舌头当成自动翻书器。如此一来，寒冷果真被忘了，而且看书越认真就越不觉得冷！可睡觉前，如何才敢钻进那冰窖一样的被窝呢？嘿嘿，别急，父母仍有办法，那就是每人先冲一盆凉水澡！再进被窝时，哇，那感觉简直就像上了天堂！据说这种"凉水保健法"还能强身健体、预防感冒等疾病。伙计，要不你也试试呗，凉水由我免费提供，咋样？

父母解决问题的奇怪思路，也让费米的思路与众不同。比如，在小学二年级的一次现场考试中，当老师提问"铁可做啥"时，他竟弃诸如锄头等标准答案于不顾，而独树一帜答道："可做床！"当时老师就蒙圈了！啥意思呢？原来那时的铁还属贵金属，而木头却几乎不值钱，谁舍得大材小用呢？正如谁会拿黄金做床呢，虽然黄金确实可做床！费米的非标准答案自然遭到了老师的又一通批评。不过，费米也有自己的一套应对妙招：无论老师怎么批评，他都以沉默相对，上课照样不认真，考试照样60分万岁。只要是自己认准的死理，谁说都没用，只管我行我素。终于，费米被老师认定为"笨学生"。

其实，老师误会了费米，而真正了解费米的是他哥哥。比如，哥哥知道每当费米发呆时，他其实正在深度思考问题。这哥俩形影不离，一起上学，一起游戏，一起阅读课外书籍。只要有机会，他们就进行各种发明创造，甚至在费米10岁那年，他们还真就造出了一台能运转的电动马达，惊得街坊四邻目瞪口呆。从此，曾经的"笨学生"又被大家夸为"小神童"。得到表扬后的"小神童"对发明创造更来劲儿了：他俩一下课就钻进房间，趴在桌上不停地写呀、算呀、画呀，经常忘记吃饭、忘记睡觉。终于，他俩的新成果出来了，这回是一张飞机引擎草图。须知，那时飞机才刚发明不久，而这两位从没摸过飞机的毛孩子竟如此异想天开。于是，这两个"小神童"又分别被另取了两个外号：哥哥叫"大傻瓜"，弟弟叫"小傻瓜"。非常痛心的是，就在"小傻瓜"14岁那年，"大傻瓜"却突然夭折了！全家人的悲痛自不必说，而"小傻瓜"对抗悲痛的办法却又是反其道而行之，因为费米竟采用了"往伤口撒盐"的思路来对付悲痛：他不断回忆与哥哥相处的美好日子，多次重复与哥哥生前一起做过的事情，甚至不断前往哥哥去世的现场！

失去哥哥后，本来就腼腆的费米变得更沉默了，但同时也成熟了。书本成了他的"新哥哥"，特别是哥哥生前所喜欢的那些书籍，更与他形影不离。费米的记性很好，自学能力很强，他几乎从不做笔记，书不看二遍，但很久之后仍能背诵。这时，他突然开始喜欢各门功课，成绩也突飞猛进，很快就进入了"学霸"行列，特别是数学和自然常识等课程更是尖子中的尖子，甚至对课外时间，他也做了细致安排：一会儿读诗，一会儿学习拉丁文和希腊文，一会儿又搞发明创造，当然也少不了一些游戏和户外运动等。总之，他绝不浪费哪怕一分钟时间，且文理结合，动手与动脑相交叉，既取得了良好的学习效果，又不觉枯燥，更不觉劳累。随着所读书籍的不断增多，他也越来越清楚地意识到人类未知的东西还真不少呀！

费米很快就遇到了一个新问题，那就是，没书可读了！他的半文盲爸爸当然没啥藏书，家里经济又不宽裕，不可能由他随意买书。于是，获取书籍的渠道就只剩两个：其一，去旧货店淘书，用很少的零花钱购买很厚的书籍，为此，他成了附近跳蚤市场的常客；其二，向身边所有人借书，无论他们是大人还是小孩，老师还是同学，反正只要有机会，他就向别人借书。谁知，一来二去，费米竟又有两个意外收获：其一，变得不再害羞，敢跟任何人打交道了，性格也开朗了；其二，由于见书就读，他的知识结构杂乱无章，这在无形中为他后面的科研工作奠定了宽广深厚的基础，也更容易使他产生与众不同的想法。总之，这时的费米已成为一个勤于动手、善于动脑、想象力丰富、独创力强、进取心强且立志要献身科学的阳光青年了。

也就是在中学毕业前，费米及时遇到了一位"伯乐"，他就是爸爸的同事、一位受过正规高等教育且乐于助人的长辈。当"伯乐"发现费米痴迷书籍且天赋异禀后，就开始全力以赴培养这匹"千里马"。他为费米制订了详细而系统的学习计划，并将自己的所有藏书毫无保留地贡献出来，还在需要时与费米一起讨论难题，帮助"千里马"消化和理解相关知识。正是因为这段经历，费米成功后也非常乐意帮助年轻人，以至他最终以多种方式，培养出了包括杨振宁、李政道等在内的多达20多位诺贝尔奖得主。"伯乐"不但教会费米很多知识，更在关键的人生路口为他指明了方向。正是在伯乐的精打细算下，在综合考虑了学术、经济、前景等因素后，费米终于在17岁那年，以第一名的成绩考入了比萨皇家师范学院物理专业，不但被免去了高昂学费，还享受了政府提供的食宿费，以至他能毫无后顾之忧地开始大学生涯。

进入大学后，费米几乎变成了另一个人：自信、调皮、活泼、开朗。他在这里享受了最有乐趣和充满生机的4年时光。他旁听了许多讲座，与主讲人进行了激烈辩论，真正尝尽了学术自由的甜头。冬天他再也不怕冷了，因为学校给大家提供了手炉。由皇家宫殿改造而成的教室，既高雅又端庄，让他心旷神怡。即使是夏天那成群的蚊子也带来了意外乐趣，因为这让他练就了一手绝世神功，他发明了一种新的灭蚊法，既有效又好玩，即用吊袜带弹射蚊子。后来，他更将这种灭蚊法推广成了校园比赛项目，当然，每次冠军非他莫属，只可惜后来蚊子不够用了。在大学里，他的学习成绩之好，自不必说。但最出人意料的是，当年那个说话都脸红的"笨学生"，这时成了班上的头号"捣蛋鬼"：各种恶作剧层出不穷，要么让刚进门的同学被从天而降的凉水浇成"落汤鸡"；要么鼓动哥们愣是将最丑的女生选为"班花"，让当事人欲哭无泪；要么用铁锁将同学反锁在厕所里，再等着看笑话。甚至有一次，在严肃的教室里，当大家都专心听课时，他竟然用化学和物理方法制造了一次响声震天、奇臭无比的人工屁，当场就引得全班同学前仰后合，气得教授直奔校长室诉苦。若非成绩优异，也许他早就被开除了，当然，在被警告之后，他再也不敢如此放肆了。

其实，调皮归调皮，费米从未放松过学习。特别是在物理方面，他超前很多，以至物理老师不但特许他不用上课，还在大三时，真诚邀请他给大家讲一讲当时最先进的物理知识——相对论。哇，偌大的教室，挤满了各专业的老师和学生：有的人想来了解那神秘莫测的爱因斯坦，看看相对论到底是啥东西；更多的人则是想来看看一个乳臭未干的19岁毛孩子咋敢给教授讲课。可哪知，讲座相当成功：本来高深莫测的理论，从他嘴里说出来后却变得浅显易懂，大家都听得津津有味，一个劲儿地做笔记，讲到精彩处，更少不了阵阵掌声。从此，费米更自信了，他以伽利略为榜样投身物理研究的决心也更大了。当然，这时他也成了比萨的量子权威，许多学校都纷纷请他前去做报告，他甚至被戏称为"学生教授"。

书说简短，时间一晃就到了1922年夏天。大学生活让费米焕然一新，童年的孤僻性格早被一扫而光，如今他已成长为一个爱运动、爱交友、爱捉弄人、爱开玩笑、体魄健全的龙虎青年。总之，在整个大学期间，他收获了各种成功，终于在21岁那年，以"X射线的实验研究"为题，在经过了一次自评为"失败"的答辩后，顺利取得了博士学位。他为啥自评其答辩为"失败"呢？因为，他本想借答辩之机好好表现一下自己的满腹经纶，可哪知，一通神采飞扬的报告之后，台下竟鸦雀无声，提不出任何问题，只是一致同意授予他博士学位！

毕业后，费米戴着博士帽高高兴兴回到罗马。本以为是衣锦还乡，可哪知却失业了！原来，这时墨索里尼的法西斯政府即将登台，意大利时局动荡、乌云密布，谁也没心思再谋发展。但万幸的是，正在这紧要关头，费米又及时遇到了另一贵人，罗马大学物理系主任柯比诺教授。这位柯教授正想重振意大利的物理雄风，正想将全国物理精英团结起来，所以他对费米的前途格外关心。经对国内外形势反复推演后，柯教授终于为费米找到了一条最佳的成长路径，那就是赶紧出国！

于是，在柯教授的推荐下，在1922年冬天，费米马不停蹄地来到了德国格丁根的玻恩实验室。费米放下行李一看，妈呀，知道了啥叫"天外有天，人外有人"！在玻恩这里，与自己年龄相仿的青年才俊车载斗量，每次学术讨论，不是泡利抢话筒，就是海森伯当麦霸，或是狄拉克唱主角，大家都沉浸在激烈的辩论中，彼此无情挑剔，争得面红耳赤，可唯独自己插不上半句嘴，甚至压根儿就不懂大家在吵啥！于是，大学才恢复自信的费米又旧病复发了，好胜心极强的他又越来越不安了，少年时代的孤独感又重新袭上心头。就这样，费米在玻恩的实验室里毫无收获地待了7个月后下定决心，改投荷兰莱顿大学，终于在埃伦菲斯特教授那里又重新找回了自信。

1924年春，费米怀着满腔抱负回到意大利，在佛罗伦萨大学当了两年代课教师。其间，他在1926年发表了自己的首篇代表作，也是理论物理史上最具代表性的论著之一——《论理想单原子气体的量子化》。几乎与此同时，狄拉克也提出了类似理论，因此，后人将他们的成果统称为"费米-狄拉克分布"，如今它已成为微观世界最重要的规律之一。费米的发现当时就轰动了全球理论物理学界，于是，贵人柯比诺教授借机助力，就将25岁的费米聘成了罗马大学的讲座教授。从此，费米在此岗位上工作了12年，其人生也翻开了新的一页。

这"新的一页"的第一段，就是他的个人生活成就。具体说来，1927年7月19日，罗马大学著名教授费米，终于姻缘巧合地娶上了满意的媳妇——当时罗马大学的一朵犹太校花。严格说来，他们并非师生恋，因为他俩早就认识了，而且她的首次露面也颇具传奇色彩。那时，她竟是一位响当当的女汉子！原来，早在数年前，他俩就偶然同处一个临时足球队：她当门将，他当前锋。结果，他因踢飞了鞋子而丢分，她却因被飞球闷昏而意外扑球成功，所以，双方都对彼此印象深刻。后来，又因各种巧合，两人终于走到了一起。婚后，"他耕田来，她织布；他挑水来，她浇园"，反正，夫妻双双度过了无比幸福的一生。她心甘情愿当他的贤内助，他则专心于自己的事业。

"新的一页"的第二段，就是他的科研工作，也是他最得意的成就。在理论方面，他提出了著名的 β 衰变理论，即一个中子可转化为一个质子，并发射一个电子和一个反中微子。在实验方面，他的成就更可观，他在1934年10月意外发现了后来获诺贝尔奖的成果，即中子在到达被辐射物质前，若与氢原子核碰撞，则速度将被大大降低，这种低速"慢中子"，更易引起被辐射物质的核反应。这好比速度太快的篮球，容易从筐中弹出；而速度较慢者，却反而容易入筐。

可是，就在科研工作一帆风顺时，大麻烦却找上门来了，它不但使费米无心科研，更威胁他的生存。因为妻子是犹太人，而意大利模仿希特勒的做法，开始了一系列的反犹活动。再由于他们本来就讨厌墨索里尼的独裁，所以，在1938年12月，费米与妻子一起借前往斯德哥尔摩接受诺贝尔奖之机，逃出了自己深爱着的祖国，在纽约哥伦比亚大学当了一名教授。

1939年3月，费米敏锐意识到了链式反应的核武器前景。由于担心法西斯德国捷足先登，他立即与美军接触，希望美军重视可能的核武器，更要警惕德军的妄动，因为已有迹象表明德国可能已行动了，比如德国已禁止其占领区的铀矿出口，德国科学家甚至公开发表了相关论著。情急之下，费米赶紧求助爱因斯坦，最后总算说服罗斯福总统，及时启动了"曼哈顿计划"。

要造原子弹，首先就得建造模拟原子反应堆，以探明自持链式反应是否可行；费米理所当然被任命为建造反应堆的课题组长。终于，在1942年12月2日，费米等在芝加哥大学，成功地使铀发生了长达28分钟的自持式裂变反应！此后，他转入芝加哥大学任教。再后来，他于1954年11月28日，因患癌症在芝加哥逝世，享年53岁。

第一百四十二回

量子力学创始人，纳粹行为测不准

海森伯是科学家中少有的争议人物，他的功过是非至今仍是媒体报道的热点。

从正面看，他是量子力学的主要创始人，1933年诺贝尔物理学奖得主，甚至被认为是继爱因斯坦之后最有作为的科学家之一、20世纪最重要的理论物理和原子物理学家之一。更进一步说，量子力学中耳熟能详的"不确定性原理"就是他的颠覆性杰作！该原理啥意思呢？嘿嘿，就是你无法同时知道一个粒子的位置和速度！这听起来很诡异，甚至莫名其妙，因为它与日常经验完全相反！看来，微观世界的粒子行为与宏观世界确实天差地别。比如，无论今后怎样改进测量仪器，都不可能克服实际存在的误差。其实，该原理还有一个深刻的哲学推论：既然不能知悉现在的所有细节，那就别指望"由现在精准预知未来"。此外，他还有一项"成也萧何败也萧何"的成果，那就是他其实已建立了核反应堆理论。换句话说，已完成了原子弹理论！

从负面看，第二次世界大战期间的海森伯，是纳粹集团研制原子弹的首脑！若当初他抢先成功（其实在1945年初，他真的只差一点就抢先成功），那后果将不堪设想！至于这位超级天才为啥最终没有圆满完成希特勒的任务，便成了著名的"海森伯之迷"。有人说，这是他故意消极怠工，拖纳粹的后腿；也有人说，他败于计算失误等。本回无意探究争议细节，只想指出：一方面，人类文明的前进方向其实很清楚，顺之则昌，逆之则亡，任何有良心的科学家都不该助纣为虐，更不该支持侵略，无论他们的口号多么诱人；另一方面，他确实遇到了科学之外的难题，因为从某种意义上说，不确定性原理在社会领域也有效。

由于本书旨在帮助读者成为科学家，故下面主要从正面介绍海森伯。

话说，李鸿章去世那年，准确地说是1901年（光绪二十七年）12月5日，维尔纳·卡尔·海森伯以家中次子身份，诞生于德国维尔茨堡的一个高级知识分子家庭。爷爷是心灵手巧的工匠，性格开朗，喜欢旅游，酷爱科学。爸爸是著名语言学家和历史学家、慕尼黑大学教授，更有一套激发学生兴趣的教学方法。他无论对儿子，还是对学生，都相当严格，在家中更是绝对权威。爸爸既富有责任感，又处处以身作则，还时时礼貌待人。妈妈是大家闺秀，还是当时少有的、受过高等教育的知识女性，她不但是贤妻良母，还是丈夫的事业帮手，至少能帮丈夫批改学生作业等；妈妈娴静好客，热情大方，且行事低调。

聪颖过人的海森伯从小就受到良好的家庭教育，在素质教育和智力开发方面更是胜人一筹。爷爷尽心培养孙子们的动手能力，鼓励他们制作各种高科技玩具。比如，早在中学时代，海森伯与哥哥就制成了当时少见的遥控自动战舰，为此，爷爷骄傲了好长时间，还把孙子们的杰作陈列在家中当宝贝呢。爸爸常陪儿子们一起游戏，刻意激发哥俩的学习热情，努力营造既和睦又充满竞争的家庭环境，以至海森伯从小就喜欢与哥哥较量，并在数学和音乐方面处于领先地位。他一直就喜欢数学、大提琴和钢琴，因为这些是他的战利品，以至成年后他还常因精彩的乐器表演而成为焦点人物。总之，爷爷的慈爱、爸爸的威严和妈妈的诱导，使少年海森伯耳濡目染，始终沉浸在良好的学术氛围和文化修养中。

除了自信、自尊、喜欢冒险和不善社交外，海森伯的另一显著特点就是争强好胜，竞争意识强。无论在哪方面，一旦要做，他都想做到最好，哪怕自己本来没啥优势。在学习和科研方面，他的霸气自不必说。甚至在体育方面，他也不服输，无论是网球、乒乓球、登山、滑雪或长跑，他都要坚持努力，不断刷新自己的纪录。比如，他常用秒表监督长跑，直到取得满意成绩为止。须知，他天生就是一个"病秧子"，险些夭折于5岁时的一场肺炎，且后遗症伴随他终生，还时常复发呢。

9岁那年，由于父亲的杰出贡献，海森伯全家得以免费迁入高档社区，从而在艺术和文化等方面受到了更好熏陶。次年，海森伯进入了当地一所著名中学读书。该中学不但教学设施堪称一流，其师资水平更不得了，比如量子论创始人普朗克就曾是该中学教师。更特殊的是，该中学的时任校长是海森伯的外公！中学时，海森伯就迷上了数学，还迅速掌握了微积分，更立志长大后要成为数学家。

可惜，海森伯的平静生活被突然降临的第一次世界大战打破了：作为参战国，德国的粮食供应严重短缺，海森伯的父亲应征入伍，全家搬入军队宿舍，学校更被迫数次关门，正常教学秩序被破坏，学生也被迫前往农场劳动。在农场里，年幼的海森伯为缓解相思之苦，不得不与父母保持频繁书信。为中和每天10多个小时的高强度体力劳动，他只好拼命阅读随身携带的数学和哲学书籍。农场期间的艰苦磨炼，使海森伯对生活有了更深刻的体验，也学会了工作，更不怕困难。这为他后来形成坚忍不拔的性格、全神贯注的精神和善于独立处理问题的能力奠定了坚实基础。这也算他从困苦中得到的最大意外收获吧。此外，他的社交能力也得到了空前提高，不但结交了许多终生伙伴，还增强了领导能力。比如，他牵头成立了"海森伯活动小组"，组织大家广泛讨论科学、哲学、社会等问题，还带领大家旅行、登山、野餐、诗朗诵或音乐演奏等。

中学期间的海森伯虽深受第一次世界大战干扰，但他还是见缝插针，一刻也没虚度光阴。只要学校开课，他的数学和物理成绩就一定名列前茅。就算没开课，他也会自学许多课内外知识，特别是广泛阅读相对论等方面的科普书籍。父亲更是尽全力，为儿子的自学提供各种便利。这时的海森伯已开始尝试进行一些科研工作。比如，他曾完成过多篇数论文章，虽然最终都被编辑无情拒稿，但这并未伤害他的自尊心，反而强化了他的既有数学兴趣，促使他去努力揭示数学之谜。中学相关老师对他的评价是"自信心特强，总想出人头地"和"不拘泥于表象和细节，能看到事物本质"。

1919年，第一次世界大战以德国惨败而收场。这时，18岁的海森伯也刚好中学毕业，正面临着三难选择：今后到底是要成为数学家，还是音乐家或物理学家呢？因为自己对这三方面都很喜欢，也都很强。幸好，《空间、时间与物质》一书帮他锁定了答案。首先，由于对该书的热爱，海森伯自愿放弃了音乐专业，只拿音乐当终生爱好。父亲安排的数学导师却又嫌海森伯受该书影响太深，认为他已不宜学数学了。其次，慕尼黑大学物理教授索末菲却因该书而格外欣赏他，并热情接收他为自己的弟子。专业问题解决了，但海森伯的自尊心被数学教授打击了，这当然会使处处要强的他下定决心，一定要在物理领域干出成就来！书中暗表，海森伯的这次专业选择，虽含被动成分，但是标准的歪打正着，否则量子力学的历史就可能重写。另外，各位千万别小看了这位索末菲，因为海森伯的成功，在很大程度上其实应归功于他。实际上，索教授本人虽未获得过诺贝尔奖，但他是一位出色的导师，也可能是独立培养获诺贝尔物理奖人数最多的导师，比如德拜、海森伯、泡利、贝特、克勒默和鲍林等诺贝尔奖得主都曾是他的学生。此外，他还是量子力学与原子物理学的开山鼻祖，以他名字命名的专业术语也随处可见，比如索末菲恒等式、索末菲-科塞尔位移定律、索末菲模型等。

下面就来看看索教授是如何将弟子推向学术顶峰的。

首先，除了因材施教、扬长避短外，索教授指导学生还有一个妙招，那就是通过各种形式的公开研讨班，在学生中营造一种相互研讨、相互竞争、相互帮助、相互激励、共同进步的氛围。比如，索教授的另一个学生、比海森伯年长仅1岁的师兄泡利，就对海森伯产生了重大影响，甚至海森伯之所以从事原子物理研究，也主要是听取了泡利的建议。实际上，泡利经常为海森伯提供兄长般的学术忠告，有时甚至毫不留情地批评，骂他为"十足的笨蛋"，但海森伯也始终承认，泡利的忠言对自己大有帮助；他们的这种纯洁关系持续了终生。

其次，从一开始，索教授就跳过许多环节，直接将海森伯引入了原子物理的前沿，且容忍他提出一些莫名其妙的"胡思乱想"，甚至容忍他公开批评自己的错误等。索教授还以身作则，鼓励海森伯不畏权威、独立思考、大胆尝试。比如，当海森伯发现"量子数可以是半整数"时，索教授心里虽认为"那绝不可能"，但并未武断否定，只是表示惊讶。一方面，他敦促弟子认真核查、反复思考，并与国际同行广泛讨论，听取大家的意见。实际上，包括泡利在内的许多权威那时都不认可海森伯的奇想，但这些讨论让海森伯信心大增，促使他继续深入，并最终在4年后成功提出了矩阵量子力学。另一方面，教授自己也积极反省海森伯的奇想，甚至不惜专门去信向爱因斯坦求教。又比如，当索教授的专著被海森伯发现错误时，教授不但不生气，反而邀请弟子一起修改手稿，直到把错误完全纠正为止。

最后，索教授还想尽办法为弟子提供国际交流机会，经常邀请顶级专家前来做学术报告或研讨。特别是1922年6月，索教授邀请玻尔从丹麦到德国，进行为期两周的学术报告，史称"玻尔节"。也正是在此期间，海森伯首次遇到了玻尔，从此双方建立了长期合作和友谊关系，而其中的细节也颇具传奇。在"玻尔节"的一次报告中，海森伯提出了一个相当尖锐的问题，引起了玻尔的注意。会后，玻尔邀请海森伯一起散步，深入讨论那个尖锐问题，可哪知这竟对海森伯产生了决定性的影响，以至后来海森伯承认："这是我一生中最为重要的散步，决定我命运与成功的一次散步。我的科学生涯就是从这次散步开始的。"至于他俩都谈了什么，此处不便细究，但事实是，散步后，玻尔郑重邀请海森伯到哥本哈根访问。后者受宠若惊，当场就答应了。于是，他们约定海森伯毕业后到哥本哈根工作一段时间。此外，这次"玻尔节"对海森伯还有一个重大影响，那就是他被派往格丁根大学，接替已在那里的师兄泡利担任玻恩的助手。书中暗表，这次"玻尔节"在量子力学史上也是一个里程碑，因为，此后全球就形成了以慕尼黑、格丁根和哥本哈根为核心的量子理论"铁三角"，而相应的3位领袖分别就是索末菲、玻恩和玻尔。同时，以"玻尔节"为契机，海森伯在随后短短几年内，就以自己的独特优势登上了量子研究的顶峰。

1922年10月，海森伯来到格丁根，担任玻恩的助手。其间，除了完成分内工作外，他还如饥似渴地向希尔伯特学习数学、向玻恩学习庞加莱的天体力学思想，并利用空闲时间继续思考自己的奇怪问题，更要准备博士学位论文。在格丁根的短短几个月里，海森伯不但融入了玻恩团队，还博采众长，掌握了一些科研绝技。不过，海森伯的大学生涯，始终都与战败国的社会动荡相伴随，而且，正是在这种动荡中，1923年，22岁的海森伯勉强获得了博士学位。同时，德国的通货膨胀，也达到了惊人的高度，国民生活受到严重冲击，甚至连海森伯的家庭也出现了经济困难。特别需要指出的是，大学期间发生的许多事件，最终使海森伯认定："物理学家也易受政治影响，科学与政治在某种程度上其实难以分开。"书中暗表，此处不便评价海森伯的这种想法，反正，不可否认的是，这种想法为他后来在第二次世界大战期间的纳粹行为埋下了重要伏笔。

博士毕业后，海森伯的经历大致可分为3个阶段：1923年至1933年的成就期、1933年至1945年的政治期和1945年以后的战败期。

先看成就期，或戏说为围猎期。都说外行看热闹，内行看门道，但量子力学之门道实在太深，咱还是只看热闹吧。当然，若看完此热闹，今后您果真进入了量子力学的科研门道，那就"阿弥陀佛"了。话说，22岁的海森伯，头戴博士帽、身穿博士袍、手持一杆明晃晃的鹅毛尖锋笔，胯下没骑乌龙驹，就根据导师的安排来到了玻恩实验室。只见森林茫茫、崇山峻岭，四周充满紧张气氛，原来玻恩正带领众弟子围捕一头名曰"量子力学"的超级怪兽。可怪兽在哪儿呢？这时，初来乍到的海森伯，手疾眼快，"嗖"的一箭，便于1923年9月射落了正在飞行的"塞曼原理"。

玻恩一看："切，不是那斯。"海森伯不服，便将猎物展示在格丁根的学术讨论会上；结果，泡利说那是鹿，玻尔说是马，反正说啥的都有，就是没人说它是那怪兽。为此，海森伯还与泡利大吵了一架，后者干脆一拍屁股不玩了，本官钓鱼去也！海森伯一看，自己的功夫确实没到家，于是就在1924年3月来到哥本哈根，按当初的约定向玻尔取经并获赠了一件名叫BKS的法宝，然后乐颠颠地回到了玻恩身边。这时，包围圈越缩越小，隐约中已能感到那怪兽的气息了。哇，好大的怪兽，单凭玻恩团队很难取胜！咋办呢？搬救兵呗！于是，当年6月，玻尔来了，爱因斯坦也来了，收网行动即将开始了！为确保万无一失，海森伯于当年9月，第二次前往玻尔"洞府"并在其指导下又苦练了7个月，待他于1925年4月从哥本哈根学成归来时，哇，"乾坤圈"和"捆仙绳"都已准备就绪。哪里走！只听"当啷"一声，"乾坤圈"早已化作论文《关于运动学与动力学关系的量子论的重新解释》，于1925年9月重重打在了怪兽头上；待它再想逃跑时，玻恩和约尔旦等早已齐齐扑将上来，于1925年11月，以一篇划时代的论文《关于量子力学Ⅱ》就将那怪兽牢牢捆住了！从此，原子微观结构的自然规律被发现了，爱因斯坦高兴地评价道："海森伯下了一个巨大的量子蛋！"

逮住怪兽后，海森伯并未罢休，因为他隐约觉得有一黑影趁乱逃遁而去了。于是，他召来"哮天犬"，一路寻迹，于1926年5月第3次来到了哥本哈根，与玻尔朝夕相处，研究如何将那逃遁的猎物绳之以法。书说简短，经过一番眼花缭乱的过招后，海森伯终于在一次滑雪时，突然灵感一现就逮住了那猎物。于是，他于1927年2月23日，兴奋地向师兄泡利汇报了刚发现的、如今被认为是"科学中道理最深奥、意义最深远的原理之一"的"不确定性原理"。后来，他又把相关推导过程扩展到氢分子，并预言了亚氢和标准氢的存在。果然，该预言在1929年被实验证实，海森伯也因此获得了1933年度的诺贝尔物理学奖。

猎人海森伯正因狩猎成功而得意忘形时，突然，"咔嚓"一声，他顿觉自己坠入了一张铺天巨网：天啦，海森伯竟成了别人的猎物！待他回过神来时，哇，捕获自己的猎人，原来是一位金发碧眼的美女。捕获他的那张大网，原来是谁也逃不掉的情网。于是，海森伯将计就计，就于1937年4月把"猎人"娶回了家。

唉，关于海森伯的政治期，真的不想说，但又无法回避。反正，第二次世界大战开始后，德国和德国占领区的许多科学家都纷纷背井离乡，坚决不对纳粹妥协，例如爱因斯坦离开了德国、玻尔离开了哥本哈根等。但是，海森伯留了下来，还被纳粹委以重任，甚至负责为希特勒研制原子弹！此举激怒了玻尔，从此他们产生了尖锐矛盾并形成了终生未解的隔阂。如今回过头来看，政治期的海森伯确实几乎全面失败：许多正义的科学家对他不屑一顾，甚至骂他为纳粹帮凶，铁杆纳粹分子又嫌他态度不够坚决，甚至鄙视他为"白色犹太人"。在科研方面，他也没啥重大突破；更严重的是，他留下的历史污点永远也难以洗掉。

最后，再来看看海森伯的战败期，或曰还账期。此时，他为自己的污点付出了沉重代价。第二次世界大战结束后，海森伯成了盟军囚犯，虽很快被有条件释放，但当他于1945年10月回到德国时，一连串的噩耗便扑面而来：妈妈去世了，妹妹去世了，叔叔也去世了，妻子和7个儿女差点没被饿死，幸亏有导师索末菲教授救济。

海森伯于1946年2月应盟军安排，开始重建毁于战争的威廉皇家物理研究所。后来，随着占领军控制的不断放松，他才又恢复自己的科研。幸好，师兄泡利对他始终都关爱有加。

1976年2月1日，海森伯因病去世，享年75岁。

第一百四十三回

秋水文章不染尘，沉默寡言古怪人

伙计，就算你对狄拉克不熟悉，但对其事迹，你肯定早就知晓。比如，你绝对听说过反物质吧！其实，反物质就是由狄拉克于1928年首次预测出来的。简单说来，反物质就是正常物质的反状态，当正反物质相遇时，双方就会相互湮灭抵消并发生爆炸，同时产生巨大能量。例如，500克反物质的破坏力，就可超过世界上破坏力最大的氢弹。如今，狄拉克的这一预测已被逐步证实：1932年，电子的反物质——正电子被发现，它带正电荷，质量和电子相等；1955年，质子的反物质——反质子被人造成功，其电荷为负，质量与质子相等；1995年，首个氢原子的反物质——反氢原子被制造；1996年，人们又得到了7个人造反氢原子；1997年4月，天文学家在银河系上方约3500光年处，发现了一个不断喷射反物质的源泉，它射出的"反物质喷泉"高达2940光年；2000年9月18日，人们又造出约5万个低能反氢原子；2010年11月17日，人类首次捕获反物质，可惜它只存在了0.17秒就被物质湮灭了。反物质的存在，还揭示了另一个有趣的结论，那就是宇宙中正反物质之间并非严格对称；否则，包括你我在内的所有物质都早被湮灭了。

当然，狄拉克的传奇，绝不止反物质这一点。他28岁时就独创了相对论量子力学；30岁时就坐上了牛顿当年的那把交椅——剑桥大学卢卡斯数学教授席位，直到退休；31岁时就获得了诺贝尔物理学奖，成为得此殊荣的最年轻理论物理学家。他还是量子辐射理论创始人、量子电动力学奠基者；他与费米各自独立发现了著名的费米-狄拉克分布。他预言的磁单极子等至今仍是物理领域的探索重点。总之，他被认为是20世纪继爱因斯坦之后的、第二位最重要的理论物理学家。

狄拉克性格内向、腼腆害羞、思想深邃、行动缜密，其忘我的科学献身精神更是罕见。他的人品及文风，在同行中口碑甚好。比如，玻尔说："在所有物理学家中，狄拉克拥有最纯洁的灵魂。"玻恩在回忆首次阅读狄拉克文章时的感受时说："我记得很清楚，这是我科研生涯中经历的最大惊奇之一。那时我虽不知狄拉克是谁，但他的文章相当完美，十分可敬！"杨振宁对狄拉克的论著更是用"秋水文章不染尘"来评价，意指没半句废话，直达深处，直达宇宙奥秘。

作为一名顶级科学家，狄拉克做人和做学问为啥都如此成功呢？欲知详情，请读下文。

话说，光绪二十八年（即1902年），张之洞创立湖北师范学堂，中国近代科学家童第周、赵忠尧、周培源、吴学周、苏步青等纷纷诞生；也是这一年，1902年8月8日，保罗·狄拉克作为家中老二，诞生于英格兰一个非常特殊的家庭。为啥说特殊呢？唉，他家好像是由"物质"和"反物质"组成的小宇宙：单看每个人吧，都有棱有角、有头有面，但是，任何两人若碰到一起，就一定发生"大爆炸"，释放巨大能量，将亲情炸得七零八落。

他老爸本是瑞士人，20岁时就与狄拉克的爷爷相碰撞，发生"爆炸"，然后屁股一拍，就背叛家庭到日内瓦读大学去了。毕业后，他跑到英格兰，在一所技术学校任法文教师，并邂逅了比自己小12岁的船长之女——狄拉克的妈妈。两人首次相碰时，就发生了"爆炸"，只不过炸出的是爱情，于是，他们"闪婚"了；第二次相碰时，又发生了"爆炸"，炸出的是爱情结晶，于是，狄拉克及其兄妹3人就"哗啦啦"出生了；但是，自从第三次相碰后，每次都会发生破坏性"爆炸"，最终，父母成为彼此的死敌。狄拉克的哥哥也不是省油的灯，小小年纪，就一会儿与爸爸"爆炸"，一会儿与妈妈"爆炸"，后来干脆"自爆"，于1925年3月自杀身亡。虽不知狄拉克是否也与家人"爆炸"，但针对哥哥自杀这事，他的态度让人惊掉下巴，因为他回忆说："好奇怪，父母好像很痛心！他们竟然会心疼自己的孩子！"天呀，他们狄家的孩子都是咋长大的呀！

据说，狄拉克的父亲在家里非常霸道，父子关系相当紧张，母子关系也很冷淡，以致成年后，当得知父亲去世时，他竟写道："我觉得更自由了，终于可以做我自己了。"比如，老爸为逼孩子们学法语，就在家里严禁他们说任何别的语言。而可怜的狄拉克却发现自己根本不能用法语表达思想，于是，他就选择了沉默，以致他终生都出奇的沉默：很少讲话，情感孤僻，从不与人争执，似乎丧失了对社会的敏感，甚至完全缺乏同情心，以至当他结婚时，大家都感到很惊讶："天呀，石头也会结婚！"但是，沉默寡言只是他的外表，其实他内心相当活泼，除去高速运转的科学思维外，他还拥有一颗可爱的童心。比如，在已成为世界著名科学家后，他仍特喜欢连环画和米老鼠电影，让邻座的小朋友都觉奇怪，偏着头纳闷着他的哈哈傻笑；再后来，他甚至成了"追星族"。除了童心外，他还拥有一颗非常纯洁的诚心，他一生与所有同行都保持着忠实的朋友关系，无论这些朋友彼此间是敌是友；毕竟，在第二次世界大战期间，各国科学家的关系都相当复杂。

狄拉克在跳级读完小学后，进入了一个奇怪的中学——男子商人合营技术学院，其实它更像一个技工学校，因为其主要课程竟是瓦工、制鞋和金属加工等。之后，他又在1918年，跳级升入了免费的布里斯托（又译作布里斯托尔）大学工程学院，学习电机工程。至此为止，他的发展方向似乎都与理论物理学背道而驰。

但成功后的他声称，这段时间的工程教育对他影响深远，使他能容忍计算中的近似，从而"在近似中，发现惊人的美"，他甚至认为"那些要求完全精确的数学家，很难在物理研究中走得很远"。当然，另一方面，他在大学中也自学了非欧几何等许多高深的数学知识，不但精通了抽象数学和纯粹逻辑推理，更致力于数学在物理中的应用。总之，狄拉克的科研成就，其实得益于两只美的翅膀，即用近似计算去发现物理世界的美，然后用精准数学去描述所发现的美。这种思路，在今天的大数据时代，也许会重新焕发光芒。

大二时，狄拉克成了相对论的忠实拥护者，他不但四处参加学术报告，还与同学们热烈讨论相对论问题。在相对论美妙方程的影响下，他对数学方程的看法几乎发生了翻天覆地的变化：过去眼里那些冷冰冰的死方程，如今好像突然变得生龙活虎了，甚至认为"所有的自然规律也许都是近似的，都可用某种方程来描述"。后来的事实确也表明，他的所有成就无不与某种精确的数学方程密切相关，但它们的灵感之源，最初确实又都来自某种近似。

19岁时，狄拉克大学毕业，获得了第一个学位——工程学士学位。可当时英国经济不景气，毕业生就业难，故他只好继续读书。他先参加了剑桥大学的入学考试，结果不但被录取，还获得了70英镑奖学金。可这点钱，压根儿就不够剑桥的高昂学费。无奈之下，他只好留在原来的免费大学里，转为数学专业。其间，他又学会了对他后来产生最深远影响的数学知识——投影几何，这大大增加了他对数学美和近似美的敏感度。书说简短，两年后，他又获得了第二个学位——数学学士学位，并获得了另外140英镑奖学金。于是，前后两笔奖学金加在一起，他终于在21岁那年圆了自己的剑桥梦，成了剑桥大学圣约翰学院数学系研究生。

进入剑桥后，狄拉克热心于各种学术活动，包括贝克教授的茶话会、卡皮察教授的俱乐部等。这些活动，强烈激发了他在大自然中追求数学美和近似美的热情。在剑桥，他还结识了卢瑟福和玻尔等物理大师，知悉了理论物理和实验物理的最新进展及存在的问题，学到了大师们发现物理美的经验和技巧。

刚入剑桥时，狄拉克本想继续研究相对论，甚至还请教过爱丁顿教授，并在其指导下完成了一篇有关"质点相对论运动速度"的论文。后来的事实也表明，相对论的严密逻辑和优美数学，对狄拉克的整个学术思想都产生了深刻影响，并成为他的主要灵感源泉。

后来，应导师福勒教授的要求，狄拉克又开始接触量子理论，这使他的眼界豁然开朗，特别是玻尔的量子理论更让他倍感震撼，并曾试图模仿玻尔的思路做一些扩展工作。从此，他的科研生涯进入了1925年至1933年的8年高潮期，奠定了量子物理、量子场论和基本粒子理论的基础。对此，有人评价道："包括爱因斯坦等在内，史上从未有人能在如此短的时间内，对20世纪的物理发展产生如此决定性的影响。"

1925年，狄拉克有幸接触了海森伯的量子理论，并在两周后隐约觉得，该理论与经典力学中的泊松理论颇有相似之处。于是，他照猫画虎，利用泊松理论这个"他山石"就攻下了量子相对论这块"玉"，从而得出了更明确的"量子正则化"规则，完成了经典论文《量子力学的基本方程》，并因此于1926年5月获得剑桥大学物理学博士学位，接着，他应邀留校，成为剑桥大学圣约翰学院研究员。

1926年9月，在导师建议下，狄拉克前往哥本哈根，在玻尔的研究所访问了一年。其间，他发现海森伯与薛定谔两人的理论其实彼此互补，于是，他发展出了一种更广义的理论，能同时涵盖薛定谔的波动力学与玻尔的矩阵力学。

1927年2月，狄拉克到格丁根访问了几个月，在玻恩的指导下，又换了个角度"回头看"，结果又有了惊人发现。1928年，他把相对论引入量子力学，建立了相对论形式的薛定谔方程，即著名的"狄拉克方程"。该方程的解很特别，既包括正能态，也包括负能态。由此，狄拉克大胆预言：存在正电子，它是电子的镜像，具有严格相同的质量，但电荷符号相反。同时，他还预言：电子和正电子将互相湮灭，放出光子；相反，一个光子湮灭，将产生出一个电子和一个正电子。仅仅4年后，美国物理学家安德森就用实验全面证实了狄拉克的预言。从此，人类开始了反粒子和反物质的理论与实验研究。

1930年，狄拉克出版了《量子力学原理》这一里程碑式的著作。至今，该书仍是量子力学的经典教材，特别是其中的数学符号系统，目前已成为最常用的量子力学符号系统，称为"狄拉克符号"。

1933年，狄拉克获得诺贝尔物理学奖，但他并不为此而高兴，反而相当苦恼地对好友卢瑟福说，他不想出名，打算拒绝这个荣誉，更不喜欢公众媒体的大肆炒作。幸好，卢瑟福很了解这位书呆子，赶紧诚恳地对症下药道："若你这样做，将会更出名，人家更要来麻烦你。"于是，垂头丧气的狄拉克便乖乖地接受了这一

"无情"的现实，于1933年12月12日前往斯德哥尔摩领奖，并发表了题为"电子与正电子理论"的获奖演说。

按惯例，本回到此就该迅速收场了，但是狄拉克的情况比较特殊，因为他在工作和生活两方面都还有重大事项有待介绍。

一方面，在工作上，他还有一项可能改变历史的成就，那就是他还提出了另一个更大胆的猜测——存在磁单极子！只可惜，到目前为止，该猜测还未被彻底证实或证伪。此处的磁单极子，意指仅带有北极或南极的单一磁极的粒子。这显然又是一种怪物，与日常经验又完全相反：谁都知道，把一根磁棒切成两段便可得到两根新磁棒，它们都有南极和北极，且还"同性相斥，异性相吸"。不管反复切割多少次，新得到的每一段小磁铁总有两个磁极。换句话说，人们一直坚信，磁体的两极总是成对出现，若磁单极子真存在，那我们的"三观"又将再一次被彻底摧毁！但狄拉克认为，磁和电很相似，"既然存在基本电荷（即电子），那么磁也该存在基本磁荷（即磁单极子）"。他的这一预言一经提出，就激发了全球物理学家用各种方法去寻找磁单极子的热潮，但始终未果：1975年，美国科学家意外发现了一条单轨迹，并认为它是磁单极子留下的痕迹，但这并不等于就找到了磁单极子；1982年2月14日，斯坦福大学宣布，在超导线圈中曾发现过一个磁单极子，可惜该实验无法再次重复，所以也不能由此证实磁单极子的存在。至今，人们还在努力寻找磁单极子。一旦磁单极子被找到，就一定会再次引起轰动。伙计，但愿你能成为那个发现磁单极子的幸运儿哟。

另一方面，在生活上，狄拉克简直就像"磁单极子"，除了科研工作外，好像任何事对他都没吸引力。他不喝酒、不喝茶、不抽烟、不合群，更不喜欢说话；同事请他共进晚餐，他一个"不"字就把对方噎得翻白眼；别人摇头晃脑，欣赏印象派名画时，他却一脸狐疑，"这幅画为啥没绘完呢"；当同事为自己偶得的诗句拍案叫绝时，他却不屑道："诗有啥意思，不过是将众所周知的东西用难以理解的方式表述出来而已嘛！"

更不可思议的是，他竟完全不被异性吸引，对美女全然没感觉。虽然他能轻松理解最深奥的物理理论，但当他看到海森伯与美女跳舞很高兴时，竟完全不懂"为啥要与她跳舞"。当海森伯回答"与美女跳舞很快乐"时，这位"磁单极子"思索了半天，才若有所思地问道："但是，老海，你咋提前就知道她是美女呢？"可怜的海森伯当时就傻眼了。唉，狄拉克这位"钻石王老五"，只有光棍命了！

不过伙计，你大可不必为狄拉克的婚事操心，因为捕获这粒"磁单极子"的人物马上就要登场了！她既非西施也非貂蝉，而是一位刚离婚的半老徐娘，更是远近闻名的"女汉子"，还带有两个调皮捣蛋的"拖油瓶"。她以"科盲"自居，说话大大咧咧、嘻嘻哈哈，做事马马虎虎、随随便便，为人主动热情、泼辣大方，反正，怎么看怎么都像《水浒传》中的孙二娘。

他俩首次相遇于座无虚席的某食堂。当时，刚获诺贝尔奖的他正躲在角落里埋头扒饭，她大吼一声就坐在了邻座；害羞的他吓得一哆嗦，抬头看了她一眼；她回敬一眼，就逼出了他的联系方式；反正，第一回合算她胜。

第二回合是鸿雁传书。她用仅会的那几个字不断写信，对他进行狂轰滥炸：邮箱塞满了，书桌堆满了，办公室的所有空间几乎都被来信挤满了！刚开始，他想用沉默来反抗，结果无效。接着，他回信，义正词严地警告她："恐怕我无法用好言回复你，因为我感觉迟钝，且对谈恋爱不感冒。"可哪知，她越战越猛，不断给他提出各种尖锐问题，诸如你到底爱谁、到底对我有啥感觉等。后来，她的问题实在太多，以至他不得不采用科学列表法，用一览表将她的问题和答案进行简要的菜单式应答。再后来，她干脆对这根"木头"骂上了，甚至咆哮道："你该获得第二个诺贝尔奖，残酷奖！"可这根"木头"却回信说："你知道我并不爱你。若我假装爱你，那就是我的错，我从没爱过任何人，也不懂爱情的滋味。"看来，第二回合她输定了！

可就在她准备放弃时，"木头"竟破天荒主动来信承认："我非常想念你。不知为啥，我好像从未想念过别人。"不久以后，当她再次见到他时，他就彻底投降并向她求婚了，她也快刀斩乱麻，一口就应了下来，并像达坂城的姑娘那样，带着自己的嫁妆、赶着自己的马车、与自己的两个娃娃一起闪电般占领了狄府。后来，他称她为"我的最爱"，并拍马屁说："你的出现，让我的生活发生了美好的改变，使我觉得自己真正像人了！"再后来，他给她写信，谈到自己的责任时，甚至肉麻道："我觉得除了让你快乐，其他都无关紧要，这才是生命中最有意义的事情。"哇，木头变火炭啦！反正，从此以后，狄拉克这位终生追求数学美、近似美、自然美的物理学家，又追求到了另一种他从未涉足过的美——爱情美，并因此而过上了幸福生活。总之，他给了她地位，而她给了他人生。

成家后，狄拉克汲取父亲的教训，把家里的"反物质"和"磁单极子"清理得干干净净，使全家人相亲相爱、和睦相处。比如，为纪念母亲，他让女儿承续了母亲的名字；为培养孩子们的爱心，他鼓励宝贝们多养宠物，并设计了一个猫窝，还特意测量了猫的胡子宽度，以确保小猫们能进出自如。为与远嫁的女儿离得近些，他甚至在1969年从剑桥大学跳槽到佛罗里达州立大学，并在这里度过了余生。

1984年10月20日，沉默寡言的狄拉克归于了永远的沉默，享年82岁。

第一百四十四回

百科全书数学家，热爱生活人人夸

在数学江湖，一提起柯尔莫哥洛夫，几乎无人不知无人不晓，或者说，到处都留下了他的传说，到处都有他的歌。实际上，无论在纯粹数学或应用数学、确定现象或随机现象，还是在数学研究或数学教育等方面，这位豪杰都做出了巨大贡献。君若不信，可上网一搜，保准"呼啦"一下，以他名字命名的数学定理或公式等，便会从数学的几乎所有领域铺天盖地蜂拥而至，比如柯尔莫哥洛夫公理、柯尔莫哥洛夫不等式、柯尔莫哥洛夫定理、柯尔莫哥洛夫熵、柯尔莫哥洛夫检验、柯尔莫哥洛夫空间、柯尔莫哥洛夫微尺度、柯尔莫哥洛夫复杂性等。

若要对柯大侠的成就再浓缩一些的话，那就是他主要在概率论、算法信息论和拓扑学等方面做出了开创性成就，特别是完成了概率论公理化结构。若还要更浓缩的话，那就可说，他是随机过程的奠基人之一、现代概率论的开拓者之一、扩散理论的创始人之一。总之，他是20世纪最伟大的数学家之一，他对数学的影响绝不小于庞加莱或希尔伯特。

与许多数学家不同的是，柯尔莫哥洛夫还是一位伟大的数学教育家。他不但培养了众多数学大师，还热心于高中数学教育，甚至提出了一整套数学教育理论。比如，他认为过早挖掘儿童的数学才能可能适得其反，最佳时机应该是14岁至16岁，因为此时小孩的兴趣取向已很明显。在亲自讲授了很长一段时间的高中数学后，他发现并建议：大约有一半学生并不看好数学，对这些学生就该安排较简单的数学课程；而对另一半学生，虽然他们今后也许并不从事数学研究，但若对其进行深入系统的数学教育，也许会收到良好的综合效果。

在考大学选专业方面，柯尔莫哥洛夫也有具体建议。他认为，每位考生的数学能力各不相同，特别是其理解能力、推理能力、发现和解决问题的能力更是千差万别：有人快，有人慢；有人易，有人难；有人成功，有人失败等。因此，考生在选择数学专业前，就该从如下3个方面认真测验自己的数学适应性。

1）算法能力：对复杂算式做变换，以求解那些用标准方法解决不了的方程。对数学研究来说，只有好记性是远远不够的，哪怕对定理和公式倒背如流。

2）几何直观能力：对抽象的东西，能在头脑中像绘画一样很具体地描绘出来，并加以思考。

3）逻辑能力：能一步一步地进行逻辑推理。比如，能正确运用数学归纳法等。

即使拥有上述3个方面的能力，但缺乏强烈的数学兴趣者，也不宜报考数学专业，因为数学需要持久不断的攻关，且败多胜少。

那么，哪些优秀数学家适合在学校教数学呢？柯尔莫哥洛夫的标准如下。

1）讲课高明。比如，能利用其他领域的例子，来吸引学生，激发兴趣。

2）以清晰的解释和宽广的数学知识来吸引学生，激发兴趣。

3）最理想的教师，应该善于因材施教，清楚每个学生的能力，在其能力范围内安排学习内容，使学生增强自信心。

关于研究生的培养，柯尔莫哥洛夫认为：学生刚入门时，导师应首先树立起学生的决心和信心，使学生坚信自己"定能有所成就"。因此，在布置课题时，不仅要考虑"课题的重要性和先进性"，还要考虑"该课题是否有利于提高学生水平""是否在学生的能力范围内"，课题既不能太简单也不能太难，最好是"需要尽最大努力才能解决的问题"。

上面为啥要花费那么多篇幅来介绍柯尔莫哥洛夫的教育思想呢？嘿嘿，伙计，那是想让你照照镜子，没准你就是一棵很好的数学家苗子哟！别忘了，本书的宗旨是"帮助读者成为科学家"，所以我们既重视"培养科学家的普遍规律"（比如主角的上述教育思想），也重视成功者的个案（比如主角的如下小传）。

光绪二十九年（即1903年），甲骨文在河南安阳被首次发现，岳麓书院改制为湖南高等学堂，中国第一所高等职业院校北洋工艺学堂开学，复旦大学的前身震旦大学成立，梁启超在华盛顿会晤美国总统罗斯福，居里夫人发现镭，莱特（又译作赖特）兄弟完成人类首次飞行。也是在这一年，1903年4月25日，本回主角安德烈·柯尔莫哥洛夫诞生于俄罗斯顿巴夫市。他爸爸很革命，主要是革他牧师爷爷的命，革他爷爷所代表的沙俄政府的命，于是就被沙俄流放，丢掉了自己的农学家和作家"饭碗"。"十月革命"后，旧政府被推翻，他爸爸便一跃成为新政府的农业部负责人。当然，爸爸始终忙于工作，几乎没精力培养自己的儿子。最后，爸爸在1919年的一次战斗中光荣牺牲。他妈妈也很革命，当然仍然是革自己祖辈的命。妈妈本来出身于"前朝"贵族，但毅然与家庭决裂，在没办理结婚手续的情况下，就与爸爸同居了。可惜，在生下宝贝儿子仅仅10天后就凄然去世。最终，儿子还得由她的祖辈来抚养。柯尔莫哥洛夫的名字来自其母系祖先，他的早期教育也主要归功于两位姨妈。

虽从未体验过父爱和母爱，但柯尔莫哥洛夫从小就不缺少爱。在外公等长辈的精心呵护下，他健康成长，特别是姨妈们培养了他对书本的兴趣和对大自然的好奇心，她们经常带他去田野和森林玩耍，给他讲花草树木知识，讲星星与宇宙的演化故事，讲安徒生的童话等。当然，柯尔莫哥洛夫也非常聪明，早在5岁左右，他就独自发现了奇数与平方数的关系：$1=1^2$，$1+3=2^2$，$1+3+5=3^2$，$1+3+5+7=4^2$……即前面n个奇数之和等于n的平方。这一发现，令长辈们高兴得不得了，外公亲一口，姨妈抱一下，街坊四邻更是一夸再夸，小家伙当然也因此体会了数学发现的乐趣，从而自信心更强了。

为了让孙辈们能融入当时巨变中的社会，聪明的外公在姨妈们的帮助下，将家族中的10多个小孩组织起来，创办了一所学校，让娃娃们参加农庄劳动、收集柴火、缝补衣扣等，以便让昔日的小贵族们今后能适应当时的教育模式。外公还自办了一份家庭杂志，美其名曰《春燕》，该杂志的数学栏目主编，自然就由本回主角担任了。每当孙辈们有谁在《春燕》上发表啥"大作"，外公都会在第一时间给予物质和精神上的重奖，要么一个吻，要么一粒糖。一来二去，整个家族的学术研究氛围就相当浓厚了。《春燕》的作者自然也少不了柯尔莫哥洛夫，他还发表了一篇文章解决了外公提出的一个应用题：若四孔纽扣至少要缝两个孔，请问，有几种缝法？

6岁时，柯尔莫哥洛夫随姨妈一起前往莫斯科，进入了当时最进步的预科学校读书。该校崇尚自由，注重因材施教，允许学生自愿选听高年级课程。学校还探索了很多试验教学方法，以便让像柯尔莫哥洛夫这样在女性环境中成长的小男孩更阳刚、更淘气、更嬉闹、更大胆、更果敢、更灵巧等。可哪知，也许是学校的男性化教育过了头，以至柯尔莫哥洛夫终生都脾气火暴，不但性格直爽，还一言不合就动手打人，俨然一位"江湖老大"！甚至在已是著名数学家后，在一次苏联的学术会议上，由于与另一位数学家意见不合，几经辩论无果后，他终于忍不住，"啪"的一声就给了对方一巴掌，惊得全场目瞪口呆！此事后来传到斯大林耳中，这位"铁汉"竟哈哈大笑，盛赞柯大侠的真性情！

中学期间，柯尔莫哥洛夫的兴趣异常广泛，他不但选修了生物、物理、历史、数学、艺术、林学、社会学等课程，课外生活也相当丰富，既喜欢下象棋，也喜欢社交，更喜欢胡思乱想，甚至还幻想要在荒漠中创建一个法律至上的公社，并幼稚地为此起草了"宪法"。14岁时，他开始自学高等数学，并掌握了很多数学思想与方法，写下了不少读书笔记，为此他在后来读大学时还被免修了集合论和射影几何等课程呢。哦，对了，柯大侠还很早熟，因为早在中学期间，他就结交了校花——一位著名历史学家的"千金"，并在1942年将她娶回了家。

17岁时，柯尔莫哥洛夫中学毕业，成了列车上的售票员，开始体验平民生活。此时，他的江湖义气更是表露无遗，每当看到有人欺压百姓时，都忍不住"路见不平一声吼，该出手时就出手"。不过，在打架和售票之余，他还完成了一本研究牛顿力学定律的小册子。同年，他考入莫斯科大学。可在大学里，自己到底该选啥专业呢？这对兴趣广泛、啥都优秀的他来说确实是个不小的难题，毕竟鱼和熊掌不能兼得！于是，他同时注册了数学、冶金和历史3个专业，希望一边学习一边做出最终决定。

首先，他很快就淘汰了冶金专业，毕竟冶金不是自己的最强项，而且它对外界条件的依赖度太高，很难自由发挥。

接着，他开始重点考察数学专业。为此，大一时，他就认真聆听了著名数学家、莫斯科数学学派领军人物卢津教授的多门数学课，并与卢教授的研究生们进行了频繁的学术交流，更与其中一位研究生（后来自己的师兄亚历山德罗夫）结下了深厚友谊，两人还成了终生朋友和事业伙伴。一次，在卢教授的解析函数论课堂上，柯大侠又"怒从心头起，恶向胆边生"，竟忍不住对老师进行了无情反驳。哪知卢教授不但没生气，反而开始关注起这位"初生牛犊"来。又有一次，他参加了一个三角级数研讨会并解决了卢教授提出的一个难题，令后者刮目相看。于是，卢教授对柯同学更加赏识，并主动表示愿意接收他为自己的研究生。

柯尔莫哥洛夫当然不肯随便拜师，因为与此同时他也在认真考察历史专业。其实，也许受准岳父的影响，他对历史特别是俄国史很着迷，甚至还撰写过一篇论文，分析了15至16世纪俄罗斯诺夫格勒地区的地主财产问题。然而，正是这篇论文，最终让他下定决心淘汰了历史专业。因为，某位著名历史学家在读罢其论文后，评价说："你的论文只给出了一种证明，虽然这在数学上就够了，但对历史学家来说，每种结论至少都需要5种证明。"于是，他最终选定了"只需一种证明"的数学专业。

待到大二选定主攻数学专业后，也不知是哪位神仙帮忙，柯尔莫哥洛夫几乎瞬间就练就了数学江湖的"十八般武艺"，而且还在随后的半个多世纪里，像持续的火山爆发一样不断喷射出惊人的数学成果。

就在大二当年，不到19岁的柯尔莫哥洛夫，像魔术师一样就来了一个"开门红"，启动了自己的第一个科研成果高峰期：他于1922年2月，发表了集合运算论文；同年6月，他又取得了举世瞩目的成就，构造了一个几乎处处发散的傅里叶级数。该级数完全出乎数学家们的意料，立即引起全球轰动，更使他声名鹊起。后来，据他自己说，该级数是他当列车售票员时在火车上想出来的。1925年，他大学毕业，果真成了卢教授的研究生，并在当年就发表了8篇论文！每篇论文都是一个惊喜，每篇论文都是一个里程碑。比如，其中的一篇论文，奠定了鞅不等式及随机分析的基础；另一篇论文，证明了希尔伯特变换的一个重要不等式，也成了调和分析的支柱。1929年，研究生毕业后，他入职莫斯科大学数学研究所。

20世纪30年代，柯尔莫哥洛夫进入了自己的第二个科研成果高峰期。1930年，他访问了格丁根、慕尼黑及巴黎等数学圣地，结识了希尔伯特等数学大师，然后于1931年回莫斯科大学任教授；1933年，任该校数学力学所所长；1935年，获物理数学博士学位。在第二个高峰期内，他发表了多达80多篇高水平论文，解决了概率论、拓扑学、逼近论、数学史、射影几何、数理统计、实变函数论、微分方程、数理逻辑、生物数学、哲学与数学方法论等方面的许多重大问题，所涉及的范围之广、内容之深，无不令人称奇。特别是在拓扑学方面，他的一系列成果创立了线性拓扑空间理论，深刻改变了拓扑学的研究面貌；在随机过程方面，他早于维纳得到了平稳随机过程的一系列重要结论，还为马尔可夫随机过程理论奠定了基础；在概率论方面，他更于1933年出版了经典巨著《概率论基本概念》，首次将概率论建立在了严格的公理基础上，解决了希尔伯特第六问题的概率部分，标志着概率论进入了新时代；在流体力学方面，他于1941年发表了两篇重要的湍流论文，特别是他的"三分之二律"更为流体力学奠定了坚实的基础。

20世纪50年代，柯尔莫哥洛夫进入了自己的第三个科研成果高峰期，相关成果覆盖了经典力学、遍历理论、函数论、信息论、算法理论等领域。特别是在1953年和1954年，他分别发表了两篇动力系统论文，催生了著名的KAM理论（即卡姆定理）；20世纪50年代中后期，他又引入了熵的概念，开辟了一个广阔的全新领域，更促进了混沌理论的诞生；1957年，他与学生合作，解决了希尔伯特第十三问题；20世纪60年代以后，他又开创了两个重要的数学分支：演算信息论和演算概率论。

总之，柯尔莫哥洛夫的成就几乎遍及所有数学领域。在许多分支中，他都提出了不少独创性思想，导入了奇妙方法，构成了全新理论，对推动现代数学发展做出了卓越贡献。他把数学理论与科学实验融为一体；他既是理论家，又是实践者；既是一位抽象的数学家，又是一位从事具体产品质量统计的检验员；他既研究流体力学，又亲自参加海洋考察。难怪1963年，在第比利斯召开的概率统计会议上，美国学者沃尔夫维茨（又译作沃尔夫威茨）半开玩笑半认真地说："我参加此会的主要目的，其实就是想来确认一下，'柯尔莫哥洛夫'到底是一个人还是一个研究所。"

伙计，面对柯尔莫哥洛夫的众多成就，你肯定十分惊讶吧。但更惊讶的是，他的这些成就，不是靠废寝忘食累出来的，不是争分夺秒抢出来的，不是牺牲生活乐趣换来的，更不是走路撞电杆碰出来的，而是游山玩水玩出来的！真的，你没看错，就是玩出来的。准确地说是在风景区里玩出来的，难怪他被称为"户外数学家"。你若不信，那就请看，他是如何经过简单的3步就轻松搞定了自己的最重要成就之一——建立了概率论的公理化结构。

第1步，他找来自己的同门师兄，即卢津教授的另一位弟子亚历山德罗夫。

第2步，找来一条小船，然后两人一起乘船，沿伏尔加河穿越高加索山脉，来到塞万湖中的一个小岛上住下。

第3步，开始每天游泳、爬山、晒太阳的惬意生活。

于是，惊世之作《概率论基本概念》就这样在"阳光、沙滩、海浪、仙人掌，还有两位小船长"的氛围中完成了。

后来，他还嫌不过瘾，干脆再次找来师兄，于1935年合伙在莫斯科郊外的科马罗夫卡买下一间"草庐"，每周都来这里待3天，其中还有一整天是用来爬山、滑雪、冬泳，或干脆一身短打扮，在冰天雪地里徒步30千米。就这样，他又取得了许多重要成就。也是在这个"草庐"里，他频繁举行各种学术研讨会，培养了不少数学大师。其实，他的许多奇思妙想也都产生于林间漫步、湖中畅游或山坡滑雪。难怪在1962年，他访问印度时建议：把所有大学都搬到海边，以便师生在讨论严肃问题前可以先下海游一会儿。

回顾柯尔莫哥洛夫的传奇人生，不难发现他有这些特点：他身体很棒，甚至在70岁生日庆祝会上还身穿短裤，光着膀子，在雪地里徒步，把其他小伙子远远甩在身后。他爱好很广，简直就像一本百科全书，不仅沉迷于数学和户外运动，还研究哲学、诗歌、美术、建筑、音乐和历史，甚至把概率论应用在语言学上，给出了有趣的概率写诗法；他品德高尚，为人谦虚，胸襟开阔，从不自我夸耀；他淡泊名利，多次把奖金捐给图书馆，还放弃了高额的沃尔夫奖金。总之，对这位旷世奇才，我们确实无法用言语来评价，唯有致敬！

可惜，在1987年10月20日，伟大的数学家柯尔莫哥洛夫，不幸在莫斯科逝世，享年84岁。

安息吧，柯尔莫哥洛夫，您一生都沉浸在数学王国中享受数学、享受发现、享受创造；您的一生真让人羡慕，既羡慕您的成就，更羡慕您的纯粹！

第一百四十五回

『电脑之父』被遗忘，拂去尘埃放金光

伙计，请听题：人类的首台计算机（俗称电脑），是谁、在何时成功研制的，它又叫啥名字？

你若回答"1946年，莫奇利和埃克特合作发明的ENIAC，是人类的首台计算机"，那么对不起，你就答错了，不及格！若你再争辩说，这是当今几乎所有教科书和科普书中的标准答案，那更对不起，教科书和科普书都错了，你也错上加错了！正确答案应该是，1942年，阿塔纳索夫和贝里合作发明的ABC机，才是人类的首台计算机。

下面我们将正本清源，为计算机的真正发明人——本回主角阿塔纳索夫平反，为他发明的首台计算机——ABC机恢复名誉。其实，这不是民间传说，更不是我们的一家之言，而是美国明尼苏达州地方法院耗时6年，历经马拉松式的135次开庭听证和审判，在计算机已诞生30多年后，才于1973年10月19日当众宣判的最终结果，即"莫奇利和埃克特并未发明首台计算机，只是利用了阿塔纳索夫发明的构思而已"。并且法院还判决"莫奇利和埃克特已获的计算机专利无效"，理由是阿塔纳索夫早在1941年就将他对计算机的初步构想告诉过莫奇利。虽然这个判决没人上诉，但可惜，就在宣判公布的次日突然爆发了"水门事件"，将全球眼球都吸引到了即将下台的尼克松总统身上，所以，除少数直接相关者外，外界几乎忽略了法院揭露的真相，以致许多教科书和科普书等至今仍在以讹传讹。幸好，美国政府没忽略此事，1990年在本回主角已87岁高龄之际，时任美国总统乔治·布什亲为阿塔纳索夫颁发了全美最高科技奖——国家科技奖。这也算是对这位"计算机之父"的一种补偿吧，虽然它迟到了半个多世纪，虽然阿塔纳索夫至今仍在被误解。

那么，这场旷日持久的"计算机窦娥冤"到底是咋回事儿呢？阿塔纳索夫和贝里到底是如何发明计算机的呢？其发明又是如何被剽窃的呢？阿塔纳索夫又如何成长起来的呢？有啥隐秘的传奇呢？欲知详情，请继续阅读下文。

光绪二十九年（即1903年），太平洋海底电缆投入使用。也是在这一年，1903年10月4日，本回主角约翰·文森特·阿塔纳索夫，以老大的身份诞生在美国纽约州哈密尔顿市的一个保加利亚移民家中。爷爷是保加利亚人，因参加了反抗奥斯曼帝国的起义活动惨遭杀害。为了避难，父亲在13岁那年带着枪伤逃到了美国，投奔先期逃到这里的哥哥，即主角的伯父。可惜，其家族姓氏却被美国移民局官员自作主张地改成了"阿塔纳索夫"，好在命比名更重要，所以父亲干脆将错就错，把这个错误的姓氏传承给了子孙后代。父亲在美国读完大学并获物理学学士学位后就结婚了，然后，两口子生下了10个儿女。

小时候，爸爸经常带着阿塔纳索夫到处搬家，目的是想寻找一份满意的工作。终于，在阿塔纳索夫读小学前，爸爸在佛罗里达州的一个磷酸矿找到了一份高薪工作，妈妈也成了当地的中学数学老师。由于爸爸是电气工程师，所以家里电器较多，且他家还是当地首批用上电灯的住户。每晚，当电灯光照亮房间时，阿塔纳索夫都会立刻被这神奇的电器所吸引，缠住爸爸问这问那，从而知道了基本的电学知识，甚至还学会了修理简单电器。9岁生日时，爸爸送了他一个新奇的礼物，一把计算尺。哇，小家伙兴奋无比，对计算尺简直爱不释手，不但仔细阅读了使用说明书，还反复做练习，以至两周后就能用它计算各种各样的复杂问题了。更重要的是，在妈妈的帮助下，小家伙不但搞懂了计算尺的原理，还明白了二进制等基本概念，这使他在今后的计算机研制方面，赢在了起跑线上。在整个中小学阶段，阿塔纳索夫不但酷爱学习，各门功课都很优秀，特别是数学和理科成绩更是名列前茅，而且还酷爱棒球，甚至可以说，他的时间一半用在了学习上，另一半则用在了棒球场上。

1921年，阿塔纳索夫考入佛罗里达大学，选择了与他父亲相同的专业——电机工程，同时他也对电子学产生了浓厚兴趣，4年后大学毕业，他取得电气工程学士学位。接着，他进入艾奥瓦（又译作爱荷华）州立大学数学系，一边工作一边读研究生，还一边谈恋爱，并在1926年获得数学硕士学位，还在校园的"南方学生俱乐部"结识了一位美女并最终娶她为妻。婚后，他们生养了3个小孩，再后来更有10个孙子。他的博士课程则是在威斯康星大学完成的，于1930年以"氦的介电常数"为题取得了物理学博士学位。至此，他所学的专业已横跨电气、数学和物理；他的广博知识，为今后发明计算机奠定了坚实的基础。

完成学业后，阿塔纳索夫回到母校艾奥瓦州立大学，在数学系和物理系任教并很快晋升为助理教授，后来又晋升为物理教授。这时，由于教学和科研的需要，他必须随时求解大量枯燥而复杂的线性代数方程，而手工计算显然不能满足需求，必须借助高效的计算工具。可是，当他把那时最先进的机械式和机电式计算器、穿孔卡片计算机、微分分析器等所有计算工具都进行了地毯式的认真研究后才发现，它们全都不够理想。因此，他希望自行研制一种他称为"彻底的计算机"的东西，即一种比现有所有计算机都更强的新型计算机。但如何才能实现该目标呢？

这就成了他日思夜想的重要课题。

起初，他试图采用一根公共轴作为驱动装置，把30台当时先进的机械式蒙络计算机穿起来，并以此求解方程，但其速度仍然太慢，且误差还很大。比如，若想求解含有29个变量的联立方程，将花费至少381小时，这里为啥不换算成16天呢？因为当时的计算机都不能夜间自动运行！后来，他又试图把几台不同的制表机穿在一起以提高效率，但结果仍不理想。不过，这次倒小有收获：一方面，此种方法确实有助于求解某些理论物理问题；另一方面，该思想帮助他于1936年完成并发表了一篇学术论文。该论文首次将所有计算机分成两大类：数字计算机和模拟计算机。他认为机械式模拟计算机又慢又不精确，其前景不容乐观，而理想的计算机应该是数字式的和电子式的。书中暗表，该论文在后来还意外发挥了另一个重要作用，那就是在与剽窃者打官司时，它成了有力证据，证明阿塔纳索夫早就拥有制造计算机的想法。

为了研制计算机，阿塔纳索夫非常投入，常常冥思苦想、废寝忘食。大约在1937年冬天，在一次休假旅行途中，餐桌上的拼花突然激发了他的灵感，让他脑中瞬间出现了清晰的计算机方案。于是，他立刻行动，趴在餐桌上一口气干了3小时，然后才慢慢开车回家。终于，在过去数年积累的基础上，他逐渐明确了目标，为梦想中的计算机制定了4项重要原则。

1）用电子管和电路代替机械部件，以担当承载数据的媒介，实现相关控制，以保证计算速度。

2）用二进制代替十进制进行数字运算，以便发挥电子器件的作用，同时保证计算精度。

3）通过一连串的逻辑动作而非"计数"，来实现正确的数字计算。

4）用磁鼓来存储数据，其存储元件采用能充电和放电的电容器，以便进行重复的更新存储。

书中暗表，伙计，千万别小看了上述4项原则哟，它们可是后世设计所有计算机的最基础标准，它的提出终于终结了过去计算机设计的杂乱无章的局面！

果然，基于上述4项原则，阿塔纳索夫制定了详细的计算机设计方案。可是，单凭他一人之力，显然无法完成如此浩大的任务，比如他对硬件就不在行。不过，他坚信"构想就是成就，一旦有了构想，任何人都可制造出来"。于是，他使尽浑身解数，总算向艾奥瓦州立大学申请到了一笔"可观"的院级项目科研经费：650美元！是的，你没看错，就是区区650美元，所以才叫"可观"，即只能观，不能摸，更不够用！

幸好，阿塔纳索夫善于过穷日子，善于精打细算。于是，他将那笔科研费一分为二：其中200美元用于购买最基本的元器件；另外450美元作为劳务费，用于聘请他的一个对机械和电子学都相当熟悉的优秀学生贝里。他同时承诺：今后造出来的计算机取名为"ABC"，这里A和B分别代表阿塔纳索夫和贝里两人名字的首字母，而C代表计算机。书中暗表，阿塔纳索夫还真找对了人，贝里这小伙子确实不错：他出生在纽约，小学时就被大家称为"天才"，他以各科全优的成绩从高中毕业；他痴迷于无线电，是当时小有名气的业余收发报员；他的最大特点是动手能力超强，任何东西都能做得细致而精巧；他当时正在艾奥瓦州立大学电气工程专业读书，而且还听过阿塔纳索夫的物理课；他一边读书，还一边在电气公司兼任技术员；1939年，他以全班第一名的成绩从大学毕业。当阿塔纳索夫请他当助手时，他很爽快就答应了。在整个研制过程中，他始终都勤勤恳恳，任劳任怨。总之，贝里在ABC机的研制过程中，确实扮演了重要角色，是他最终圆了阿塔纳索夫的计算机梦。

书说简短，在劳务费、署名权和师生情的多重作用下，经过近一年的努力，阿塔纳索夫和贝里这对师生还真的在1939年11月将ABC的样机完成了！后来，又经过3年的不断改进，到1942年，ABC机终于可以正常运行并求解较小的联立方程了！不过，按既定目标，ABC机本该能求解29个联立方程，但由于穿孔卡片机始终不可靠，即使多次更换了材料后仍不可靠，因此ABC机并未达到其设计水平，但它足以证明：用电子电路确实可以构成灵巧的计算机，用电子管确实可以实现再生记忆功能等。因此，ABC机确实是人类的首台计算机，尽管它还不够完善，但开辟了通向现代计算机的阳光大道。

书中暗表，这台ABC机不但长得很丑，且还很"鲁莽"。真的，若不信，那就请先看看它的素颜照：它有两个长28厘米、直径20厘米的塑料磁鼓，其中存放着若干电容器。这些电容器的数据存储容量是30位二进制数，当塑料磁鼓旋转时，就把这些数字读出来。ABC机的输入采用了穿孔卡片，每张卡片上有5个数。ABC机共有300多个电子管，构成了30个加减器，它们负责运算那些从鼓上读出的数字，以实现微分方程的求解。

再看ABC机的行为举止有多"鲁莽"吧。据艾奥瓦州立大学的师生回忆：当ABC机运转时，哇，好家伙，若从里面看去，就像坦克撞进了物理大楼，两个硕大的磁鼓呼呼有声，转动的链条叮当作响，高压电弧的"呲呲"声在走廊里回荡，空气中充满了燃烧的焦味，教室都在隐隐发抖；若从外面看去，妈呀，整个大楼好像正惊叫着拔腿欲逃，只苦于地基太深挪不动步子，便拼命摇晃身子干着急。

在艾奥瓦州立大学校园内，ABC机虽惊天动地，特别是运转起来更是如此，但它在外界始终不为世人所知，默默无闻，直到30年后的那场专利官司为止。如今回过头来分析，其原因大约有以下3点。

第一点，艾奥瓦州地处美国中西部，当时还比较闭塞；艾奥瓦州立大学也不入流，其科研情况更不为世人所关注。

第二点，ABC机并未得到美国政府和军方资助，完全属于自拟课题。

第三点，也许是最重要的一点，阿塔纳索夫本人在研制完ABC机后，就义愤填膺地于1942年9月应征入伍打日本鬼子去了，因为，当时珍珠港事件刚刚爆发，美国正式向日本宣战。而且，他在军队里一待就是整整10年，退伍后也未回到大学讲坛，其间他不但中止了ABC机的研制和改进工作，甚至连留在艾奥瓦州立大学的两台ABC样机也都被学校拆掉了，一来是因为这家伙的运行实在太吓人，二来其元器件可挪作他用，三来还能节约一些实验空间，于是，ABC机就逐渐被人遗忘了。今天在艾奥瓦州立大学看到的ABC机，其实是在1997年建造的复制品，不过，比较讽刺的是，该复制品却花费了高达35万美元，约为当年ABC机研发费的800倍！

可令人惋惜的是，也许阿塔纳索夫本人并未意识到ABC机的重要价值，因此，他未申请专利保护。而另一位研发者贝里，也于1942年底离开了艾奥瓦州立大学，从此再也没介入过计算机领域；更惨的是，后来贝里自杀身亡。于是，这就给"剽窃者"留下了可乘之机。原来，1940年12月，在费城举行的美国科学促进协会年会上，阿塔纳索夫遇到了一位名叫莫奇利的年轻人，两人都对计算机非常感兴趣，谈得也很投机。次年6月，莫奇利还专程拜访了阿塔纳索夫，并在后者家里住了整整5天，不但参观了几近完成的ABC机，还详细阅读了厚达35页的设计图纸和资料，掌握了ABC机的内部工作原理。1946年，莫奇利以自己的名义申请了发明专利，后来又把该专利权卖给计算机厂商。你看，从构思到研制 ABC 机，阿塔纳索夫用了近5年时间，而"剽窃"这一成果却只需不足5天！

接下来就是1946年2月15日的全球性爆炸新闻：在莫奇利和埃克特的领导下，美国宾夕法尼亚大学成功研制出了首台计算机ENIAC！

ENIAC 是美国军方耗时3年多花费40万美元（即 ABC 机研发费的约900倍）建造的一个庞然大物。它使用了1.8万个电子管、6000个开关、7万只电阻、1万只电容、50万条导线，占地170平方米，重达30吨，耗电功率约150千瓦，每秒可进行破天荒的5000次加减法运算，是使用继电器运转的机电式计算机的1000倍、手工计算的20万倍！于是，"发明人"莫奇利和埃克特在完全没提及甚至刻意回避阿塔纳索夫和 ABC 机的情况下，在1973年之前的近30年里名利双收：不但赚得了巨额专利费，还收获了众多科技大奖，更在包括中国在内的所有国家的教科书和科普书中成了计算机发明人。书中暗表，美国军方之所以要在第二次世界大战期间，以绝密项目的形式投巨资研制 ENIAC，其本意是想用它来计算弹道轨迹，可惜，在它被研制完成之前，第二次世界大战就于1945年9月结束了。正当军方计划撤销 ENIAC 时，冯·诺依曼却拯救了 ENIAC，给它布置了一项新任务——为氢弹研制提供辅助计算，这就使得 ENIAC 有机会展现自己的高超本领。虽然 ENIAC 是"剽窃"的产物，但它在诸多领域确实提供了巨大帮助：直到它退役为止，共运算了8万多小时，为氢弹研制、天气预测、风洞开发等都做出了卓越贡献。相比之下，首台计算机 ABC 机却在建成后即被拆除，几乎没发挥过作用，因此，高度评价 ENIAC 也是应该的。

再接下来，就是本回刚开始时提到的那个法院判决了。当然，我们无意丑化莫奇利和埃克特，毕竟他们也在计算机的实现和推广方面做出了卓越贡献。毕竟 ABC 机刚好处于人类从模拟到数字挺进的门槛上，而 ENIAC 则标志着计算机正式进入数字化时代。但是，我们更不应埋没真正的英雄，真正的"计算机之父"阿塔纳索夫，以及他的合作伙伴贝里。

花开两朵，各表一枝，就在"剽窃者""数钱数到手抽筋，领奖领到头发晕"的这段时间里，计算机的真正发明人阿塔纳索夫又在干什么呢？

首先，他在美国海军服役了整整10年，其间参与或主持过有关水雷、引信、原子弹爆炸时的声波效应等项目，并做出了重要贡献，获得过海军的最高奖励——

杰出服务奖。

接着，1952年退役后，他创办了兵器工程公司，并开发了一台能跟踪记录炮弹轨迹的计算机；1959年，他的公司被另一家更大的公司AGC收购，成为AGC的大西洋分部，他本人则继续担任分部副总裁，直到1961年从AGC退休。

退休后，他又创办了另一家咨询公司。1975年的一次中风后，他把新公司交给儿子，自己则开始了各种休闲式的发明创造活动。他一生共获得过100多项发明专利，比如雨量计、空调系统、太阳能热水循环系统等。不过，他后来就再也没关心过计算机，这一方面是因为他对莫奇利的"剽窃"行为极其厌恶，另一方面也因为那时计算机已正式商业化，对他没啥吸引力了。此外，他还有另一个爱好，那就是研究如何快捷掌握英语发音。据说，他设计过一种音标，能帮助学生读写英语，将速度提高约3倍，可惜我们至今没见过该音标。

虽然阿塔纳索夫没因其伟大的发明而享受到应有的名利，但上天还是比较公平的，特别是让他很幸运地享受了惊人的长寿：直到92岁那年，1995年6月15日，因心脏病突发，在家中去世。

安息吧，阿塔纳索夫，假的真不了，真的假不了，后人终究不会忘记您的贡献！

第一百四十六回

人称『计算机之父』，肯定博弈论之祖

伙计，请听开卷考试题："计算机之父"是谁？

你肯定回答：冯·诺依曼！其实，不单是你，几乎所有人都公认：冯·诺依曼是"计算机之父"！但是，确有一人竟敢冒天下之大不韪，拒绝承认这一铁的事实！此人是谁，为何如此大胆，莫非他与冯·诺依曼有啥深仇大恨？经过一番刨根问底后，我们总算把这位"大胆之徒"给挖了出来。妈呀，原来此人不是你，不是我，不是任何别的人，而是冯·诺依曼自己！因为他说："我只是按图灵的思想做了一个机器而已！电子计算机的发明者，另有别人！"

天，这该咋办？别人自谦，我等外人有啥办法！但事实是"秃子头上的虱子"，明摆着的嘛！你看，当今世界上的任何一台计算机，包括你正在使用的那台，无论是大、是小，是新、是老，它们体内都无不流淌着冯·诺依曼的基因，用专业术语来说，所有计算机最重要的基础都叫"冯·诺依曼体系结构"。更准确地说，所有计算机都始终遵从冯·诺依曼在1945年以人脑为模特儿，借鉴生物神经系统提出的生物计算机方案：都采用二进制逻辑，都用程序来存储待执行的任务，都是由运算器、控制器、存储器、输入设备和输出设备这5个部分组成。

恭敬不如从命，既然冯·诺依曼自己不乐意，咱也别勉强，因为他本来就是一位"事了拂衣去，深藏身与名"的世外高人嘛！于是，经过又一番深究后，"计算机之父"的"帽子"，总算被按时间顺序进行了更细的分配：巴比奇（又译作巴贝奇），"机械式计算机之父"；阿塔纳索夫，"电子计算机之父"；冯·诺依曼，"现代计算机之父"；图灵，"计算机科学之父"。就算该分配有啥瑕疵，至少也表明了我们的态度，即不能忘记为人类做出重大贡献的任何伟人，更不能忘记像冯·诺依曼这样自谦的伟人！

其实，冯·诺依曼的伟大，绝不仅仅因为他是"现代计算机之父"，单凭他的另一顶"帽子"也足以成就他的伟大。实际上，他还被公认为"博弈论之父"。早在1928年，他就证明了博弈论的基本原理，从而宣告了博弈论的正式诞生；他又于1944年出版了划时代巨著《博弈论与经济行为》，从而奠定了这一学科的基础理论体系。如今，博弈论已是现代数学的重要分支、运筹学的核心内容、理解和预测进化论的重要手段、经济学的标准分析工具等，更被广泛应用于金融学、证券学、生物学、经济学、政治学、国际关系学、计算机科学和军事战略学等学科。关于博弈论的伟大，还有这样一组更直观的数据，从1994年至今，博弈论已催生了至少16位诺贝尔经济学奖得主，他们的获奖成就都与博弈论相关。所以，博弈论甚至被颂扬为"20世纪前半叶最伟大的科学贡献之一",而冯·诺依曼又被称为数理经济学的奠基人之一。

另外,即使忽略冯·诺依曼在计算机和博弈论两方面的贡献,他仍然也是响当当的伟大科学家。他的本行其实是数学,他早期一直从事纯数学研究,并取得了若干惊人成就,比如开创了冯·诺依曼代数、解决了希尔伯特第五问题、对集合论进行了新的公理化、发展了线性规划理论、建立了数理统计理论基础、完善了测度论和格论、提出了量子逻辑和量子机、发明了连续几何学等,他既是计算数学的缔造者之一,更是20世纪最重要的数学家之一。

限于篇幅,本回无法全面介绍冯·诺依曼的科学贡献。比如,若单论他在量子力学方面的成就,那按照他的终生好友、诺贝尔物理学奖得主魏格纳的评价,他也"足以在当代物理学领域占据特殊地位"。其实,他在核武器、气象学、原子能和经济学等方面也都还有卓越贡献,难怪许多人都说他是20世纪最伟大的全才之一、是有史以来最具影响力的数学家之一、是现代数学的一位巨人、是20世纪最具科学头脑的人,甚至还有人说他是最后一位杰出数学家,更有人开玩笑说他是进化程度更高的人类、是科学界的外星人等。无论这些说法是否准确,但有一点是肯定的,即本书确实值得专门为他奉献如下小传。

话说,1903年12月28日,约翰·冯·诺依曼以3个儿子中的老大身份诞生于匈牙利布达佩斯的一个富贵之家,准确地说是"富三代"兼"贵二代"之家。他祖父本是贫穷的犹太人,但通过经营石磨等农业设备而发家致富。父亲不仅风度翩翩,还机智勤奋,更凭其高超的经营技巧在银行界创下了一番不小的事业:不但买了许多不动产,还买了一个世袭的贵族头衔。这便是冯·诺依曼的名字中要带一个贵族标记"冯"的原因。妈妈瘦弱而善良,贤慧而温顺,漂亮而聪颖,还受过良好的教育,特别善解人意,她的全部生活就是相夫教子,尽心尽力处理家族内务。她对长子更是关怀备至,每当冯·诺依曼有啥进步,她都大加表扬。孩子们的早期教育更是全家的中心,甚至在每顿正餐前都要举行一次简短而热烈的家庭主题研讨会,每个人都要对主题发表独立见解,形式不限,可长可短、可问可答、可庄可谐。

冯·诺依曼从小就很特别,若只用"神童"两字来描述好像还不够,更准确地说,他是全才型神童。比如,他是语言神童,6岁时就能用希腊语讲笑话,除母语外,他后来还精通7门外语。他是心算神童,7岁时就能单靠心算进行8位数的除法运算，成年后其心算能力更不得了，甚至能心算无穷级数，其速度竟快过当时的计算机，以至有人开玩笑说："有了冯教授，何必再开发啥计算机呢，他不就是现成的'超级计算机'嘛！"他是数学神童，8岁时就掌握了微积分。他是历史神童，10岁时就读完了48卷本的世界史，并能将现实事件和历史事件进行对比，从军政等方面加以评论，甚至有历史学家醋味十足地说："唉，冯教授当初若选择历史学而非数学，那么，历史学的未解之谜可能就所剩不多了！"他是看书的神童，不但一目十行，还过目不忘：只需扫一眼电话簿，他就能记住整页通信录；还能在多年后，将读过的小说一字不错地背诵下来或实时翻译成不同的语种；甚至就在去世前，还能凭几十年前的记忆纠正同事所朗诵的著名演讲。他是自学神童，其自学能力之强，甚至把家庭教师都惊得热泪盈眶。他是段子神童，从小就喜欢讲笑话，成年后，更是依靠原创超级段子（即夹杂着多种语言的段子）把亲朋好友逗得前仰后合；只要有他在，笑声就不断。他是做梦的神童，据说，他经常带着难题入睡，待到起床时大脑就已自动给出答案了。他是速读神童，据说，每次上厕所时，他都带着两本书，否则，嘿嘿，你懂的。当然，在体育方面，他就不是神童了，而是"剩童"，专门垫底，这也许是遗传了妈妈的基因吧，他不喜运动，最多偶尔溜溜冰。此外，他从小就敢做敢当，乐观向上，善于思索，喜欢研究，更喜欢智力游戏。

11岁时，冯·诺依曼就进入了大学预科班。但他的学习过程很特别，因为仅仅两个月后，数学老师就急匆匆前来家访了，原来她发现，这小子压根儿就不正常，不能由包括自己在内的普通老师培养，必须另请高明，否则就会误了这位数学天才。老爸一听，当然高兴，立马掏钱聘请了几位杰出数学家定期到家中现场指导儿子。还是少年的冯·诺依曼，就已在匈牙利的数学圈中小有名气了：早在12岁时，他就啃完了大部头专著《函数论》！老爸对天才儿子非常自豪，千方百计营造良好的学习氛围，甚至借助下棋等益智活动来训练儿子的缜密思维。后来，老爸干脆放弃了希望儿子接班的想法，鼓励他成为科学家而非银行家，因为老爸发现儿子实在太优秀，不但拥有非凡的逻辑头脑，还拥有高超的学习能力。不过，冯·诺依曼之所以最终下决心投身数学，还是因为他在预科班毕业前，获得了匈牙利的全国数学竞赛冠军！

在预科班上，冯·诺依曼当然是"学霸"中的"学霸"：背书只看一遍，解题只写答案，上数学课却看小说，上化学课却读历史，成绩总是名列前茅，老师总让同学们向他学习。但是，与其他让人敬而远之的"学霸"不同，冯·诺依曼让人敬而近之，因为他特能讲段子。他还结交了一位高年级的终生好友——魏格纳，不过，比较奇怪的是，在这对好友中，哥哥竟是弟弟的忠实崇拜者！他俩经常一起散步，弟弟向哥哥谈数学、讲历史，谈这谈那，谈呀谈；而哥哥则只是痴迷地听这听那，听呀听。若干年后，魏格纳都还真心佩服地说："任何人，无论多聪明，只要和他（冯·诺依曼）相处，就一定会自卑。"甚至，魏格纳之所以投身物理，在很大程度上也是因为弟弟的数学太强了，而当时匈牙利的数学教授席位只有区区3个，所以哥哥得给弟弟让路，否则，魏格纳的诺贝尔物理学奖肯定易主。

17岁时，冯·诺依曼预科毕业，考入了布达佩斯大学。他的大学生活也很特别，他几乎没听啥课，甚至压根儿就没待在匈牙利，只是每学期末定期回国参加各门功课的考试，当然，即使是这样，他的成绩也仍名列前茅，且在大一时就发表了数学处女作。在真正的上课时段里，他要么在柏林大学聆听爱因斯坦的统计力学讲座；要么在格丁根大学拜访希尔伯特教授，与这位比自己年长40多岁的著名数学家一起讨论数学公理结构；要么在苏黎世联邦理工学院从事数学研究，还在1925年顺便获得了该大学的化学学位，这主要是完成老爸交代的额外任务；要么在匈牙利，与魏格纳等哥们儿一起进行毫无边界的"头脑风暴"；当然，在更多的时间里，他主要是在攻克数学难题或与数学家们通信。就这样，他于1926年获得了布达佩斯大学数学博士学位。据说，在博士论文答辩会上，专家们都提不出啥问题，只有希尔伯特提出了一个他没能回答的问题，不过最终还是让他顺利过关了，因为，希尔伯特问道："哇，你这身礼服真棒，裁缝是谁？"其实，这时的他已是多产的著名数学家了，且深受众人喜爱，因为，他思想丰富，才华横溢，待人友好，富有幽默感，还很谦虚，不过，在科学面前他却相当严谨，任何人若有错误时，他都会毫不客气地加以纠正。

毕业后，冯·诺依曼开始了频繁的跳槽活动，这里的跳槽，不仅是职业岗位的跳槽，也包括研究课题的跳槽，且每跳槽一次他都至少要下一个"金蛋"。首先，他于1926年前往格丁根大学，担任希尔伯特的助手。其间，他结识了海森伯，并以公理形式重新表述了海森伯的数学公式。接着，1927年，他又跳到柏林大学，发表了多篇集合论、代数和量子理论方面的重要论文。此时的他，非常喜欢柏林的夜生活，对酒吧的歌舞更着迷，还是朋友圈中的美食家。他虽潜心于数学研究，但绝非书呆子，还特喜欢飙车，甚至撞坏过多辆汽车，不过却从未受过重伤。然后，1929年，他又跳到汉堡大学，紧接着，他干脆纵身一跳，就"跳"过了大西洋，来到遥远的美国，从此开始了全新的生活和工作。

1930年，对冯·诺依曼来说是很重要的一年。从生活上看，这一年，他与首任太太结婚，并生下一闺女（可在1937年，他离婚了；然后，于1938年，娶回了第二任太太）。婚后，她既是他的事业帮手（比如，是首位计算机软件程序员），更是他的生活管家，还特别殷勤好客，经常与丈夫一起举办各种家庭聚会，让来客倍感舒适温馨。当然，在这些聚会上，每次都少不了丈夫的绝技表演和各种即兴段子等。从工作上看，这一年，他首次赴美，成为普林斯顿大学客座讲师，不久就被聘为客座教授；接着，在1933年，被聘为普林斯顿高等研究院最年轻的教授，从此成了爱因斯坦的同事。

1940年，是冯·诺依曼科研生涯的转折年。此前，他主要研究纯粹数学；此后，他开始研究应用数学。为啥会有这一巨大转变呢？一方面，这是因他长期钟情于各种数学物理问题，且总喜欢迎接新挑战；另一方面，这也是当时的社会需要，因为第二次世界大战爆发后，他应召参与了许多军事项目，比如研究过弹道和原子弹等。总之，在这段时间内，他所从事的科研项目要么是机密，要么是超级机密，所以相关细节都不得而知，而外界只知道，在普林斯顿曾广泛流传着这样的"两个凡是"：凡是冯·诺依曼想证明的，他都能证明；凡是冯·诺依曼证明过的，肯定不会错。

冯·诺依曼为何总是干啥成啥呢？下面通过一些公开的花絮来努力找找答案。

首先，他的科研课题都有明显的需求背景。虽有段子说，他之所以研究博弈论是因为玩扑克输了，但是，段子归段子，实际上你只要看看他的书名《博弈论与经济行为》，就不难发现他其实是在为社会经济的博弈建立一套利益最大化的共赢理论，且这项工作持续了10多年。伙计，若只为了赢得扑克赛，单凭他那卓越的智商，只需稍微发力就足以"秒杀"所有高手，压根儿就用不着再研究啥博弈论。当然，如今的事实表明，他的初心已基本实现，他确实相当有远见！

另外，他之所以要研究计算机，其实也是偶然中的必然，也是为了满足实际需求。他在研制原子弹时，涉及了许多极为困难的计算问题，为此，他聘用了上百名计算员但仍不能满足需求，这让他非常苦恼。碰巧，这时他偶遇了正研制电子数字积分计算机（ENIAC）的军官。军官像发现宝贝一样，马上邀请冯·诺依曼进入ENIAC项目组，因为他们遇到了凶猛的"拦路虎"，而冯·诺依曼也眼前一亮，好像发现了救命稻草，于是双方一拍即合：冯·诺依曼帮助研制ENIAC，但ENIAC

成功后要用于原子弹研制。书说简短，冯·诺依曼于1944年8月加入了ENIAC研制组。他当然不满足于只完成区区ENIAC，因为该机缺少灵活性和普适性，只能进行专用计算，于是，在1945年3月，他牵头制定了全新的、更先进的"存储程序通用电子计算机方案"（即离散变量自动电子计算机，英文简称EDVAC），全面论述了制造电子计算机和程序设计的新思想。从此，计算机发展进入了一个新时代！

其次，冯·诺依曼的科研思路是典型的分析法。这一点可从别人对他的评价中看出。比如，美国原子能委员会主席曾评价道："他（冯·诺依曼）有一种让人望尘莫及的能力，即哪怕是最困难的问题，都能被他分解成一件件看起来十分简单的事情。"看来，他还真是"大事化小，小事化了"的高手呢，难怪他会说："若你不相信数学很简单，那只因你未意识到生命很复杂。"实际上，在分析者眼里，万物本来就很简单。不过，做科研工作绝不能只靠"分析法"，实际上，随着社会的发展，包括网络在内的各种系统将变得越来越复杂，系统方法将变得越来越重要，因为系统中各部分的关联关系将越来越紧密，"大事化小"将变得越来越困难。当然，冯·诺依曼早就对此有所预料，晚年时，他就转向了自动机理论、人脑和计算机系统的精确分析，只可惜，他还没来得及完成就英年早逝了。

其实，冯·诺依曼的身体本来一直很好，但可能因为工作太玩命，更可能是因为在研究原子弹时接触了核辐射，从1954年开始，他常常感到十分疲劳。1955年夏天，他被确诊为癌症！于是，他与癌症展开了不屈不挠的斗争：一方面，病势不断扩展，癌细胞长期而无情地折磨着他；另一方面，他仍不停地工作，即使是坐在轮椅上也仍在继续思考、到处演说、频繁参加各种会议。终于，病魔渐渐占据上风，他慢慢终止了所有活动，但仍未停止奋笔疾书，因为他想揭示人的神经系统与计算的关系。直到1956年4月，这位精力充沛、不知疲倦的数学家，这位笑口常开、风趣快乐的冯·诺依曼才不得不住进医院。

1957年2月8日，伟大的全能科学家冯·诺依曼终于停止了思考，年仅53岁！唉，这还真应验了那句俗话：天才是从两头燃烧的蜡烛，虽明亮，但不长久。

福无双至，祸不单行；两年后，冯·诺依曼的遗孀也自杀了。幸好，他的独生女很争气，后来还被尼克松总统任命为"总统经济顾问"，是历史上首位出任该职的女性。

安息吧，冯·诺依曼，后人永远也不会忘记您的贡献！

第一百四十七回

奥本海默原子弹，热核结束恒星研

对军事迷来说，一提起奥本海默，马上就会想到"原子弹之父"。的确，人类的第一颗原子弹以及美军投掷到广岛与长崎的"小男孩"和"胖子"，都是在他的领导下赶在德国之前研制成功的。随后的事情嘛，各位比我们更清楚，所以就不再重复了。但是，若奥本海默只是"原子弹之父"的话，可能就不够资格入选本书了。这里为他专门奉献一篇小传的原因主要有两个。

其一，原子弹提前终结第二次世界大战后，他就开始反核，并为此蒙受了多年不白之冤。毕竟，杀人总不是好事，研制大规模杀伤性武器更不该鼓励。

其二，许多人可能不知道，奥本海默还是黑洞学说的奠基人，更准确地说，他在1939年通过纯粹的理论计算后宣布：一颗质量超过太阳3倍，但已衰老的恒星（即无法再通过热核反应产生能量的"冷恒星"），一定会在自身引力的作用下坍缩成为黑洞。形象地说，该恒星就玩完了！而正是在该成果的基础上，霍金才于1974年提出了黑洞蒸发概念，认为在黑洞周围，在虚粒子产生的相对瞬间，会出现4种可能性：直接湮灭、双双落入黑洞、正粒子落入黑洞而负粒子逃脱、负粒子落入黑洞而正粒子逃脱。

伙计，你也许纳闷：原子弹与黑洞风马牛不相及，他奥本海默咋能如此大幅度跨界！其实，非也！一来，原子弹和黑洞的理论基础都来自广义相对论，所以它们"本是同根生"。实际上，恒星上的热核反应就是超级原子弹和氢弹的爆炸结果，而当大恒星上的所有核爆炸结束后，黑洞就出现了。二来，它们确实又"相煎太急"：一方面，原子弹将周边的一切抛向远方；另一方面，黑洞则相反，将周边的一切吸入"洞中"。其实，黑洞是宇宙中的一种特殊天体，其中心的密度无限大、体积无限小、热量无限大、时空曲率无限高，其引力极大，以至它自己及周边均不可见。换句话说，若将大量物质集中于空间中的某一质点，那其周围将产生奇异现象:在质点周围将存在一个区域，一旦进入该区域，即使是光也无法逃脱。因此，黑洞无法直接观测，只能借助间接方式。比如，借助恒星被吸入黑洞前因高热而释放的 γ 射线等边缘信息，便可探知黑洞的存在；借助恒星或星团的绕行轨迹，还可计算出黑洞的位置和质量等。这方面的最新成果是，北京时间2019年4月10日21时，人类发布了首张拍摄到的黑洞照片，这个黑洞位于室女座一个巨椭圆星系（M87）的中心，距离地球5500万光年，质量约为太阳的65亿倍，其核心区域存在一个阴影，周围是一圈新月状光环。

回望历史不难发现，奥本海默所从事的两项工作都是综合性的。实际上，一方面，要想研制原子弹，仅仅依靠高超的科学技能还远远不够。因为，这是一个庞大的系统工程，若在科学方面不能高瞻远瞩，那就根本不知该如何下手，更甭谈什么任务分解和进度监控了；若无超强的组织才能，那会会绞出一堆乱麻，毕竟"让天下顶级科学家乖乖听指挥"这件事远比造原子弹还难。另一方面，要想研究黑洞，没有惊天的想象力，压根儿就找不到北，别忘了，即使是超级科幻小说，在黑洞面前也都显得"太缺乏想象了"。同时，若无超群的数学才能，则"黑洞专家"只能像"民间科学家"一样思考，既无说服力，也无法被证实。

好了，闲话少说，书归正传，下面就来看看奥本海默到底是何方神圣，他如何成长，又如何研究原子弹和黑洞，他的科学才能从何而来、想象力从何而来、组织才能又从何而来等。

光绪三十年（即1904年），是清朝最后一次科举考试之年，这一年，慈禧太后70岁寿辰时，因放映电影出故障，从此就再也不准放电影了！这一年，让国人富起来的历史伟人邓小平出生。也是在这一年，准确地说是1904年4月22日，本回主角尤利乌斯·罗伯特·奥本海默，以老大身份诞生于美国纽约的一个犹太人家里。爷爷是德国小商人，很喜欢搞科研，更收藏了众多稀奇古怪的矿物标本，并在奥本海默5岁时将一些漂亮标本送给奥本海默，以至对奥本海默的青少年时代产生了重大影响。爸爸很早就移民美国，是当地一位大企业家，社会责任感强，知识渊博，风度翩翩，乐于助人。妈妈是一位天才画家，颇具艺术修养，还喜欢养花，妈妈很重礼节，凡事都循规蹈矩，所以家里禁忌很多，家教也很严，比如小孩不得大声喧哗等，妈妈一直鼓励儿子多接触艺术和文学。由于妈妈右手天生有疾，常年戴着手套，所以她异常敏感，总怀疑别人在议论她，这一敏感性格，也或多或少遗传给了儿子。

奥本海默从小就很羸弱，后来身体也欠佳，这显然有悖于他的优裕家庭环境。他天资聪颖，勤奋好学，兴趣广泛，喜欢文学、哲学、语言等，尤其爱好诗歌，对艺术也颇有天赋。他做事总是求全责备，务必尽善尽美，总喜欢追求顶点，总想攀登更高峰，总喜欢向极限挑战。他对啥事都好奇，喜欢把所遇到的任何事物，都按自己的逻辑编成活灵活现的小故事、小话剧或小诗歌，甚至在入学前，他就在纽约儿童刊物上发表了一篇幼稚的童话诗，还受到了诗坛名家的表扬呢。他的这些特点，对日后的工作和生活都产生了深远影响。

父母对奥本海默非常疼爱，以至疼爱得过了头，疼爱得不准他轻易出门，甚至差点放弃了上小学的机会，因为生怕他在外面有啥闪失。他的早期教育也主要是由父母和家庭教师在家里完成的。这主要是因为他的弟弟，早年在横穿马路时夭折于马车轮下。独自待在家里的他不能与其他小朋友玩耍，只好趴在窗前，或俯视哈得孙河，或仰望蓝天白鸽，依靠想象把自己扮演成一大群虚拟人物，然后在幻想的自由王国里愉快地嬉戏、讨论、探矿和阅读科普书等。有时，他也玩积木，在地板上盖房子，或搭建想象中的牧场。他最喜欢的玩具是一台显微镜，经常用它观察矿石等一切能观察的东西。后来，爷爷送他的那些标本也成了玩具，他常用矿石晶体瞄准太阳，让晶体反射光芒，并对出现的缤纷色彩展开无尽的畅想。总之，他虽身陷陋室，但心早已神游天下，随时都"眼观六路，耳听八方"，手脚更是一刻也不曾闲过，简直就像机灵的小天使。如今回头再看，独居的童年生活，确实意外培养了他的丰富想象力，但同时也大大降低了他的社会适应能力，以至后来不得不专门"补课"。

大约9岁，妈妈不幸去世！这时，家里对奥本海默的管束也放松了一些，他终于可以上学了！每当背起书包离家时，他就像刚出笼的野鸟，扑腾着翅膀尽情地飞呀飞，在山地里疯狂地跑呀跑。这时，他是一个"为人热情，但讨人嫌的好男孩"。无论到哪里，他都想着收集矿石，因为他有一个梦想：要在标本的数量和质量上超过爷爷。他喜欢将科学和艺术融为一体且终生都如此，甚至后来还把原子弹也当作艺术品。他给不同形状的晶体配上不同的底座，制成令人浮想联翩的艺术品，并刻上诸如"潘多拉""普罗米修斯"或"宙斯"等神话人物的名字；然后，将这些艺术品陈列到学校的展览室里，并亲自担任义务解说员，把相关矿物的奥妙讲解得天花乱坠，吸引了很多同学前来参观。因此，他被夸为"小矿物学家"，其名声传出了学校，甚至传进了"纽约矿物学俱乐部"，以至他在11岁时被该俱乐部破例接收为唯一的少年会员。

三年级时，奥本海默已成了著名的孤胆"学霸"，因为，他不但能单独操作许多普通实验（比如矿物分析等），还能操作若干危险实验（比如用稀硫酸和锌生成氢和配制爆炸物等）。四年级时，他开始写科学笔记；五年级时，他开始学物理，更爱上了化学。他的课外活动非常丰富，甚至在野外自建了3个实验场：一个是化学实验场，在这里无论出啥状况，都不会有人抗议；另一个是标本收藏室，用于收藏家里放不下的矿石；第三处实验场，则是小动物收养所，专门收养一些伤病小动物，他为它们包扎伤口、治病、喂食等，然后再放归自然。特别是有一只信鸽给他留下了深刻印象，以至原子弹爆炸后他还回忆说，那只鸽子很像毕加索为世界和平大会所画的那只。另外，他的文学水平也很高，早在12岁时就开始撰写富有哲理的小说，塑造了许多有血有肉的人物形象。

但是，奥本海默真正融入社会的时间非常晚，起点便是14岁那年参加的一次80人的野营活动，其目的是增强社会适应能力。当时，营地安扎在森林深处，四周地势高低不平，杂草丛生，蚊子成群，甚至时不时冲出莫名动物吓得大家魂飞魄散。营地的管理非常严格，刚开始时奥本海默还很兴奋，但好奇劲儿一过，他很快就发现：与其他营员相比，自己不但生活不能自理，甚至干脆就是白痴，以致被其他营员严重鄙视，被男孩子们戏称为"小姑娘"，被女孩子们抗议为"连小姑娘都不如"。不过，当他意识到自己的这些缺陷后，他并不气馁。在被其他营员欺负时，他也不反抗，而是默默忍受并偷偷向"孩子王"学习，看看他是如何让其他孩子俯首听令的。这时，他给家里写信说"参加野营很高兴，因为这才真正进入了现实社会"。果然，野营生活让他吃尽了苦头，但也收获了第一笔社交财富，且身体也有所好转。从此，他更加热爱大自然，更加注意增强自己的社交能力。

17岁时，奥本海默以优异成绩从中学毕业，但由于身体原因，他并未马上进入大学，而是单独去欧洲做了一次旅行，当然也想借机增强自己的社会适应能力。此间，他甚至还牵头组织了一次有15人参加的野营活动，自任营地主任，目的是想测试一下自己从"孩子王"那里是否取到了真经。18岁时，他干脆住进了一个旅游牧场，每天劈柴骑马，风里来雨里去。于是，他的身体越来越好了，社会经验也越来越丰富了。

弥补了社交短板后，奥本海默开始发挥长项了！虽然他曾立志要当建筑师、文学家、诗人或画家等，但最终还是于1922年秋进入了哈佛大学化学系，并演绎了一段"海盗传奇"：不但只用3年时间完成了本该4年的化学专业课程，还凭其超强的学习能力修完了2学期的法国文学、2学期的数学、1学期的哲学和3学期的物理，以及众多不计学分的课程且门门功课都考试优秀。这让其他同学惊讶不已，以至有人怀疑他考试作弊；为此，学校还专门组织了答辩会，结果在众目睽睽之下，他对答如流，征服了所有委员和旁听者。此外，他的课外活动也丰富得让人眼花缭乱：撰写各种论文，做笔记，写诗，写笑话，写小说，学外语，泡图书馆，在3个不同实验室里做化学实验，参加各种研讨会，与人喝茶争论问题；此外，还要暗恋某朵校花等。他之所以能如此全面发展且处处成功，一是因为他那超人的智商，二是因为他的勤奋。实际上，在大学期间，他专心学习、废寝忘食：比别人起得早，比别人睡得晚，吃饭也尽量少花时间。面对他这种如饥似渴的贪婪求知行为，同学们又给他取了一个形象的外号，叫"知识海盗"：在知识海洋里像强盗一样，只要见到知识，就必定要去"掠夺"。后来，他自己也认同了这个外号，并坦承自己通过学习所获的知识是"偷来的"，承认自己"是一个贼，一个掠夺者，一个不折不扣的知识海盗"。但是，这个"知识大盗"对自己"掠夺"的巨大宝库并不满意，还经常叹气，埋怨自己没能像费米和玻恩等大师那样出色；由此可见，他对自己的要求是多么高，而且到晚年时，已贵为顶级科学家的他对自己仍不满意，甚至还有挫败感。

在哈佛大学的关键时刻，著名物理学家布里奇曼的物理课改变了奥本海默的研究方向；这次，他下定决心要投身物理学，因为他说他终于找到了构成化学基础的物理学，找到了人生新坐标。其实，他与布里奇曼的相遇也很传奇：一次，布老师上课时涉及一个很复杂的数学运算，结果刚出一点差错，奥本海默就马上跳出来，拿起粉笔冲上讲台开始了重新演算，步骤简练，运算精确，连布老师都不由得发出由衷的赞叹。

大学毕业后，想象力、科研能力和组织才干均已齐备的奥本海默终于可以"七剑下天山"了，但总觉得"万事俱备，只欠东风"！这"东风"是啥呢？哦，缺乏高人指点，缺乏高僧"开光"，缺乏科研目标。于是，在布里奇曼的推荐下，奥本海默于1925年夏天进入了当时的全球物理研究中心——剑桥大学卡文迪什实验室。起初，他想拜卢瑟福为师，研究实验物理，但这位"高僧"只用"天眼"瞟了一下，便摇头道："施主，你更适合研究理论！"于是，他就真的迷上了量子力学，并于1926年转到格丁根大学玻恩门下，然后像变戏法一样，在1927年以量子力学为题获得了博士学位。接下来的两年里，他分别在苏黎世大学等地继续深造，直到1929年才回到美国。可刚要初试锋芒，烟斗不离嘴的他就不幸感染了肺结核，只好进入一个农场养病。

康复后，他进入加州大学伯克利分校，并创立了"奥本海默理论物理中心"。然后，他稍微发力，真的就使伯克利成了全球理论物理研究的中心之一。这时的他，绝对是世外高人：不但练就了一副铁齿铜牙，还擅长组织管理，精通8门语言，尤爱读梵文经典。他从不看报、不读新闻，也不听收音机，对政治全无兴趣，把所有精力都投入了广泛的研究领域，他又像海盗那样，开始在科研领域疯狂"掠夺"。也正是在此期间，他在黑洞研究方面做出了惊人成就。从1936年起，他开始介入政治了，这主要归因于他的初恋女友；1940年结婚后，因妻子也是左翼分子，他在政治上就越陷越深了，以至第二次世界大战后期，他特别热心于原子弹研究，并认定"它有利于早日结束战争"。

20世纪30年代末，核裂变还处于理论探索阶段，要想将它变成原子弹简直就是天方夜谭，其间所需克服的各种困难更是多如牛毛，包括但不限于理论、方法、材料、技术、工艺等。如何面对这一极限挑战呢？经深入分析后，奥本海默明确告诉军方：必须集中所有顶级科学家和最好的设备，并统筹指挥！于是，1942年8月，奥本海默被任命为"曼哈顿计划"首席科学家。果然，像"温酒斩华雄"一样，只用了短短3年时间，在费米、玻尔、费曼、冯·诺依曼等4000多名全球顶级科学家的共同努力下，1945年8月6日，日本广岛就尝到了原子弹的滋味，3日后，美国又给长崎投掷了第二颗。当原子弹爆炸时，奥本海默想起了古印度《摩诃婆罗多》中的箴言："漫天奇光异彩，犹如圣灵逞威，只有千只太阳，始能与它争辉。"果然，日本终于无条件投降了！

第二次世界大战结束后，奥本海默的英雄本色才真正显露出来。一方面，他坚信，在第二次世界大战期间研制并使用原子弹是正确的，也是必需的。若干年后，当日本记者试图要他道歉时，他甚至怒而言道："日本应该庆幸当初原子弹没扔在东京！"另一方面，他坚决反对继续研制核武器，更反对与苏联展开核竞赛！为此，他被FBI怀疑为苏联间谍，更被时任总统艾森豪威尔指责为"苏联代理人"，不但被禁止介入任何军事项目，甚至在1954年还对他进行了长达4周的安全听证，这便是轰动一时的"奥本海默案件"。

若干年后，真相终于大白，奥本海默的冤案开始平反了！时任美国总统肯尼迪建议向他颁发"费米奖"，并准备亲自出席授奖仪式。不幸的是，肯尼迪在仪式的前10天遇刺身亡。不过，继任总统约翰逊还是亲自主持了平反仪式。在授奖会上，当奥本海默走向领奖台时，由于年老体弱，打了一个趔趄；总统见状，赶忙伸手相扶，哪知奥本海默却一摆手道："总统先生，老朽不用您扶了，但年轻人急需您的扶持！"

1967年2月18日，伟大的科学家、"原子弹之父"、黑洞理论的奠基人奥本海默，在普林斯顿因患喉癌去世，享年63岁。遵其遗嘱，他的骨灰被撒到了维尔京群岛。终于，一切都尘归尘，土归土了！

第一百四十八回

数学竟也不完备，逻辑推理惹是非

伙计，谁都清楚，与文科结论相比，理科结论更容易判断是非。比如，经不起实验反复验证的物理结论，基本上都不会被承认。在理科中，最容易判断是与非的又是数学定理，因为它们都是经过严格的逻辑推理，一步一步地、毫无破绽地、顺理成章地推导出来的，经得起任何人在任何时间的最严格检验！形象地说，过去数千年来，人类一直以为：在最严谨的数学世界里，所有结论要么是"是"，要么是"非"，绝无似是而非的东西。即使有某些数学猜想暂时未被证实或证伪，那也只是时间问题，迟早会变得是非分明。伙计，在阅读本回前，估计你也这么想吧。当然，万一例外，那你就已有顶级数学家的潜质了！

其实，针对数学的这种"黑白分明性"，不但普通老百姓，甚至连许多顶级数学家也坚信不疑，而且越厉害的数学家就越有信心，甚至还想对此用数学方法加以严格证明。比如，早在17世纪早期，笛卡儿就想创造一种"能解决一切问题的理论"，结果失败了。17世纪晚期，微积分的发明人之一莱布尼茨又抢过"接力棒"，试图把逻辑学用数学符号表示出来，使得"每逢有争论时，就拿起笔算一下，便是非分明了"，结果也没成功。又过了200年，康托尔提出集合论，为统一数学提供了希望。结果，正当数学家们踌躇满志时，康托尔悖论却被发现了（即是否存在包含一切集合的集合呢？），罗素悖论也被发现了（即宣称只给所有"不给自己理发的人"理发的理发师，能给自己理发吗？）。于是，数学的"黑白分明性"不但没被证明，反而引发了"第三次数学危机"，差点砸了所有数学家的饭碗。又过了几十年，直到20世纪20年代，不服输的大数学家希尔伯特又捡起"接力棒"，并向全球数学家抛出了一个宏伟计划，其大意是要建立一组公理体系，使一切数学命题"原则上都可由此，经有限步骤的推导而最终决定其真伪"。希尔伯特的计划确实进展神速，全球数学家也都非常乐观，可正当前景越来越明朗时，突然，一声晴天霹雳：1931年，年仅25岁的本回主角哥德尔就"横刀夺爱"，粉碎了希尔伯特的梦想，让全球数学家再次陷入了无比沮丧的噩梦中。因为，哥德尔无情地证明了这样一个"不完全性定理"（也称不完备定理），即任意一个包含一阶谓词逻辑与初等数论的形式系统都存在一个命题，它在这个系统中既不能被证实，也不能被证伪。并且，若某系统中含有初等数论，当该系统无矛盾时，它的无矛盾性不可能在系统内被证明。换句话说，在某些数学系统中还真有矛盾呢，还真的是"似是而非"呢！

伙计，若你不理解上述"哥德尔不完全性定理"的数学含义，其实也没关系，因为你肯定能理解该定理掀起的"海啸"：在哲学上，它颠覆了既有的"三观"，告诉人们，永远也甭想找到一个万能公理系统，使它能证明一切真理；在数学上，它否定了希尔伯特著名的"23个未解问题"中的第二个；在大脑神经科学方面，它告诉我们，"真"不等于"可证"，换句话说，"可证的"一定是真的，但反之不然；在人工智能方面，它倾向于声称"可被机器证明"不等于"人类看起来为真的"，换句话说，机器不可能具有人的心智或人类几乎不用担心被机器人统治；在宇宙学方面，它启发霍金证明了不可能建立"描述宇宙的大统一理论"；在计算机科学方面，它揭示了一个重大隐患，即至少存在一个命题使得递归程序无法判断其真伪。总之，它一举粉碎了数学家们2000多年来的信念，不但使数学和逻辑学发生了革命性变化，还引发了哲学、语言学、计算机科学和宇宙学等方面的富有挑战性的问题。它使数学基础研究发生了划时代的变化，它是现代逻辑学史上的一座重要里程碑，它与形式语言、图灵机一起被赞誉为"现代逻辑科学在哲学上的三大成果"，它被称为"20世纪最有意义的数学真理"。难怪哥德尔被看作20世纪最伟大的数学家和逻辑学家、20世纪最具影响力的人物之一、当代最有影响力的智慧巨人之一；难怪他在逻辑学中的地位堪比亚里士多德，在数学中的地位比肩莱布尼茨；甚至爱因斯坦也承认，哥德尔对数学的贡献与自己对物理学的贡献可相提并论。

那么，这位在数学海洋里掀起滔天巨浪的哥德尔，到底是何方神圣呢？列位看官，且听我们慢慢道来。

光绪三十二年（即1906年），也就是末代皇帝溥仪和末代皇后婉容诞生之年。这一年，在中国诞生了一部奇书《官场现形记》，淋漓尽致地刻画了晚清官场的黑暗；还诞生了一位奇人，著名经济学家、语言学家、长寿之星周有光教授，他虽未著《官场现形记》，但其《朝闻道集》也同样精彩；还诞生了西南大学、四川农业大学、沪江大学、协和医科大学等多所大学；还差点诞生中国历史上的首部宪法，清廷已颁布了《宣示预备立宪谕》，北京学界还为此空欢喜了一场呢！这一年在外国，刚好是爱因斯坦"奇迹年"后的第二年；这一年，去世了多位顶级科学家，比如皮埃尔·居里、热力学奠基人玻尔兹曼、无线电发明者波波夫等；幸好在这一年，1906年4月28日，在"近代遗传学之父"孟德尔的故乡布尔诺诞生了另一奇人，本回主角库尔特·哥德尔。

哥德尔的父亲富有自力更生的创业精神，年轻时从奥地利维也纳移民到捷克，从事纺织业，后来成了当地一家大型纺织厂的经理；妈妈曾受过良好教育，且终生都对教育事业感兴趣，尽心培养自己的两个儿子，哥德尔的哥哥后来也成了一位放射学家。

哥德尔的童年很幸福，但他天生胆小怕事，且还很敏感，很喜欢"钻牛角尖"，对任何事情，只要钻进去就几乎出不来了。比如，大约在5岁时，因一次急性病，心脏暂时损伤，结果他竟终生都认定"自己的心脏有问题"，其实，经大夫反复检查，他压根儿就没留下任何后遗症，但从此他的身体就一直欠佳，以致后来在工作和学习中经常请病假。不过，他的好奇心却很早就显露出来了，特别是他经常提出各种奇奇怪怪的问题，经常问"为啥"。所以，早在童年时，他就获得了一个绰号，叫"为啥先生"。

6岁时，他开始断断续续上小学。为啥会"断断续续"呢？一来，是因为身体原因；二来，是受第一次世界大战的影响。这时的哥德尔其实还很笨，数学更差。因为，史学家在他的小学数学作业本上发现多处诸如"4-1=4"的错误！

10岁时，哥德尔开始读中学。这时，他的学习成绩明显好转，几乎所有课程都是最高分，特别是在数学、语文和神学方面的表现更突出。从他遗留下来的几何作业本中可见，他思维清晰，逻辑严密。他的课外学习也很丰富，在图书馆广泛自学了大量莫名其妙的知识。比如，速记法，他甚至用它来记录课堂笔记；又比如，微积分、康德的哲学著作等。更奇怪的是，他对物理的兴趣竟来自于大文豪歌德，准确地说是来自歌德的颜色理论和对牛顿学说的批驳等。

中学毕业后，18岁的哥德尔进入了维也纳大学：先是主攻物理，学习了相对论等课程；两年后，由于对精确性的追求，他又改攻数学，特别是数论中的"中国剩余定理"对他产生了重大影响。不过，在大学期间，哥德尔最有特色的部分，仍是他那丰富的课外活动。比如，他自学了康德的《自然科学的形而上学基础》，参加了以研读罗素专著《数理哲学导论》为主题的讨论班，旁听了许多哲学史课程。更重要的是，从1926年至1928年的长达两年多的时间里，他不间断地参加了著名物理学家和哲学家施利克教授组织的哲学小组，还成了其中的积极分子，经常抢着报告心得体会；而正是在施利克的影响下，他才从物理转向了数学，再进一步转入了数理逻辑，还形成了自己独到的哲学观。从1929年开始，他又参加了由门格教授组织的另一个研讨班，专门讨论各种数学问题，并主动担任了记录整理工作。此外，凡有公开的学术报告会，他都场场必到，认真旁听，积极提问。

由图书馆的借阅档案可知，他在大学期间所读过的数学书和各种"跨界"书籍更是多如牛毛。当然，在大学里，他还有一项重要的"课外活动"，那就是暗恋班上的女生；真的，不是咱瞎编，而是他的同班同学、女数学家陶斯基回忆的，她还说他"数学好，知识渊博，头脑清楚，比较自以为是"等。

在丰富多彩的课外活动中，哥德尔于1930年2月6日，以一篇奇怪的学位论文，获得了博士学位。为啥说奇怪呢？因为，那论文的题目《狭谓词演算的有效公式皆可证》就容易让人误会：初看吧，像是语文，因为它在研究"谓词"嘛；细看吧，又像是算术，因为有"演算""公式"和"可证"等关键词。结果，数理逻辑专家们认真一读，妈呀，数学之天竟被它捅破啦！原来，这就是哥德尔不完全性定理的第一部分，也是他取得的第一个代表性成就。此文很快就在《数学及物理学月刊》上发表，并在1930年9月6日的哥尼斯堡会议上宣读，当即就得到了参会专家冯·诺依曼的认同，两人后来还成了终生好友，后者更成了哥德尔理论的积极传播者。面对哥德尔不完全性定理，冯·诺依曼其实很纠结：在理智上，他必须承认哥德尔的正确性；但潜意识里，总希望哥德尔是错误的，即数学系统是完备的。据说，为此他还连续几天都做了同样的梦：第一天，他梦见自己证明了数学的完备性，醒来后，试图将证明过程记录下来，但未果；第二天，他又梦见证明了完备性，赶紧起床记录，仍发现还是有漏洞。他后来开玩笑说幸好第三天没做梦，看来，数学确实是不完备的。20年后，在给哥德尔授予爱因斯坦勋章时，冯·诺依曼评价说："哥德尔在现代逻辑中的成就是非凡的、不朽的，甚至超过了纪念碑，是一个里程碑，永远的里程碑。"

哥德尔不完全性定理传到希尔伯特耳朵里后，刚开始他根本不相信；待到认真研读完哥德尔的论文后，他终于承认哥德尔是正确的。于是，他立即开始修补自己的宏大计划。从哥尼斯堡会议回来后，哥德尔也乘胜追击，又于当年11月17日完成并于1931年发表了该定理的第二部分。至此，他已完成了一生中三大成果中的两项，让全球的数学家们陷入了空前的迷茫之中。

同时，哥德尔自己也陷入了无尽的迷茫，因为那第3项成果已在隐约中开始折磨他了。这种状态一直持续了6年左右，使他魂不守舍，所以他渴望从这种折磨中解脱出来，但是"越想解脱，却越陷越深"。为了摆脱折磨，他曾试图分散注意力。比如，他到处宣读自己的前两项成果，广泛研究数学、物理、逻辑、哲学、政治、经济等问题，还莫名其妙地发表了许多鸡毛蒜皮的文摘和评论等。可是，情况并未好转，在1931年底，他的精神状态糟糕透顶，还差点自杀，吓得家人也跟着魂不守舍；1934年6月，他又患上了极度神经衰弱，还于当年秋天住进了疗养院；1935年夏天，因精神抑郁症及用脑过度，他再次住进医院；终于到了1937年6月14日至15日夜间，哥德尔在第3项成果的研究方面取得了关键性突破，不过，此项成果直到1938年11月才正式公开发表。

其实，在这段时间内，折磨哥德尔的不只是那第3项成果的"魔爪"，还有外界的许多怪事。比如，他的导师哈恩，于1934年7月去世；他的引路人施利克教授，于1936年6月被一名学生枪杀；他的另一位良师门格，于1937年1月移民美国；他的师友魏斯曼、莫根施特恩、瓦尔德等也都稀里哗啦地移民美国，让维也纳的学术魅力大打折扣；本来与他住在一起的妈妈，也于1937年独自回老家，不想再照顾这个"不听话的儿子"了；1938年3月，希特勒吞并奥地利，这让哥德尔甚至都不知道自己是哪国人了！此外，哥德尔的职业也不顺：好容易才被聘为无薪讲师吧，结果，他的表现确实欠佳。因为，一来由于身体差，经常请病假；二来由于经常去普林斯顿做学术交流，又不得不缺课。据统计，他一共只讲了两次课，而且听课的学生也只有区区20名左右。

正当哥德尔"四面楚歌"时，却突然喜从天降，一位出身卑微的已婚夜总会舞女，大胆上演了一场"美女救英雄"的传奇：只见她冲破重重阻力，不顾哥德尔妈妈及家人的拼命反对，不顾社会各界人士的偏见，不顾其他教授的鄙视，单枪匹马杀入重围，只拦腰一抱就把如意郎君掳上坐骑，绝尘而去，1938年9月20日，将比自己还年轻6岁的他注册为合法丈夫。其实，他俩早在11年前就相爱了，他被她那乐观的天性和通情达理的气质深深吸引，只是他们本希望以皆大欢喜的方式结为秦晋之好，所以婚期一拖再拖。可是，家人的反对有增无减；哥德尔的父亲于1929年病故，妈妈甚至在1937年赌气回老家，根本不想承认这门亲事。万般无奈之下，他俩才自编自导自演了前面的那出"王老五抢亲记"。

后来的事实表明，他俩的选择都非常正确。虽然婚后生活寂寞，既没生下一男半女，她也不被外界接纳，甚至连哥德尔的朋友们都说她"说话尖酸，粗鲁暴躁"等，但整体说来，他俩非常幸福！特别是他，对自己的媳妇更是满意得不得了，视她为宝贝中的宝贝，几乎片刻也不能离开，甚至像他这样内向的人也经常在别人面前晒幸福，让对方冷掉一地鸡皮疙瘩。

爱情的力量就是伟大！首先，在媳妇的全面精心照顾下，哥德尔终于彻底完成了自己的第3项成果，至此，哥德尔不完全性定理最终成形了！其次，迫于经济压力，再加害怕因第二次世界大战被"抓壮丁"，哥德尔最终下定决心，于1940年1月18日带着新婚妻子离开维也纳，移居普林斯顿高等研究院，开始了随后38年的平静生活。其实，美国方面早就在向他摇橄榄枝了，毕竟，这么伟大的数学家，正常国家哪个不想挖，哪个不想将他供在自己的神龛上呢！

在普林斯顿，哥德尔与另一位大师爱因斯坦成了好朋友。这对忘年交，几乎每天都一起散步回家，并顺路讨论哲学、物理和政治等问题，他们的讨论，开诚布公，即使有啥相反观点也都直言不讳。爱因斯坦晚年时甚至还说，自己之所以每天都来上班，其实只是为了与哥德尔一起下班，走路回家！由此可见，爱因斯坦对哥德尔的欣赏程度之高。其实，哥德尔与爱因斯坦的性格完全不同：爱因斯坦好交际、生性活泼、喜欢说笑、通情达理，而哥德尔则喜欢独处、庄重严肃、一本正经；爱因斯坦喜欢古典音乐，哥德尔则五音不全；爱因斯坦积极参加和支持和平运动，哥德尔基本不涉及任何公众活动。当然，他俩也有许多共同点，都很聪明、很直率、有好奇心、重视哲学且思想深邃，都正在思考和研究科学的最基本问题等。后来，爱因斯坦因病去世，哥德尔的内心受到很大打击；许多记者都想采访他，让他讲一下与爱因斯坦的友谊，却被他一口拒绝，说那是个人隐私。

在哥德尔眼里，不仅数学系统有不完全性，好像到处都有不完全性。据说，1948年，当爱因斯坦以担保人身份陪哥德尔夫妇前往移民局参加例行面试时，这位书呆子却突然犟劲儿爆发，要与面试官争论，试图证明"美国的宪法不完备，有漏洞，美国将因其宪法的软弱而变成独裁政权"等，吓得爱因斯坦赶紧"抹稀泥"，好容易才把各方摆平，让哥德尔顺利取得了美国国籍。

哥德尔一直体弱。他虽重视健康，但太过自信，压根儿不遵医嘱，总喜欢"小偏方治大病"。比如，他拒绝手术，过度节食，以致面容憔悴等。晚年时，他更发展到偏执狂地步：宁愿饿着，也不肯随便吃东西，生怕食物有毒，只吃夫人亲自做的饭菜，且还要与夫人一起吃。可惜此时他夫人也疾病缠身，不但动过手术，还两次中风，经常住院；于是，哥德尔的健康便因饥饿而每况愈下，精神也越发抑郁，妄想症更越发严重。

1978年1月14日，哥德尔在医院溘然长逝，享年72岁。逝世时，他的体重只有65磅（约合59斤），且死因竟是"营养不良和食物不足"。天啦，这位伟人是被自己给活活饿死的！3年后，他的夫人也去世，两人合葬于普林斯顿公墓。

第一百四十九回

量子学家搞生物，开宗立派成果酷

在科幻片中，你也许看过这样的恐怖镜头：外星人占领地球后，迅速钻入地球人的体内；接着，在体内不断繁殖、不断繁殖，直到最终将人体撑破，冲出一大堆小外星人；更恐怖的是，这些小外星人又迅速钻入其他地球人的体内，重复着这种遗传和复制过程，直到最终将地球人彻底消灭！

伙计，别以为这只是科幻哟，它可是真实的生物现实呢！只不过，这时的外星人换成了一种名叫"噬菌体"的东西，外星人攻击的对象换成了各种细菌，所以，噬菌体又叫"细菌病毒"。它是一种特殊病毒，是专门攻击细菌的病毒，而且每种噬菌体都有自己的特定攻击目标，不会盲目发动战争，对"不是自己的菜"的细菌，它连正眼也不瞧一下。噬菌体的长相也非常科幻！它的头既不圆又不方，而是一种多面体，准确地说是20面体；噬菌体的身子像是一根又细又长的手柄。猛一看，噬菌体的外形就像是神话故事中天宫雷神在战场上所使用的铜锤；若再仔细一瞧，锤柄末端其实是一根很尖的利刺，用于扎穿猎物身体，然后，从尾到头钻入对方体内。这个尖端铜锤咋能抓住猎物呢？伙计，别急，因为它在尖端处，还长有科幻蜘蛛那样的几根细细的节肢长腿，可轻松捕获自己中意的任何细菌。

噬菌体的世界丰富多彩，种类繁多，以至不得不对它们进行生物分类：1976年，国际病毒分类委员会将噬菌体分为8科；1982年，又增为10科；至今到底有多少科，谁也不知道。反正，你只需记住种类奇多就行了。比如，在显微镜下，若你单看它们的铜锤大脑袋，有的直径小至50纳米，有的大到130纳米以上；其多面体交叉点上也有很多板眼：有的嵌着小珍珠，有的长有毛毛刺，还有的干脆长着刺刷。若单看它们的锤柄，则有的短至760纳米，有的长到1950纳米；还有的可自由伸缩，变长或变短，变粗或变细。长而细时，看起来像蝌蚪；短而粗时，看起来又像只剩一个胖大头。若看它们的化学成分，有的是由核酸和蛋白质组成，有的则含有少量类脂质。若看它们的繁殖方式，有的"杀人越货"（在宿主菌体内复制增殖，产生许多子代噬菌体，最终杀死并裂解细菌），有的借尸还魂（感染宿主菌后并不增殖，只是将其基因整合于细菌染色体上，然后随细菌染色体的复制而复制，并随细菌分裂而分配至子代细菌的染色体中）。

为使本回内容更完备，让大家读起来更轻松，这里还得再归纳一下细菌和噬菌体之间的区别。首先，细菌是一种单细胞生物，可自行分裂繁殖；噬菌体则是非细胞型生物。其次，噬菌体比细菌小得多，其体积甚至只有后者的千分之一。最后，细菌既能在其他细胞内生存，也能在无宿主的情况下生存；而噬菌体则需要侵入宿主细菌才能生存，才能完成繁殖任务。有关噬菌体的知识还有很多，且会涉及不少专业术语和概念，为避免喧宾夺主，这里就不再赘述了。

上面为啥要花费那么多篇幅来介绍噬菌体呢？主要原因是，若将它看成外星人的话，那它就是本回主角的贵人，因为主角的几乎所有重大成就都得益于噬菌体的帮助。更形象地说，噬菌体对主角的作用，相当于豌豆对孟德尔的作用、果蝇对摩尔根的作用或小白鼠对众多生物学家的作用一样。可惜，由于普通读者对噬菌体非常陌生，所以才必须在这里补上一课。

正如孟德尔只是把豌豆当作金钥匙打开了基因染色体宝库的大门一样，本回主角也是把噬菌体当作金钥匙发现了病毒的复制机理和遗传结构，并因此而获得了1969年的诺贝尔生理学或医学奖，后来他还成了微生物遗传学的奠基者之一、分子生物学的开拓者之一。更重要的是，主角所发现的这把"金钥匙"，如今已成了分子生物学研究的必备工具，广泛应用于核酸的复制、转录、重组，基因表达的调节控制，病毒与宿主的关系分析，等等。它作为基因的载体，在基因工程中也变得必不可少；它对特定细菌的裂解作用，已用于相关细菌的精确分类，从而有助于细菌性疾病传染源的跟踪；在临床医学中，它还可用于诊治某些细菌性感染疾病，或用于抗肿瘤药物的筛选和致癌物的检查等。总之，对噬菌体的巧妙应用，大大促进了病毒学、分子生物学、遗传学等的发展，因此，我们不能忘记这把"金钥匙"及其发现者。

好了，配角介绍完了，下面有请主角登场！

1906年（光绪三十二年）9月4日，在德国柏林郊外一个富豪小区的一户高级知识分子家中，诞生了一个外表平常、内心要强的大胖小子，马克斯·德尔布吕克。刚刚呱呱坠地的他就有了紧迫感：妈呀，这是一个何等优秀的家庭啦！上面已有6个哥哥姐姐，个个都很出色，自己作为老幺，不努力咋行呀！爸爸是柏林大学的历史学教授，看来，自己这辈子在历史学方面只能望老爸莫及了。叔父是柏林大学的神学教授，看来，自己这辈子显然也不能再搞神学了。外公又是一位医学教授和著名的外科大夫，看来，自己这辈子的医生路也走不通了。外曾祖父更不得了，他竟然是著名的化学家、"有机化学之父"李比希，毫无疑问，自己这辈子也甭想再当化学家了！唉，生在如此教授之家，压力好大哟，今后从哪里才能出头，如何才能干出一番不逊色于列祖列宗的事业呢？幸好，德尔布吕克的妈妈很慈爱，把全部精力都花在了子女们的培养方面。

置身于书香门第的德尔布吕克，一边思索着前途问题，一边"噌噌噌"疯狂成长：1岁了，2岁了，10岁了，上高中了。第一次世界大战期间，他家虽也经历了不少灾难，但他始终都对科学保持着强烈的兴趣：先是爱上了数学，后来又移情天文学，再后来又聚焦理论物理学，最终又犹豫不决了！

18岁高中毕业后，他先到蒂宾根（又译作图宾根）大学读天文学，后又换到柏林大学，接着再前往波恩大学，之后又回到柏林大学，最终进入了当时全球量子力学研究中心之一的格丁根大学，才总算暂时稳定了下来：一方面，他赶紧弥补由于频繁跳槽而错过的多门物理基础课；另一方面，他开始研究量子论，并像变戏法一样很快就取得了突破，提出了量子论的最终形式，成了小有名气的量子物理学家。在格丁根大学，他结识了魏格纳和玻恩等量子力学权威，特别是这里浓厚的学术氛围，对他产生了很大影响。终于，在1930年，他完成了题为"锂化学键的数学证明"的博士论文，并获得了理论物理学博士学位，时年24岁。

博士毕业后，他的跳槽生涯不但没结束，反而才刚刚开始。因为，他始终都没找到自己真正感兴趣的科研领域。他先用了3年时间，以游学为名在英国、瑞士和丹麦等地跳来跳去：在英国时，他在布里斯托大学做了一年半的博士后，接触了新的语言和文化，扩大了生活视野；后来，他又前往哥本哈根大学，在玻尔指导下又做了6个月研究，在科学求实精神方面获益至深，特别是玻尔倡导的公平讨论的学术传统，极大地影响了他的科学风格；紧接着，他又跳到苏黎世大学，在泡利指导下又做了6个月研究；再后来，他终于在1932年初，暂时回到柏林大学，成为哈恩和迈特纳的助手。总之，虽然他获得了物理学博士学位，虽然他接受了几乎全球所有最著名的量子物理学家的精心指导，虽然他也在量子力学方面取得过重要成果，但是，他始终都不看好物理，自认为量子力学的"金矿"早已挖完，自己必须另找出路。于是，为了找到自己的真正兴趣点，可怜的德尔布吕克只好到处跳呀跳，不停地跳；到处找呀找，不停地找，甚至几乎到了"山重水复疑无路"的地步。

1932年末，德尔布吕克的世界突然"柳暗花明又一村"了！原来这一年，玻尔以其天才的直觉，在哥本哈根做了题为"光和生命"的著名演讲，用物理概念解释了生命现象，并指出物理中的某些属性也相通于生物学；还借助量子力学的范例预言了生物学中的某些新发现，并鼓励物理学家们投身于生物学。当时，人们很难理解该演讲的科学意义，许多生物学家更是不知所云；然而，德尔布吕克却从中得到了深刻启示，从此，他对生物学充满热忱，竟告别了已经小有成就的量子物理学，正式投身到遗传学研究中，试图用物理学思路去研究生物学。果然，仅仅两年后，他就在1935年与遗传学家合作，研究了果蝇的X射线诱变问题，建立了基因突变的量子模型，公开发表了量子遗传学的全球首篇论文。据说，该论文后来深刻影响了薛定谔，并启发后者完成了那部经典名著《生命是什么》。但是，德尔布吕克对自己的成果仍不满足，仍想找到更大的"金矿"。

1937年，德尔布吕克又跳到了当时的世界遗传学中心——美国加州理工学院，开始研究基因学，并与"果蝇之父"摩尔根的团队进行了深入交流。这时，他已更彻底地告别了物理学，更深地陷入了遗传学。不过，他很快就发现，自己压根儿就不适应生物学家们的传统方法和思路，根本没兴趣成天在显微镜下盯住那些枯燥乏味的果蝇染色体。于是，他又开始动摇了，严重怀疑"生物学到底是不是自己的菜"。终于，经过一段时间的痛苦思索后，他咬定继续从事生物学研究，但必须开辟新思路。于是，他采用了"他山之石，可以攻玉"的策略：一方面，借用物理思路，将基因当成"分子"（如今看来，这一思路其实有问题）；另一方面，又绝不照搬物理思路，而是将基因当作很特殊的分子，比如该"分子"不会像空气分子那样发生随机碰撞等。不过，在加州理工学院期间，他自己却"随机碰撞"到了一个重要分子，那就是他未来家庭的那个宝贝分子——他的媳妇。4年后，他俩结婚，组成了社会上的一个家庭"细胞"，并遗传了4个活泼可爱的"小分子"。德尔布吕克也因此留在了美国，意外躲过了后来的第二次世界大战。

欲研究基因这种"分子"，按物理学的惯用思路，当然就得首先寻找最简单的分子，那就是氢，然后，通过研究氢分子来揭示一般分子的共性。但是，最简单的基因"分子"是什么呢？它显然不是氢，不是摩尔根正研究的果蝇，也不是孟德尔的豌豆，更不是大家熟悉的小白鼠。于是，德尔布吕克又开始找呀找！终于，众里寻他千百度，那斯却躲在大便处。原来，它就是寄生于大肠杆菌中的一种病毒——噬菌体；而且，身边的同事埃利斯等刚好也正在研究这种东西，只不过其目标与德尔布吕克的完全不同：埃利斯是想把噬菌体用作预防和治疗传染病。书中暗表，从今天的观点回头看，无论是所谓的基因分子概念或最简基因的概念，其实都有明显瑕疵，生物学家们一眼就能看出"那是外行的瞎类比"。但是，德尔布吕克在噬菌体研究方面得出的结论又是千真万确的，这再一次证明：打破既有思维框架，有时确实相当重要。

　　管它是否是最小的基因单位，反正物理学家德尔布吕克，从1938年开始就正式与大便，不，该叫噬菌体，不离不弃；并成天对着它发呆，好像是情人眼里能出西施。如今看来，德尔布吕克"把噬菌体当作生物研究工具"的想法确实很伟大，因为它充分发挥了噬菌体的优势：一方面，它易于繁殖，在半小时内，就能依赖一个细菌细胞繁殖出数百个子代噬菌体；另一方面，在培养基中，它会因分解细菌而出现透明斑点——噬菌斑，因而易于计数；第三方面，噬菌体只含有"蛋白质外壳"和"核酸内含物"两种生物大分子，结构异常简单，虽然不是最简单。总之，从此以后，德尔布吕克终于半路出家找到了自己的人生目标，并开始全力以赴研究噬菌体。他的起步虽很晚，因为此时他已32岁，但进展神速。

　　仅仅在第二年，即1939年，他就与埃利斯合作设计出了一项至今在生物学中还经常使用的"一步生长实验"，不但成功解释了噬菌体在个体细胞内的繁殖过程，还开创了病毒研究新纪元。形象说来，"一步生长实验"表明，噬菌体侵入细菌后，会有大约24分钟的潜伏期。在潜伏期内，噬菌体主要忙于自身繁殖，整体上比较老实，但是，潜伏期一过，便有大量的子代噬菌体突破宿主身体，然后开始疯狂的猎杀行动，于是便出现了前述的科幻恐怖镜头！当然，德尔布吕克对噬菌体的研究才刚刚拉开序幕，更多好戏还在后头呢。

　　1940年，德尔布吕克被聘为范德比尔特大学物理讲师，但是，这位物理讲师，在接下来的7年里一直在做着与物理无关的噬菌体研究。不过，单枪匹马的他对自己的进展始终不满意。他明显感到物理与生物之间的跨度确实太大，单凭一己之力很难攀上顶峰。于是，他仿照玻尔创建"量子力学哥本哈根学派"或刘备"桃园三结义"的做法，也试图创立一个"噬菌体学派"。很快，他就遇见了"二弟关公"，正在哥伦比亚大学从事噬菌体研究的卢里亚。他俩于1940年12月28日相遇后，便彼此觉得相见恨晚，因为他们不但兴趣相同，谈话也十分投机，所以双方决定精诚合作，由此，便形成了"噬菌体学派"的雏形，并在两年多后就取得了重大突破：在1943年，他们合作设计完成了另一项更著名的实验——涨落实验。

　　其实，这个涨落实验又是一个歪打正着的实验！因为，他俩的初衷本是想搞清楚"细菌对噬菌体的抵抗力到底从何而来"。他们的实验逻辑是：若抵抗力来自病毒（即细菌对病毒发生了免疫反应），那么经噬菌体侵蚀后的细菌，将出现比较均匀的抗性细菌；若抵抗力来自基因突变，而基因突变只能发生在极个别的细菌中且可在任何时间发生突变，那么，经噬菌体侵蚀后的细菌中，将出现动态且不均匀的抗性细菌。但是，实验结果完全出人意料，抵抗力的突变竟与噬菌体无关。换句话说，无论是否存在噬菌体，细菌的基因都会突变，因此，对某种固定的噬菌体来说，它本来喜欢"吃"的细菌就变得不合口味了，所以它就不会再猎杀这种突变后的细菌了；或者相反，本不想"吃"的细菌变得美味可口了。这一发现可不得了，至今细菌的抗药性也是由此而来，既不是药物导致了细菌的抗药性，也不是细菌对药物产生了适应性反应，而是由于细菌本身基因的突变才使药物失效。

也是在1943年，"三弟张飞"，华盛顿大学的赫尔希也主动找上门来，于是"噬菌体学派"又增加了一位得力干将。他们于1946年合作取得了另一个重大发现，即找到了噬菌体能够交换（重组）基因物质的证据！这次，"大哥"本想考证"两种不同类型的噬菌体，在相同细菌中能否繁殖"，所以，他将两种类型的噬菌体对细菌进行复合感染，但意外发现：这些噬菌体不但能繁殖，且其子代还包含了两种类型的特点。换句话说，妈呀，基因被重组了！于是，"三弟"猜测"这样的基因重组，或许能构造出噬菌体的遗传图谱"；紧接着，"二弟"等人便用实验证实了"三弟"的这一猜测。由此，噬菌体遗传学便诞生了！后来，诺贝尔奖委员会一看，天啦，这"桃园三兄弟"咋这么厉害呀；于是，就将1969年的诺贝尔生理学或医学奖，颁发给了他们。

1947年，德尔布吕克成为加州理工学院生物学教授；于是，他终于可以名正言顺地全身心投入生物学研究了。其实，德尔布吕克对遗传学还有另一重大贡献，那就是他开创了"噬菌体学派"，规范了噬菌体研究的许多重要事项，有效避免了同行们的重复性工作。"噬菌体学派"的人数，也由最初的"桃园三兄弟"发展到全盛时期的"来自全球37个机构和大学的数百人"。"噬菌体学派"培养了"DNA之父"沃森等整整一代分子生物学家，对分子生物学和分子遗传学产生了巨大的推动作用，并催生了一大批获得诺贝尔奖的科学家，比如1958年、1959年和1962年的诺贝尔生理学或医学奖得主等。

1977年，德尔布吕克从加州理工学院退休。借用相声语言，他的一生可小结为：不想当跳槽冠军的物理学家，不是好的生物学家；从不犯错误的量子学家，可能也不是好的生物学家，更不是好的园丁！

1981年3月9日，伟大的科学家德尔布吕克病逝于美国加州，享年75岁。

第一百五十回

生不逢时枉全才，因言获罪牢狱灾

伙计，认识朗道（又译作郎道）吗？

在大学物理教材中，这个名字可如雷贯耳哟！诸如朗道阻尼、朗道能级、朗道抗磁性等，几乎随处可见。朗道对物理的贡献，遍及核物理、固体物理、等离子体物理、宇宙线物理、高能物理等许多分支。但若问到底他哪项成果最厉害，可能谁也无法回答，只能说每项成果都很厉害。当然，他自认为最得意的成果是"超流理论"，但他又补充说："不过，至今没人能真正读懂它！"若问他到底有多厉害？别人仍不好回答。幸好，他自己号称是"费米去世之后，全球最后的全能物理学家"！仔细想来，他自戴的这顶"帽子"还真合适，因为客观来说，在他那个时代，确实找不到第二位物理学家能像他这样雄霸四方。

有的人，狂而无用；而朗道的狂，却是狂到无法反驳！因为，他的狂，有资本，更有底气。他确实凭其超人的执着，为物理学做出了巨大贡献。哪怕是他获诺贝尔奖的那项成果，其实在其成果清单中也只是冰山一角而已。难怪，当他过50岁生日时，他的同事们给这位正处于事业巅峰的领导送了一件很特殊的贺礼：从他众多成果中精选出10项，并将它们雕刻在两块石板上，然后略显"拍马"地取了一个惊天动地的名字，叫"朗道十诫"！啥意思呢？原来，在苏联物理学家心中，朗道就是他们的"摩西"，"朗道十诫"上的成果，就像"摩西出埃及"那样带领着苏联物理学走向世界。为减少阅读难度，此处当然不想重复"朗道十诫"的内容，反正它们都是一些专业名词而已；不过，各位需要知道的是，这些成果不但水平高，还分布广，且持续时间更长，因为朗道终生都高产，甚至是在当囚徒时也不曾停止过科学研究。用卡皮察的话来说，"朗道在整个理论物理学中，都做出了非常卓越的贡献"。

朗道是典型的"浪漫派科学家"，是公认的天才；他目光敏锐，思想深刻，知识全面，富于创新。但非常可惜，他始终没能做出与其智商水平相匹配的"爱因斯坦级"或至少"玻尔级"的成就。这是为啥呢？唉，生不逢时呗！难怪他曾酸溜溜地说："唉，美女都被娶走了，只能追小芳了。"这里的"美女"，意指相对论和量子力学等前沿。原来，朗道比各位"量子力学之父"都年轻，没能赶上量子时代的"淘金"高峰，若早生20年，凭其才情学识，物理史没准真的会被重写呢。

更可悲的是，少年得志的他，目光太犀利，性格太高傲，脾气太暴躁，出言太不逊，心机太缺乏，才华太出众，做人太清高，做事太绝情，对国家和民族的前途太担心等；所以，他在伤人无数的同时，也自然会遭受报复——以"反革命罪"

被关进了最残酷的监狱。若非全球科学家的拼命相救，没准他早就没命了。确实，他的另两位"同案犯"就是被秘密处决的。这又是为啥呢？唉，生不逢时呗！

朗道的生不逢时，到底是咋样的呢？欲知详情，请读下文。

从前，在生不逢时的光绪皇帝去世那年，即慈禧太后终于死了的那年，准确地说，是1908年1月22日，本回主角列夫·达维多维奇·朗道生于沙俄的一个特别崇尚科学的家庭里。父亲是石油工程师，母亲曾受过高等教育，还当过教师和医生。

朗道是神童，4岁能看书，懂事也很早，生不逢时的迹象出现得也很早。6岁赶上第一次世界大战，10岁赶上"内战"，成年后又赶上第二次世界大战，终生更陷入了无尽的"政客之战"。从朗道上小学开始，教学秩序就乱七八糟，学校基本瘫痪。当其他小朋友忙于撒野时，年龄最小、个子最矮的朗道却在认真自学。他好像天生就是数学家，数学思维几乎成了本能：7岁掌握中学数学，12岁学会微分，13岁学会积分。他又好像天生就傲性十足：作为犹太人，他不在乎别人的鄙视；作为调皮蛋，他乐于被老师漠视；作为瘦弱者，他更不怕同学欺负，若谁胆敢冒犯，他必定拍案而起、拳脚相向，就算打输了也从不屈服。他的成绩好得出奇，脾气也怪得出奇：上课从来吊儿郎当，老师的话不爱听就不听，压根儿没把老师放眼里，甚至终生都没承认过谁是自己的老师，唯一例外是后来的玻尔。

连跳数级后，13岁时他就中学毕业了。遵照父母安排，朗道与姐姐一起进入经济技术学院学习财经专业。可入学后他才发现，自己进错了门，财经专业对他来说，简直就是折磨，只能每天浑浑噩噩地混日子。他再三向父母请求退学，直到一年后，在已被煎熬得更加瘦小时才终于被同意转入巴库大学，同时学习数学、物理学和化学3个专业。在大学里，他的天赋与勤奋无人能及，对自己的要求更是极度严苛；若按正常速度，完成3个专业的全部课程一般需要12年，但他奇迹般的只用了2年！

16岁时，朗道从巴库大学毕业，然后进入苏联最高学府圣彼得堡大学继续深造。其间，他首次接触了神奇的量子理论，这使他的学习热情更加高涨，脑子里随时都盘旋着各种公式，甚至因此而无法入睡，经常彻夜研读，每天读书超过18小时。他完全被物理前沿的那些"普遍联系的、不可置信的美"给迷住了，他忘情地演算着海森伯、薛定谔、索末菲和狄拉克的量子力学公式，尤其热衷于"时

空弯曲"和"不确定关系"等。在18岁那年，他就发表了自己的处女作，首次提出了密度矩阵，该矩阵后来在量子力学和量子统计物理学中发挥了重要作用。这时，他信奉的一句名言是："每个人的精力，都足够体面地度过一生。"换句话说，他认为那些把失败归咎于环境艰难的人，只是在为自己的懒惰、无知找借口而已。也许是为了更加专心于学习，他竟然还自定了3条奇怪的禁令：不抽烟，不喝酒，不结婚！

19岁时，朗道从圣彼得堡大学毕业，然后考取了苏联科学院物理研究所的研究生。很快他就发现，苏联的物理研究水平已不能满足自己的需要了，世界那么大，他想去走走。历经数次申请后，1929年10月，他终于被批准出国。于是，在不到两年的时间里，他先后前往德国、瑞士、荷兰、英国、比利时和丹麦等地进修访问，遍访了除费米之外的几乎所有量子泰斗，充分展示了自己的卓越才能和心直口快的个性，更留下了不少传奇故事。

有一次，爱因斯坦演讲刚结束，他就马上站起来说："您的方程推导过程有错。"接着，他便在众目睽睽之下，在与会者的一片惊讶中，详细阐述了自己的观点。爱因斯坦用心听完后，对着黑板思索片刻，竟对听众说："各位，抱歉，请忘掉刚才我的推导，这位先生是对的！"

朗道欧洲之行的最大收获，是在丹麦。虽然他只在这里待了短短4个月，但深受"哥本哈根精神"的感染，成了玻尔研讨班上最活跃的分子。特别是玻尔的那种"能从纷繁的现象中，抽象出物理本质"的直觉，更令他大为折服。从此以后，他就对玻尔十分敬仰，并终生都承认玻尔是自己的唯一老师。后来的事实表明，玻尔不但是朗道的事业导师，还是他的救命恩人，而且是救过两次命的救命恩人！在丹麦期间，朗道的傲慢与自负虽令大家摇头，但为人谦逊、待下亲厚的玻尔对朗道非常器重，他甚至评价说："对我们的研讨班来说，朗道的到来，把水平提高了一大截！这主要得益于他对物理的洞识力。"

在访问剑桥卡文迪什实验室时，朗道结识了正在这里工作的同胞卡皮察。后来，卡皮察也回到苏联，还成了朗道的顶头上司，更成了他的另一位救命恩人，甚至是最关键的救命恩人。

1931年，结束了欧洲访问的朗道，本可轻松留下，毕竟此时的他早已国际知名了，但他仍然准备回国。其实，这时他也很纠结：一方面，有人暗示他"小心为好"；另一方面，他自己也有预感，甚至反常地向朋友们道别说："我必须回去为祖国服务，可能这是一次长久的离别，甚至是永别，除非你们来访问苏联。"果然，回去后，他很快就被禁止出国了。其实，朗道之所以下决心回国，是因为他衷心赞成革命，但他一厢情愿地按自己的理解去响应当时政客的各种诱人口号，比如他坚决反对中世纪式的思想专制和愚昧残忍等。这自然就会与当权者产生矛盾，再加他心直口快，所以，后来他的因言获罪也就不足为奇了。

朗道确实是一位难得的优秀科学家，但他确实不宜生活在当时的苏联。比如，回国后，他先是回到出国前的原单位，很快就成了苏联的物理学科带头人，但更快地与领导产生了矛盾，并于1932年跳槽到乌克兰科学院物理所，担任理论物理部主任。由于科研成就突出，他于1934年在未经论文答辩的情况下，获得了博士学位，1935年，又被聘为哈尔科夫大学教授，紧接着，便又与其院长搞僵了。

1937年，是朗道一生中的重要之年，这一年发生了许多大事。

喜事是，固若铁板的他终于违背了自己曾经的"不结婚"诺言，在遇见化学系校花后，就迫不及待地主动缴械投降，龙卷风般钻进了"爱情坟墓"。刚结婚时，他还嘴硬地扬言"为了不妨碍科研，已决定不要孩子"。可当儿子出生后，他又高兴得坐立不安，到处跑来跑去，逢人便炫耀："我有儿子啦！"其独子后来也成了实验物理学家。

不喜不悲的事情是，他又与第 n 次跳槽的单位领导发生口角，并一气之下离开了哈尔科夫，前往莫斯科，跳槽到卡皮察主持的苏联科学院物理问题研究所，担任理论部主任。从此以后，除了蹲监狱外，他一直在这里工作，并与卡皮察友好相处。

可悲的事情是，此时的他已感到一场政治运动正逐渐逼近。咋办呢？逃又逃不掉，躲又躲不了！经过一番"小算盘"之后，他打算借助更大的学术名气来给自己增加一层保护色。于是，他赶紧撰写了一篇有关"恒星坍缩质量推测"的论文，并将它直接寄给玻尔，希望此文尽早在国际上引起轰动。由于当时苏联对国际往来信件有严格的审查制度，朗道只能用非常巧妙的暗示向玻尔求救。绝顶聪明且了解苏联的玻尔当然一点就通。于是，他来不及看论文，当天就给朗道写了回信，盛赞此文如何如何不得了。果然，玻尔的这封信很快就通过苏联官方的《消息报》传遍了全国。哇，一时间，苏联人民扬眉吐气：西方又落后了！朗道也偷偷笑了！

但是，朗道高兴得太早了，他严重低估了政治的疯狂程度。1938年4月28日，一辆黑色轿车停在朗道家门口：新婚妻子流着泪、无助地看着克格勃身边那个憔悴的身影被悄悄带入漆黑的监狱，被缓缓推向未知的命运。时年，朗道刚刚30岁！那段日子对他来说，真是刻骨铭心，铁窗生活将他折磨得全无人形。后来他写道："我在狱中待了一年多，若再有半年我将必死无疑！"其实，本该判为死刑的他被轻判为10年徒刑，就已算相当幸运了，10年刑期，只关了一年多，更是万幸了，没死在最残酷的监狱里，竟奄奄一息地被抬了出来，那更是万幸中的万幸了！

朗道为啥会如此幸运呢？这是因为两位顶级科学家里应外合的拼死相救！在国外，玻尔四处奔波，动用一切可以动用的国际力量，呼吁苏联"刀下留人"。在国内，当时苏联最著名的科学家、被政府"请回来"做爱国榜样的卡皮察，更是冒着个人和全家的生命危险，亲赴克里姆林宫说情：一会儿，以自己的人格做担保；一会儿，又用辞职相"要挟"；后来，更多次直接给斯大林写信，陈述朗道对国家的重要性和不可替代性，并声称，若允许朗道戴罪立功，他肯定能很快做出震惊世界的重大突破。后来，朗道对卡皮察的这次救命之恩非常感激，他深情地回忆说："卡皮察给斯大林写信，绝对需要大勇、大德和水晶般的纯洁人格！"出狱后的朗道，果然不负众望，兑现了卡皮察给斯大林的承诺。实际上，仅仅半年后，朗道就完成了液氦超流理论，这也是后来他获得诺贝尔物理学奖的那个成果。

随着政治运动的结束，特别是1953年斯大林去世后，朗道虽被禁止出国，但他的事业逐步走向辉煌，在国内外的名声更是震耳欲聋。在接下来的几十年中，他继续研究理论物理，拒绝参加核武器项目。但是，天才、才华和成就，使他过于自负、过于迷信自己的智慧和直觉，甚至目空四海：除了玻尔外，他几乎看不起当时的任何物理学家。渐渐地，他由昔日的"受害者"，变成了学术圈中的"施害者"：因为他很聪明且思想敏锐，所以很容易挑出别人的毛病，接着就是"一棍子"；因为他知识面很广且逻辑严谨，所以对所有事都要发表意见，甚至要搞独裁。朗道与玻尔完全相反，在本该充分民主的学术研究中，他却喜欢大搞家长式的"学阀"作风。

他的固执和武断以及对他人成果的不负责任，使苏联科学院蒙受了无法弥补的巨大损失。1956年，苏联物理学家沙皮罗（又译作夏皮罗）发现了介子衰变过程中的宇称不守恒。于是，他赶紧向自己的上司朗道做了汇报。可哪知，朗道只调动直觉想了一下，甚至连沙皮罗的论文都没看，就给出了否定结论。仅仅几个月后，杨振宁和李政道就重新发现了沙皮罗的发现，并因此于次年获得了诺贝尔物理学奖！

正当朗道步入科学丰产期时，1962年1月7日，一场意外车祸却又差点要了他的命：头骨和全身的11根骨头当场折断，整整昏迷了40多天，醒来后虽还能思考并逐步恢复了知觉和语言能力，但智力已严重受损，几乎成了植物人，从此永远失去了科研能力！朗道的车祸消息震惊了整个物理学界：年逾古稀的物理学泰斗玻尔更是一马当先，组织了一流医务人员，从丹麦首都哥本哈根直扑莫斯科，要不惜成本第二次挽救朗道之命。苏联政府也安排了最好的医生，竭力抢救；捷克、法国、加拿大的很多医学教授也纷纷主动前来会诊。全球许多物理学家，更是削尖脑袋、翻箱倒柜，把能找到的所有"名贵药材"和"祖传偏方"等都火速寄来。在经历了数次临床死亡判决之后，在各方全力拼搏和精心治疗下，朗道终于被生生地从"奈河桥"边给拽了回来！

朗道的车祸消息，也让诺贝尔奖委员会产生了紧迫感，于是他们决定，把当年的物理学奖授予朗道，以表彰他在20多年前提出的理论，即出狱后所做出的那个成就。当生命垂危的朗道得知获奖消息后，深感意外。因为，他一直认为，诺贝尔奖是西方把持的"御用工具"，自己作为"敌对阵营"的苏联人不可能得奖；更何况他深知自己生性高傲，与全球顶级科学家也没啥交情，甚至言语之中还经常得罪人。但他没想到，正是这些他得罪过的人，没计较民族和个人偏见，据理直言，为他争取到了诺贝尔奖。其实，朗道压根儿不知道，为了他的这次颁奖，诺贝尔奖评委们是多么揪心！本来很正常的颁奖，却面临前所未有的三大困难：一是朗道的成就太多，要选出最杰出的那个确实不易；二是按规定，诺贝尔奖不颁给逝者，而朗道却随时都有生命危险；三是诺贝尔物理学奖颁奖典礼，每年10月上旬都固定在瑞典首都斯德哥尔摩举行，垂危中的朗道咋可能长途跋涉去领奖呢？书说简短，经严密论证，评委会最终决定选择"对凝聚态物质的开创性研究和对液氦的超流理论的建立"作为朗道的代表性成就，并打破惯例，选择莫斯科为颁奖地点，由瑞典驻苏联大使代表国王颁发1962年诺贝尔物理学奖。即使所有这一切完成后，评委会仍然提心吊胆，暗暗祈祷这位"科学怪杰"能坚持活到年底；幸好，朗道这次没有反其道而行之。

1968年4月3日，20世纪最有个性的物理学家朗道，在莫斯科与世长辞，享年60岁。去世前，他说的最后一句话是："老天待我不薄，我的一生总算万事顺利了！"

补记：朗道去世23年后，也就是1991年，苏联解体了。随后，俄罗斯、乌克兰和阿塞拜疆三国争相把朗道放进自己的"先贤祠"，乌克兰国家银行更在2008年专门为朗道发行了百岁诞辰纪念银币。朗道若是地下有知，也该含笑九泉了！

第一百五十一回

巴丁两次获诺奖，低调至极名不响

在日常生活中，有一样东西特别重要，重要到我们一刻也不能离开，但它又特别低调，低调到你压根儿感觉不到它的存在，虽然它无处不在。伙计，你知道这东西是啥吗？对，它就是空气！

在如今的电子世界里，也有一样东西特别重要，重要到像空气一样，重要到几乎所有电器也一刻都不能离开它。但同样，它又特别低调，低调到一般人压根儿感觉不到它的存在，低调到甚至连普通电器专家也不知它到底藏在哪里。伙计，你知道这东西是啥吗？告诉你吧，它就是大名鼎鼎的晶体管！也许小品界要来抬杠了：赵本山家的手电筒里有晶体管吗？嘿嘿，抱歉，还真有，只不过是"老晶体管"！因为，对任何晶体管来说，无论它有多么"高大上"，其实它的最主要功能之一就是做手电筒上的那个开关！伙计，这可不是俺忽悠你哟，它有最高深的数学理论作证：实际上，所有运算，包括计算机中最智能化的操作，都可最终化解为二进制的逻辑运算，即开关运算或基于开关的运算。也许有电器专家要抬杠问：谁说找不到晶体管藏在哪里，不就在芯片里吗？确实，它至少藏在芯片里，甚至整个芯片主要就是一堆晶体管，但请你拔出芯片看看，除非用高倍显微镜，否则，你既看不到"晶体"也看不到"管"，只能看到一块平凡得不能再平凡的"薄瓦片"！也许还有"杠精"不服，非要找出某个不含芯片的电器，然后质问它是否也含晶体管。伙计，别费劲儿了，统一回答你吧：所有电子驱动的动作都离不开逻辑操作，而在可见的将来，执行逻辑操作的最佳设备都是晶体管，无论它们是像现在这样被嵌在硅片中，或今后被嵌在陶瓷中。

上面为啥要花那么多篇幅来谈论晶体管呢？一来，因为本回主角巴丁就是晶体管的3位发明人之一，并因此而获得了他的第一次诺贝尔物理学奖；二来，更主要的是因为，现实生活中的巴丁与电子世界的晶体管一样低调，甚至更低调！他低调到啥样呢？这样说吧，低调到他作为人类第一位两次获得同一领域诺贝尔奖的科学家，外界竟对他一无所知，甚至连传记作家都因挖不到素材而不得不"投降"！低调到他的老邻居只知道隔壁大叔为人友善，还经常在野炊活动中乐颠颠跑来跑去帮忙，甚至亲自下厨做饭。低调到他的高尔夫球友竟不知他是著名科学家，只知道这位先生球艺不错，对自己偶尔的"一杆进洞"还特自豪，甚至说"一杆进洞，能抵得上两次诺贝尔奖"！球友暗笑：哈哈，这哥们儿，简直不学无术，也许压根儿就不懂啥叫诺贝尔奖！低调到获诺贝尔奖的当晚，他竟彻夜难眠，不是高兴得睡不着觉，而是遗憾得睡不着觉，因为他觉得，像自己的导师魏格纳那样的伟人才配得上诺贝尔奖，他反复自问：我获此奖，是否名不副实呢？低调到第二次获诺贝尔奖之前，他竟主动联系评委会，不是去拉票，而是要把自己从候选名单中去掉，因为他担心"自己已获过一次奖"的事实会影响合作伙伴们获奖。结果，评委会经认真讨论后，决定打破惯例，将第二次诺贝尔物理学奖颁发给巴丁及其合作者。低调到当同事们祝贺他获两次诺贝尔奖时，他却很认真地纠正道："不是两次，而是连一次也不到，准确地说是2/3次"。原来，他两次获奖都是分别与另外两人共享的，所以在他眼里就变成了两个"1/3"。低调到沉默寡言，甚至被学生们取了一个外号，叫"沉默巴丁"或"细语巴丁"。据他妻子回忆，丈夫在家里从不谈论工作，唯一的例外是，有一天他下班回家，轻轻对妻子说："你知道吗，今天我们发明了一样小东西。"后来，妻子才知道，妈呀，丈夫发明的那"小东西"竟然就是晶体管呀！低调到有人用"巴丁数"来形容一个人的"谦虚程度"，这里，"巴丁数"定义为某人的"实际成就"除以该人的"自我吹嘘程度"。对一般人来说，其"巴丁数"能等于1（即没有夸大成绩），就已很不错了，而对绝大多数人来说，特别是在自我申报奖励时，其"巴丁数"都非常小，甚至趋于零，即把芝麻吹成了西瓜；而对巴丁来说，他的"巴丁数"几乎为无穷大！关于巴丁的低调传奇实在太多，此处就不再赘述了。

有"杠精"问啦：难道巴丁就从未高调过一次吗？非也，那要看在哪里。比如，若在赛场上，哇，那绝对亮瞎你的眼！这时的巴丁不亚于任何疯狂球迷：一会儿，放开嗓门呐喊；一会儿，挥舞手臂乱跳。若遇球星，则其疯狂程度更会猛增！若偶尔"一杆进洞"，哇，肯定又高兴得蹦上了天，甚至恨不能让全世界都为他欢呼。

当一个人低调到极致后，会出现啥情况呢？在回答该问题前，先谈谈另一个热门术语——超导体，即在某一温度下电阻降为零的导体。换句话说，当温度越来越低时，该导体对电流的阻力就越来越小，当温度低于一定值后，电流的阻力就趋于零了！低调和低温看似毫不相关，这里为啥要一起来说呢？主要原因有二。其一是，超导现象的理论解释又归功于巴丁等，他因此于1972年第二次获得了诺贝尔物理学奖。其二是，若从"巴丁数"的角度来看，随着一个人的自我吹嘘热度的不断降低（即低调程度的增加），他所遇到的来自合作者的阻力将大幅减少。当低调到巴丁这样的极致程度后，合作阻力就几乎没有了，从而就可全心全意做科研了。关于这一点，其实在数千年前，在《易经》64卦中的"谦卦"中就早有论述了。巴丁的实际情况也正是这样，他是一个典型的合作型教授，其两次获诺贝尔奖都是与别人合作，无论是与学生或同事在一起，他都从不高傲，非常谦虚，与大家平等地认真计算、认真实验、认真撰写论文等。他不但善于结交志同道合的朋友，还善于结交观点和兴趣不同的人，并与他们终生保持着友谊。他与别人合作交流的方式很多，除了教学、写作、学术报告之外，他还积极参与各种学术组织和政企咨询活动。早在大学期间，他就是学生联谊会的活跃分子，特别是与同学们打牌时，他更高兴，因为每次他都必赢无疑。据说，每到交纳社团费时，他就空手前往，然后几圈扑克下来"自动转账"就完成了。反正，无论是上司、下属或同事，他都能友好相处；即使是碰上霸道之人，他也只是选择默默离开。

有"杠精"又要问啦：难道巴丁只合作不竞争吗？非也，该竞争时，他从不让步！比如，在运动场上，他就异常顽强，用他哥哥的话来说，"这小子，简直抱着球就不放，谁也抢不过"；在学习上，他也从不服输，用他妈妈的话来说，"每当遇到难题时，他都会知难而进"；在科研中更是如此，无论是发明晶体管，还是成功解释超导现象，他之所以越战越勇，主要是因为这些"拦路虎"挑战了他的让步底线；在获得辉煌成就特别是各种荣誉随之蜂拥而至时，他却从不满足，从不停止，很快又转向新的挑战，开始新的激烈竞争。

那么，巴丁这位像"晶体管"一样低调的伟人，到底是如何产生"合作超导"现象，以至能在同一领域破天荒地两次获得诺贝尔奖呢？欲知详情，请读下文。

从前，末代皇帝溥仪登基那年，准确地说是1908年5月23日，本回主角约翰·巴丁，以家中5个孩子的老二身份诞生于美国威斯康星州。父亲是威斯康星大学医学院的创始人兼首任院长，同时也是解剖学教授；母亲曾任教于芝加哥大学实验学校，后来从事室内装饰工作，是艺术界的活跃人物。

父母特别重视巴丁的品德教育，从小就让他形成了勤俭节约、努力学习、辛勤工作、温文尔雅、做事执着、心胸宽广、热爱运动、心地善良、谦虚谨慎、举止稳重、锲而不舍以及服务社会的正确价值观。这段描述虽无个性，但确实是巴丁一生的最好写照。换句话说，巴丁的最大特点就是没特点！还在童年时，他就异常安静，经常依赖哥哥与别人交流；少年时，他就显示了超人的智慧、敏锐的直觉和深邃的思想，不但非常用功，还特别专注，想象力很丰富。他的早期科研兴趣主要得益于父亲，因为父亲经常与他讨论数学问题，还给他买了许多有机染料等化学品，让儿子在地下室里尽情玩实验。

巴丁的中小学史，就是一部跳级史：他6岁上小学，但很快就发现，课堂内容太简单，压根儿"吃不饱"！咋办呢？跳级呗！于是，9岁那年，他就直接从小学三年级连跳三级，进入了初中一年级，从而一举成为班上的"小不点"兼"学霸"，尤其在数学方面更不得了，初二时就在全市的代数竞赛中拿了冠军！由于所在初中缺少实验设备，再加他又"吃不饱"了，干脆一举两得，直接跳级进入了另一所高中。12岁时，母亲因患癌症去世，当时他吓呆了，但仍在14岁就完成了大学预科班。可能因跳级太快，也可能因母亲去世，中学毕业后，他并未立即升入大学，而是转学到了哥哥的班上，与哥哥一起主修了物理和数学。其间，在哥哥的直接影响下，巴丁的社交能力得到改善，合作精神更被大大增强，这一点对他后来的事业很有帮助，因为，他的所有成果都得益于大跨度合作，如果仅依靠单枪匹马根本不可能成功。

15岁时，巴丁考入了威斯康星大学。因为他不想成为父亲那样的"象牙塔学者"，所以选择了就业前景更好的工程学院，攻读电气工程专业。在大学期间，他不但课内成绩优秀，还自学了数学和物理等许多课外知识，至少在本科阶段就学完了所有感兴趣的硕士课程，更一度到校外公司做了一年兼职工程师。即使这样，他仍然精力过剩，所以又参加了许多学生组织，热心于各种公益活动。他于1928年获得了理学学士学位，紧接着，一年后，他就取得了电气工程硕士学位；然后，他留校担任了一段时间的研究助理，主要研究天线辐射中的数学问题，并首次接触到了量子论。

1930年，美国经济大萧条，许多大学都不得不裁人，研究助理职位更被大幅压缩，所以巴丁必须重新就业。起初，他本想去美国电话电报公司，结果直接被拒，因为该公司也正忙着裁员呢。最后，他好不容易才在海湾石油公司找到一份学非所用的工作，于是他开始阴差阳错地研究地球物理，准确地说是勘测石油。但他从未因此而闹情绪，始终坚持"在其位，谋其职"，更充分利用自己的电工知识踏实工作。不久，他就发明了一种勘探石油的电磁学新方法，该方法不但思路新颖，还能大幅提高勘探效率，以至公司决定以保密而非专利方式来拥有该项技术，以免竞争对手获得更多信息，差不多30年后这种方法才公之于众。

在石油公司的3年间，巴丁从未与别人有过任何争执，与大家都和睦相处，更得到了领导的高度赞赏。当时的文艺青年评论道："他像一部无声的黑白电影，没有浓墨重彩的张扬，也没有连绵不断的喧嚣。"这种情况，在他以后的职业生涯中也几乎没变。石油公司的待遇虽高，但这里的职位毕竟只是应急之需，自己真正感兴趣的东西其实还是物理和数学。于是，在1933年，他咬牙辞职，自费前往普林斯顿大学继续攻读博士学位。起初，他希望跟随那里的偶像爱因斯坦完成自己的博士论文。可惜，报到后他才发现偶像已经离开，且爱因斯坦并没兴趣指导任何研究生。巴丁只好临阵换将，改投到魏格纳教授门下，学习固体物理，而正是在该领域，巴丁先后两次获得了诺贝尔物理学奖。书说简短，巴丁于1936年以《论金属功能函数的理论》为博士论文，获得了普林斯顿大学的博士学位，然后，他获得哈佛大学初级研究员奖学金，从事碱金属聚能和电导率研究，并于1938年成为哈佛大学博士后，从而成为第一代"将量子力学应用于真实固体"的理论物理学家。

在普林斯顿大学攻读博士学位期间，巴丁还有另一项重大收获，那就是遇上了自己一生的挚爱——珍妮，并于1938年与她步入婚姻殿堂，婚后，他们育有两子一女。不得不说，巴丁确实是一个不可多得的好儿子、好丈夫、好父亲：读博期间，为了照顾病重的父亲，他干脆中断读博进程，直到父亲去世后才又恢复了博士学位论文的撰写工作；婚后，为了增加收入，他同时讲授多门课程，甚至连暑假也不歇息；在家中，他尽力帮助妻子料理家务，洗衣、扫地、烹饪等样样精通；无论是出国访问还是出席重大授奖仪式等，他都带上妻儿老小等家人，既分享成功的喜悦又彼此照顾。当然，对亲人无微不至的呵护，并没有阻碍甚至还有助于他在学术上连攀高峰。

从哈佛大学博士后出站后，巴丁于1939年来到明尼苏达大学，担任助理教授。可惜，刚工作一年多，第二次世界大战就爆发了。于是，他在1941年被派往位于华盛顿的海军军械实验室，一直工作到第二次世界大战结束。这份工作令他很不愉快，因为既偏离了物理理论研究，又缺乏灵活性，甚至还充满了讨厌的、混乱的军事官僚作风。不过，他还是坚持了下来，直到第二次世界大战结束，他才在1945年迫不及待地回到了基础物理研究领域。其实，他本想进入某所大学，但为了养家糊口、为了更高的工资，经过折中后，他进入了贝尔实验室半导体物理小组，仍然研究自己喜爱的本行——固体物理。准确地说，是要与组长肖克利和组员布喇顿一起研发当时全球热切盼望的半导体电子器件——晶体管。

起初，在巴丁入职前，肖克利就提出了一种设想，即构造半导体三极管，但不幸的是，经反复实验，该设想未能成功，也无法解释原因。直到巴丁加入后，巴丁才提出了另一个至关重要的半导体表面态理论，并终于解决了过去的"卡脖子"难题。接着，整个研究就高歌猛进了：首先，他们借助含正负离子的电解液，巧妙改变了晶体表面的电荷分布；接着，经过几天的奋斗，巴丁和布喇顿就观测到了放大30%的输出功率和15倍的输出电压；于是，全球首只称为"点接触型晶体管"的半导体放大器就这样问世了。晶体管的发明，让整个贝尔实验室沸腾了，但课题组长肖克利很失落，他因未做出实质性贡献而未被列入本次专利的发明人名单。于是，肖克利赶紧在该专利公布前又独自研究出了更先进的结型晶体管——PN结晶体管。当然，低调的巴丁二话没说就离开了贝尔实验室，退出了这场晶体管发明权之争。后来，诺贝尔奖委员会经认真调研后，将1956年诺贝尔物理学奖同时颁发给了肖克利、巴丁和布喇顿，以表彰他们3人在发明晶体管方面的重大成就。

离开贝尔实验室后，巴丁于1951年5月24日前往伊利诺伊大学，担任电气工程和物理学系教授，并开始研究超导理论。他为啥要选择超导课题呢？因为，超导这只"拦路虎"惹怒了他！实际上，虽然超导现象很早就被发现了，但它的原理一直是个谜，包括爱因斯坦、海森伯、玻尔、费曼等大师，都曾试图给出超导现象的理论解释，结果都以失败而告终，以致在很长一段时间内，超导理论都没任何进展，此事被视为"理论物理学界的耻辱"。刚开始时，巴丁单枪匹马干了5年，虽未能打败"拦路虎"，但摸清了敌情。于是，他招收了2个不同专业的学生（库珀和施里弗），组成了"超导电性理论"攻关小组。又经过了2年多的努力后，该小组终于在1957年3月创立了BCS理论，这里的B、C和S，分别代表巴丁、库珀和施里弗3人的英文名字首字母。BCS理论，从微观上对超导性给出了合理解释，从而最终解决了困扰物理学家长达46年的"耻辱难题"，被认为是量子理论发展以来对理论物理的最重要贡献之一。于是，他们3人一起获得了1972年的诺贝尔物理学奖。

巴丁的一生，充满了值得回味的精彩：他是一位真正的天才，却没有怪异的性格，也没有神秘的背景与经历。他与身边的普通人没啥区别，简直就像邻居大叔。他对物理的热爱从来就没停止过，直到生命的最后一刻都还在发表论文。他集众多优秀品质于一身，善于运用扎实的理论知识去解释实验数据及现象。他的优秀人品、独特思维和科学作风等，都令人非常钦佩。

1975年3月，巴丁从伊利诺伊大学退休。1991年1月30日，才华横溢、成就卓越的巴丁，终因心力衰竭而逝世，享年83岁。

第
一
百
五
十
二
回

世
纪
伟
人
同
性
恋
，
愚
昧
铸
就
图
灵
冤

唉，真不敢相信，"计算机科学之父""人工智能之父"，凭一己之力破译法西斯主战密码、提前4年结束第二次世界大战，挽救生灵数百万的旷世英雄，其成就彻底改变人类生活和思维方式、为全人类创造无穷福祉的伟大科学家图灵，竟因人类的愚蠢偏见被判有罪，并最终于1954年6月7日被迫服毒自杀，年仅42岁！苍天呀，你还有眼睛吗？审判团呀，你还有良心吗？就算当时的人们没了良心，也希望图灵在法庭上那响彻云霄的申明"我坚信，我没错"，能在半个多世纪后的今天唤醒世人的良心！作为计算机时代的普罗米修斯，图灵之死真"比窦娥还冤"！

也许稍微值得欣慰的是，1966年，美国计算机协会设立了"图灵奖"，一方面为了纪念伟大的图灵，另一方面用以表彰做出突出贡献的计算机科学家。如今，"图灵奖"已被公认为"计算机领域的诺贝尔奖"。2009年，英国科学家发起了为图灵平反的请愿，签名人数很快就突破3万。为此，当时的英国首相布朗，不得不代表政府向曾经拯救过英国的恩人正式道歉：承认当年图灵所受遭遇是"骇人听闻的"和"完全不公的"，整个英国对图灵的亏欠是巨大的。2012年，霍金等11位著名科学家又致函英国时任首相卡梅伦，要求为图灵平反。2013年，应司法大臣恳求，英国女王终于向"当今最伟大、最值得纪念的人物之一""即使把所有崇高致意都奉献给他，其实也不为过的英雄之一"和"现代最杰出的数学家之一"的图灵颁发了皇家赦免书，并向这位世纪伟人致敬。紧接着，英国司法部宣布"晚年的图灵，因其性取向而备受虐待，我们承认，当时的判决是不公的！这种歧视现象，如今已被废除"，还承认"图灵对英国，对整个人类的贡献无与伦比"。2016年，英国通信总部也对自己当年"错误开除图灵"表示深刻道歉，并承认，图灵遭受折磨，既是自己的损失，也是国家的损失，更是全人类的损失。2019年，图灵的肖像终于登上了面值50英镑的英国纸币。面对如此众多的真诚道歉和纪念，图灵在天之灵也许可稍微安息一些吧！

唉，人死如灯灭，无论我们今天怎么后悔，也永远无法弥补因图灵早逝而造成的巨大损失，图灵本人更不能死而复生。

图灵对人类的贡献到底有多大呢？这个问题很难正面回答，但假若图灵复活后，不允许负心的人类使用其科研成果的话，那么，人类文明将整体倒退至少半个世纪，比如今天的所有飞机都不能上天，所有轮船都不能下海，所有高级汽车都将消失，所有计算机都没了，所有手机都死了。一句话，你现在能看到的、听到的、想到的日常生活和信息领域的所有高级玩意儿，几乎都得下岗！当然，假若图灵的冤案能使人们早日觉悟，那么，这也可算是图灵对人类文明的又一巨大贡献吧，虽然他为此付出了生命的代价！本回不打算罗列，其实也不可能罗列图灵的众多科学成就，只想尽力恢复一个真实的科学家图灵。

在清朝灭亡那年，或中华民国终于成立那年，准确地说是 1912 年 6 月 23 日，艾伦·马西森·图灵诞生于英国伦敦的一个学术世家。爷爷是一位牧师，毕业于剑桥大学三一学院数学系。爸爸虽不善数学，但喜欢长途跋涉，是牛津大学历史系高才生，后来从政，被派往印度担任民政部官员；妈妈来自富贵的工程师之家，曾就读于巴黎大学文理学院。

幼年的图灵，其实是典型的"留守儿童"：父母远在印度，他与哥哥一起被寄养在英国老家。因此，父母对其早期成长的影响不大，但这绝不意味着父母不爱他，相反却相当支持他，不但支持儿子从事自己喜爱的科研工作，而且后来在图灵的生命晚期，在他最落魄潦倒的时候，他的家庭也是他最坚实的支柱。

图灵从小就与众不同。一方面，他继承了爷爷的聪明基因，可谓智力超群：只用 3 周就学会了阅读，然后用更短的时间就学会了识数，并迷上了数字智力游戏，喜欢见到数字就大声读出来，久而久之就养成了一个奇怪习惯：每次经过路灯，都非要读读灯上的编号，否则就走不动。但另一方面，他笨得出奇，甚至连左右都不分，只好在左手拇指上画个红点来提醒自己。此外，他还很善辩，比如有一次，妈妈要回印度，临走前叮嘱他说："宝贝，你答应过妈妈，会做一个听话的孩子，对吗？"哪知，这项"高帽子"并未镇住"狡猾的"小图灵，他巧妙地答道："是的，妈妈，我答应过你。但我记性不好，有时候就忘了，这不能怪我哟！"

也许是继承了父亲的运动基因，图灵生性好动，体力充沛，从小就喜欢长跑，这个习惯终生未变，以至后来在剑桥大学国王学院任教时，他还经常在剑桥和伊利之间长跑约 50 千米！第二次世界大战期间，他也偶尔从伦敦跑步约 64 千米前往布莱奇利公园从事密码破译工作。他差点成了奥林匹克长跑运动员：1946 年，参加了约 5 千米的长跑比赛并夺得第一名，其成绩在当年全英排名中也高达前 20 位；1948 年，他在马拉松锦标赛上，竟以 2 小时 46 分钟的成绩排名第五，只比那年的奥运冠军慢了区区 11 分钟。关于自己的长跑动机，他曾解释说：工作压力太大，摆脱压力的唯一方法就是努力奋斗，长跑是释放自我的唯一途径。

他的直觉创造力和科学探索精神也很早就表露无遗。据说，3 岁时，他就完成了自己的首次科学实验：把一个特喜欢的玩具埋入花园，然后浇水施肥，希望"种瓜得瓜，种豆得豆"，尽快长出更多玩具来。6岁时进入小学，他很快就成了"学霸"；8岁时，他开始撰写一部"科学著作"，虽然其中的错别字不少，语法也漏洞百出，但其描述基本通顺，大有"猪鼻子插葱"的味道；10岁上中学时，他不但迷上了国际象棋，更产生了"人体也是机器"的惊人想法；果然，后来他模仿人脑，不但设计出了通用计算机，还首先开发出了人机博弈的国际象棋程序，更开辟了人工智能学科；12岁时，他开始研究如何"用最少的能量，以最自然的方式，做最多的事情"。总之，科研对他来说是一种激情！他喜欢充分表达自己的创意，努力发现世界的自然奇观，他"似乎总想从最普通的东西中，弄出些名堂来"。就连玩足球，他也乐意放弃前锋和进球的露脸机会，只喜欢在场外巡边；因为，这样才有机会计算"球飞出边界时的角度"。难怪，他的老师评价说："图灵同学的思维，像袋鼠一样在不断跳跃！"

14岁时，图灵被英国古老的谢伯恩公立学校录取。在报到的第一天，他就完成了一个轰动性的体能检测：那天刚好铁路大罢工，他竟然骑行约97千米去学校，还野宿了一夜！这一壮举很快就登上了当地的多家报纸。良好的中学教育，既提高了他对自然科学的兴趣，也训练了他敏锐的数学头脑，甚至在没学过微积分时，他就已能解答许多高深的科学难题了。15岁时，他开始阅读爱因斯坦的著作，不但能理解表面内容，还看出了弦外之音，比如爱因斯坦对牛顿运动定律其实存有质疑。后来，为辅导父母学习相对论，他专门撰写了一部科普书，详细讲解了爱因斯坦的相关成果，从而表现出了非凡的数学水平和科学理解力。中学期间，他不但两次获得过校级自然科学奖，而且还获得过"数学金盾奖章"。

图灵在各方面都显得早熟，在感情方面也不例外，这一点，也许是继承了妈妈的浪漫基因。他的同性恋趋向，早在15岁左右就已开始表现出来。一方面，他害羞、孤独，总是衣衫不整、墨迹斑斑，甚至在其他男生眼里，"他的所有特征都是笑柄，尤其是他那尖声细语的口吃"；但另一方面，他很早就找到了自己的初恋——比自己年长一岁的莫科姆，白炽灯独立发明人斯旺爵士的外孙。两人交往甚密，拥有不少共同兴趣：他们一起做化学实验，一起交流数学公式，还一起探讨天文学和物理学的诸多问题。1929年12月，他们还一起前往剑桥大学，参加为期一周的奖学金考试，一起沐浴在培根、牛顿和麦克斯韦的母校中，感到无比幸福，他们多么希望今后能在剑桥大学比翼双飞呀！可是，图灵落榜了，莫科姆被录取了！为此，图灵下定决心，来年考入剑桥，要与爱人形影不离。可是，苍天无情，仅仅2个月后，莫科姆就死于一场疾病！可怜的图灵几乎崩溃！后来，为了继承莫科姆的遗志，他于1930年12月再次冲刺，终于考入了剑桥大学国王学院，专攻数学专业。

在剑桥大学，图灵的数学能力突飞猛进：在毕业前，他的处女作就于1935年发表在权威的《伦敦数学会杂志》上；同一年，他还完成了另一篇著名论文《论高斯误差函数》，该文不但使他当选为国王学院研究员，而且还使他于次年荣获英国著名的史密斯数学奖，更使他成为国王学院声名显赫的毕业生之一。

1936年，图灵应邀到美国普林斯顿高等研究院学习，一边研究群论一边撰写博士论文，并迎来了自己的首个大丰收之年——1937年！

这一年，他的最重要代表作之一《论数字计算在决断难题中的应用》发表于《伦敦数学会文集》，立即引起了广泛注意。该文首次描述了一种可以辅助数学研究的机器，即当今的"图灵机"，其革命性的思想在于，它首次将纯数学的符号逻辑对应上了实体世界。如今，所有的计算机和人工智能设备等，都是基于"图灵机"而实现的。同样是在1937年，他还发表了另一篇重要论文，首次对计算理论进行了严格化，奠定了计算机科学的坚实基础。借助如此众多的"高大上"成果，他于1938年获得了普林斯顿大学的博士学位，他的博士论文又对数理逻辑产生了深远影响！

1938年，图灵回到剑桥大学国王学院任教，继续研究数理逻辑和计算理论。这时，第二次世界大战爆发了，正常的科研工作被打断了：1939年秋，图灵应召到英国外交部通信处从事军事项目，主要任务就是破译敌方密码。关于图灵在密码破译方面的巨大贡献，许多影视、传记和小说都有精彩描绘。比如，有兴趣的读者，可阅读我们刚出版的另两部畅销书籍《安全简史：从隐私保护到量子密码》和《密码简史》；又比如，英国首相丘吉尔就曾在回忆录中说："图灵作为破译恩尼格玛密码的英雄，他为盟军最终成功取得第二次世界大战的胜利做出了最大贡献。"换一种更形象的话来说：在图灵未出山时，英国被德国打得哭爹喊娘，几近灭国；待到图灵稍微发力，弹指间破译了法西斯德国的主战密码后，被打得满地找牙的就变成德国了！由于在密码破译方面的突出成就，图灵获得了英国政府的最高奖——大英帝国荣誉勋章。

1945年第二次世界大战结束后，密码学家图灵恢复了战前的计算机理论研究，并结合战时体会，试图研制出真正的计算机。于是，他来到英国国家物理研究所，开始"自动计算机（ACE）"的逻辑设计和研制工作。这一年，他完成了一份长达50页的《ACE设计说明书》。该说明书可不得了啦，它在保密了27年之后才正式公开。而正是在它的指导下，英国才终于研制出了可实用的大型ACE。也正是在它的指导下，人类才最终进入了计算机时代。为此，业界一致公认：通用计算机的概念，归功于图灵的ACE；图灵作为"计算机科学之父"当之无愧。

1948年，图灵被聘为曼彻斯特大学高级讲师，并被指定为"自动数字计算机"的课题负责人；1949年，他又晋升为该校计算机实验室副主任，负责最早的、真正意义上的计算机"曼彻斯特一号"的软件理论开发。因此，他是把计算机实际用于数学研究的首位科学家。

1950年，又是图灵的另一个丰收年！这一年，他提出了著名的"图灵测试"，即若第三者无法辨别人类与机器的思辨差别，则可断言该机器具备人工智能！同年，他还提出机器思维的问题，引起了全球广泛关注，并产生了深远影响。这年10月，他发表了划时代的作品《机器能思考吗》，从而毫无疑问地赢得了"人工智能之父"的桂冠。半个多世纪以来，随着人工智能的深入和普及，人们越来越认识到图灵的远见。实际上，他的思想至今仍是人工智能的灵魂。

可是，就在图灵的事业蒸蒸日上之际，灾难却突然从天而降！1952年，他本想大干一场，为人类文明再创辉煌，他甚至为此辞去了剑桥大学的职务，专心于曼彻斯特大学的计算机研制，并首创了"国际象棋计算机程序"，甚至模仿计算机与另一位棋友博弈；结果，悲剧发生了，程序输了！当然，这一年最大的悲剧，不是程序输了，而是他的同性恋行为被意外曝光！于是，警方以"明显的猥亵和性颠倒行为罪"为名，对他进行起诉。他没有申辩，只是坚信"我没错"。

随后，可怜的图灵，人类几百年才出一个的天才图灵，不但失去了工作，更遭受了非人的迫害和悲惨的羞辱：他被强行注射了雌性激素，时间长达一年多。他的自尊心被极大摧残、脾气变得躁怒不安、性格阴沉怪僻、心灵痛苦与日俱增。此外，在社会生活中，图灵也成了"过街老鼠"，昔日名誉更是荡然无存。

1954年6月7日，年仅42岁的图灵，在其最辉煌的创造顶峰，在来不及发表更多、更具革命性的成就之前，被发现自杀于家中！他安详地沉睡着，一切都和往常一样，只是这一次，他永远睡着了；他身旁那只被咬过一口的毒苹果，也跟着睡着了。

图灵服毒自杀的消息，瞬间传遍了全世界！不知那些痛打过"过街老鼠"的"正人君子们"，是在狂欢呢还是在暗叹呢？不知那些"正义的法官"和行刑的刽子手们，是在自豪呢还是在自责呢？唉，都说天才命苦，图灵的命更苦！他曾经是那样的光芒四射，而结局却又如此悲惨黑暗。

第一百五十三回

香农创立信息论，科学天才颂童心

香农不是"人"！其实，他是"神"，至少是"神人"！

他老爸更神：1916年4月30日儿子出生后，不取名，却直接将自己的名字与儿共享，都叫克劳德·埃尔伍德·香农，也许他老爸已料到，这个名字将永垂青史！

他的一个远房亲戚更是"神上加神"！谁呀？！说出来，吓你一跳：托马斯·阿尔瓦·爱迪生！对，就是那位"发明大王"。

唉，真是"龙生龙，凤生凤，老鼠生来会打洞"啊！都说香农是数学家、密码学家、计算机专家、人工智能学家、信息科学家等，反正这家、那家，"帽子"一大堆。但是，读完其素材后，我们咋总觉得他哪家也都不是呢！若非要说他是什么"家"的话，宁愿选择他是"玩家"，或者尊称为"老人家"。其实，他是标准的"游击队长"，那种"打一枪换个地方"的游击队长。只不过，他"枪枪命中要害，处处开天辟地"！

先说数学吧。

俗话说"三岁看大，七岁看老"。香农同学早在童年时就给姐姐凯瑟琳当"枪手"，帮她做数学作业。他20岁就从密歇根大学数学系毕业，并任麻省理工学院（MIT）数学助教；24岁获MIT数学博士学位；25岁加入贝尔实验室数学部；40岁重返MIT，任数学教授和名誉教授，直至2001年2月26日以84岁高龄仙逝。他的代表作《通信的数学理论》《微分分析器的数学理论》《继电器与开关电路的符号分析》《理论遗传学的代数学》《保密系统的通信理论》等，除了数学，还是数学。因此，可以说香农一生"吃的都是数学饭"，当然可以算作数学家了。

既然是数学家，您就应该老老实实地、公平地研究0，1，2，…，9这10个阿拉伯数字呀！可是，他偏不！非要抛弃2，3，…，9这8个较大的数字不管，只醉心于0和1这两个较小的数，难道真是"皇帝爱长子，百姓爱幺儿"？！更可气的是，他在22岁时，竟然只用0、1两个数，仅靠一篇硕士论文，就把近百年前英国数学家乔治·布尔的布尔代数完美地融入了电子电路的开关和继电器之中，使得过去需要"反复进行冗长实物线路检验和试错"的电路设计工作，简化成了直接的数学推理。于是，电子工程界的权威们不得不将其硕士学位论文评为"可能是20世纪最重要、最著名的一篇硕士论文"，并轰轰烈烈地给他颁发了业界人人仰慕的"电气电子工程师学会奖"。正当大家都以为"一个电子工程新星即将诞生"的时候，一转眼，他又不见了！

原来，他又"玩"进了"八竿子都打不着"的人类遗传学领域，并且像变魔术一样，两年后完成了MIT博士论文《理论遗传学的代数学》! 然后，他再次抛弃博士论文选题领域，摇身一变，"玩"成了早期的机械模拟计算机元老，并于1941年发表了重要论文《微分分析器的数学理论》。

喂，香老汉儿，您消停点行不？! 每个领域的"数学理论"都被你搞完了，咱们咋办？总该给咱们留条活路嘛!

各位看官，稍息，稍息! 口都渴了，请容我喝口茶，接着再侃。

好了，该说密码了。

小时候，香农就热衷于安装无线电收音机，痴迷于莫尔斯电报码，还担任过中学信使，冥冥之中与保密通信早就结下了姻缘。特别是一本破译神秘地图的推理小说《金甲虫》，在他幼小的心灵中播下了密码的种子。终于，苍天开眼，第二次世界大战期间，他碰巧作为小组成员之一，参与了研发数字加密系统的工作，并为丘吉尔和罗斯福的越洋电话会议提供过密码保障。很快，他就脱颖而出，成了盟军著名的密码破译权威，并在"追踪和预警德国飞机、火箭对英国的闪电战"方面立下了汗马功劳。据说，他把敌机和火箭追得满天飞（对了，这些玩意儿本来就"满天飞"嘛。小编，这句请掐了哈! ）。

战争结束了，按理说，您"香将军"就该解甲归田，玩别的"家"去了吧。可是，香农就是香农，一会儿动如脱兔，一会儿又静若处子。这次，他一反常态，非要"咬定青山不放松"，一鼓作气把战争中的密码实践经验凝练、提高，于1949年完成了现代密码学的奠基性论著《保密系统的通信理论》，愣是活生生地将"保密通信"这门几千年来一直就依赖"技术和工匠技巧"的东西提升成了科学，而且还是以数学为灵魂的科学。他还严格证明了人类至今已知的、唯一的、牢不可破的密码：一次一密随机密码!

你说可气不可气! 您为啥"老走别人的路，让别人无路可走"呢？您这样，让凯撒大帝、拿破仑等历代军事密码家们情何以堪？!

算了，闲话少扯，言归正传，该聊聊他神龛上的那个信息论了。

伙计，你若问我啥叫"信息"，如何度量信息，如何高效、可靠地传输信息，如何压缩信息，嘿嘿，小菜一碟，只需上网一搜，马上就有完整的答复。

可是，在1948年香农发表《通信的数学理论》之前，对这些问题，连上帝都不知道其答案，更甭说世间芸芸众生了。虽然早在1837年，莫尔斯就发明了有线电报来"传信息"，1875年，博多发明了定长电报编码来规范"信息的远程传输"，1924年，奈奎斯特给出了定带宽的电报信道上，无码间干扰的"最大可用信息传输速率"，1928年，哈特利在带限信道中，给出了可靠通信的最大"数据信息传输率"，1939—1942年，柯尔莫哥洛夫和维纳发明了最佳线性滤波器来"清洗信息"，1947年，科特尔尼科夫发明了相干解调来从噪声中"提取信息"，但是，人们对"信息"的了解，始终只是一头雾水。

经过至少100年的"盲人摸象"后，全世界科学家面对"信息"这东西仍然觉得"惚兮恍兮，其中有象；恍兮惚兮，其中有物"。

那么，"信息"到底是什么"物"呢？唉，其之为物，"惟恍惟惚"！

就算使尽浑身解数，抓条"信息"来测测吧，结果却发现，它具有的只是"无状之状，无物之象"。

信息呀，求求你，给个面子，让科学家们只看一眼尊容，总可以了吧！结果，信息还是再次"放了人类的鸽子"，只让大家"迎之不见其首，随之不见其后"！

终于，科学家们准备投降了。

说时迟，那时快，就在这关键时刻，香农来了！

接下来，我们真不知该咋写了，只好请评书艺术大师来演绎出如下"香农温酒斩信息"的故事。

只见香农不慌不忙，温热三杯庆功酒，也不急饮，骑着杂耍独轮车，双手悬抛着四个保龄球，腾腾腾就出了中军大帐。他左手一挥，瞬间那保龄球就化作"数学青龙偃月刀"，只见一个大大的"熵"字在刀锋旁闪闪发光。他右手紧了紧肚带腰梁，摸了摸本来就没有的胡子，嘿，还挺光滑的，这才"唵嘛呢叭咪吽"地念了个六字咒语，咔嚓一下，就把独轮车变成了高跷摩托！

来到两军阵前，香农对信息大吼一声："鼠辈，休得张狂，少时我定斩你不饶！"

信息一瞧，心里纳闷儿：怎么突然冲出个杂耍小丑来？也没带多少兵卒呀？怎么回事？

"来将通名！"

"贝尔实验室数学部香农是也！"

信息一听，"扑哧"笑了，心想：可见这人类真没招儿啦，干吗不叫个清华、北大什么的教授来呢！

"速速回营，某家刀下不死无名之鬼！"

信息这"鬼"字还没落地，香农举起"数学青龙偃月刀"，直奔信息而来，急似流星，快如闪电，"刷"的一下，斜肩带背杀向信息。好快呀，信息再不躲，可就来不及喽！耳边就听得"扑哧"一声，脑袋就掉了。于是，"信息容量极限"等一大批核心定理，就被《通信的数学理论》收入囊中。

就这么快，那个"熵"字都还没有认清楚，信息就成了刀下鬼。

香农得胜回营，再饮那三杯庆功酒，咳，那酒还温着呢！

好了，谢谢评书艺术大师。

从此，信息变得可度量了；无差错传输信息的极限知道了；信源、信息、信息量、信道、编码、解码、传输、接收、滤波等一系列基本概念，都有了严格的数学描述或定量度量，信息研究总算从粗糙的定性分析阶段，进入精密的定量阶段了，一门真正的通信学科——信息论，诞生了。

其实香农刚刚完成信息论时，并非只收获了"点赞"。由于过分超前，贝尔实验室很多实用派人物都认为"香农的理论很有趣，但并不怎么能派上用场"，因为，当时的真空管电路显然不能胜任"处理接近香农极限"所需要的复杂编码。伊利诺伊大学著名数学家杜布，甚至对香农的论文给出了负面评价；历史学家阿斯普拉也指出，香农的概念架构体系"无论如何，还没有发展到可以实用的程度"。

事实胜于雄辩！到了20世纪70年代初，随着大规模集成电路的出现，信息论得到了全面应用，并已深入信息的存储、处理、传输等几乎所有领域，由此足显香农的远见卓识。

于是，业界才出现了如今耳熟能详的如潮好评："香农的影响力无论怎样形容都不过分""香农对信息系统的贡献，就像字母的发明者对文学的贡献""它对数字通信的奠基作用，等同于《大宪章》对于世界宪政的深远意义""若干年后，当人们重新回顾时，有些科学发现似乎是那个时代必然会发生的事件，但香农的发现显然不属于此类"等。

当人们极力吹捧香农，甚至把他当作圈子中的"上帝"来景仰时，他却再一次选择了急流勇退，甚至数年不参加该领域的学术会议。直到1985年，他突然出现在在英格兰布赖顿举行的国际信息理论研讨会上，引起了巨大轰动，那情形简直就像是牛顿出现在物理学会议上。有些与会的年轻学者甚至都不敢相信自己的眼睛，因为他们真还不知道"传说中的香农仍然还活在世上"！

哥们儿，这就叫"虽然你已远离江湖多年，但你的神话仍在江湖流传"！

老子写完《道德经》后，就骑青牛出函谷关，升天了。可是，香农创立信息论后，又到哪儿去了呢？经认真考察，这次他去了幼儿园，到那里也成仙了。所以，他的名字，也被翻译成"仙农"。

他将自己的家改造成了幼儿园，把其他科学家望尘莫及的什么富兰克林奖、凯莱奖、莱伯曼纪念奖、哈维奖、院士证书、荣誉博士证书等统统扔进一个小房间，只把一张恶作剧似的"杂耍学博士"证书洋洋得意地摆在显眼处。

"幼儿园"的其他房间可就热闹了：光是钢琴就多达5台，短笛和各种铜管乐器有30多种，还有由3个小丑同玩11个环的杂耍机器，钟表驱动的7个球和5个棍子，会说话的下棋机器，杂耍器械以及智力阅读机，用3个指头便能抓起棋子的手臂，蜂鸣器及记录仪，有100个刀片的折叠刀，装了发动机的弹簧高跷杖，用火箭驱动的飞碟，能猜测你心思的读心机等。这些玩具大部分都是他亲手制作的。他甚至还建造了供孩子们到湖边玩耍的升降机，长约183米，还带多个座位。

怎么样，这位身高1.78米的"香爷爷"不愧为名副其实的老儿童吧。

要不是上帝急着请他去当助理，估计人类的下一个里程碑意义上的成果就会出现在杂耍界了。据说，在仙逝前，他已开始撰写《统一的杂耍场理论》了。甚至，他创作的诗歌代表作，也都名叫"魔方的礼仪"，其大意是向20世纪70年代后期非常流行的鲁比克魔方致敬。

伙计，还记得大败李世石的阿尔法狗吧！其实，"香爷爷"早就开始研究"能下国际象棋的机器"了，他是世界上首批提出"计算机能够和人类进行国际象棋对弈"的科学家之一。1950年，他就为《科学美国人》撰写过一篇文章，阐述了实现人机博弈的方法，他设计的国际象棋程序，也发表在当年的论文《下棋计算机程序设计》中。1956年，在洛斯阿拉莫斯国家实验室的 MANIAC 计算机上，他又实现了国际象棋的下棋程序。为探求下棋机器的奥妙，他居然花费大量的工作时间来玩国际象棋。这让其上司"或多或少有点尴尬"，但又不好意思阻止他。对此，香大师一点也不觉歉意，反倒有些兴高采烈："我常常随着自己的兴趣做事，不太看重它们最后产生的价值，更不在乎这事儿对于世界的价值。我花了很多时间在纯粹没什么用的东西上。"

你看看，你看看，这叫啥话，劳动纪律还要不要了？！

"香爷爷"还制造了一台宣称"能在六角棋游戏中打败任何人"的机器。该游戏是一种棋盘游戏，几十年前在数学爱好者中很流行。调皮爷爷事先悄悄改造了棋盘，使得人类棋手这一边比机器对手一边的六角形格子要多，人类如果要取胜，就必须在棋盘中间的六角形格子里落子，然后对应着对手的打法走下去。该机器本来可以马上落下棋子的，但是，为了假装表现出它"似乎是在思索该如何走下一步棋"，调皮爷爷在电路中加了个延时开关。绝顶聪明的哈佛大学数学家格里森信心满满地前来挑战，结果被机器打得落花流水。等到格里森不服，次日再来叫阵时，"香爷爷"才承认了隐藏在机器背后的"老千"，搞得哈佛教授哭笑不得。

除了玩棋，"香儿童"还制作了一台用来玩猜币游戏的"猜心机器"，它可猜出参加游戏的人将会选硬币的正面还是反面。其最初样机本来是贝尔实验室的同事哈格尔巴杰制作的。它通过分析记录对手过往的选择情况，从中寻找出规律用来预测"游戏者的下一次选择"，而且准确率高达53%以上。后来，经过老儿童的改进，"香农猜心机"不但大败"哈格尔巴杰猜心机"，而且还打遍贝尔实验室无敌手，让这里的科学家们"无颜见江东父老"。当然，唯一的例外是"香爷爷"自己，因为只有他才知道"香农猜心机"的死穴在哪里。书中暗表，最近我们研究《安全通论：刷新网络空间安全观》时，给出了一种更好的、能够打败"香农猜心机"的新方法。当然，其核心思想仍然是香农的信道容量极限定理。你若有兴趣，欢迎阅读拙作《安全通论：刷新网络空间安全观》。

老儿童还发明了另一个趣玩意儿——迷宫鼠，能"解决迷宫问题"的电子老鼠。可见，阿尔法狗的祖宗其实是"阿尔法鼠"。香农管这只老鼠叫"忒修斯"，那个在古希腊神话中，杀死"人身牛头怪"后从可怕的迷宫中走出来的英雄。老夫我却偏叫它"香农鼠"。该鼠可自动地在迷宫中找到出路，然后直奔一大块黄铜奶酪。"香农鼠"拥有独立的"大脑"，可以在不断尝试和失败中学习怎样走出迷宫，然后在下一次进入迷宫时能避免错误顺利走出来。"香农鼠"的"大脑"，就是藏在迷宫地板下面的一大堆电子管电路，它们通过控制一个磁铁的运动来指挥老鼠。

好了，写累了，该对"香爷爷"做个小结了。

他虽然发现了"信息是用来减少随机不定性的东西"，可是，其游戏的一生，却明明白白地增加了"工作与娱乐、学科界限等之间的"随机不定性。可见，所谓的专业不对口其实只是借口。金子在哪里都发光，而失败者干什么都一样。

他的名言是"我感到奇妙的是，事物何以总是集成一体"。可是，我们更莫名其妙：他何以总能把那么多互不相关的奇妙事物集成一体？

他预言"几十年后机器将超越人类……"可是，像他那样的人类，哪有什么机器可以超越？！

他承认"好奇心比实用性对他的刺激更大"，可是，我等普通人如果也这样去好奇，年终考核，怎么过关？！

在他众多的卓越发明中，他竟然最中意"菲尔茨杂耍机器人"。唉，与他相比，我们连机器人都不如了！

总之，香农的故事告诉我们：不会玩杂耍的信息论专家，不是优秀的数学家！

哈哈，谢天谢地，终于找到一样东西是我与香农等同的啦！那就是，他与我一样，都崇拜爱迪生。可仔细一想，还是不平等。因为，爱迪生是他远亲，却只是我偶像。唉，真是人比人气死人。

算了，算了，不说了，说多了满眼都是泪，做人最重要的是开心嘛！

肚子都饿了，翠花，上酸菜！

再见，我也该玩去喽，没准哪天玩出一只"阿尔法猫"来！最后，我们将岳飞的《满江红》改造为"信息版"，以此来献给伟大的科学家香农吧。

白发冲冠，凭栏处、潇洒雨歇。

抬望眼，仰天长笑，玩得激烈。

百世功名尘与土，

信息神论云和月。

莫等闲、求出熵最优，人类捷。

密码耻，犹未雪。

随机恨，比特灭！

靠编码，踏破理论之缺。

壮志连通全世界，

弹冠笑迎赛博学。

待从头、收拾互联网，朝天阙。

注：以下附录普通读者可以略去不读，但对有意成为世界一流信息科学家者，也许是一个机会哟。

附录：

"世界一流信息与通信工程学科"的机会和挑战

"香农界"已被逼近，通信产业往哪里发展，路在何方？

专家教授们在迷惑，经过70多年的不懈努力，人类终于抵达了"信息论"这盏指路明灯跟前，可是，放眼四周，远处却是一片黑暗！接下来该怎么办？是就地庆功到此为止，还是继续探索？如果还要前行，下一个灯塔在哪里，方向在何方？

本附录斗胆在信息与通信工程领域，挂一漏万地从纯学术角度提出两个"世界一流"的备选课题，仅供通信界权威专家们参考。只有先提出"世界一流"的问题，才可能做出"世界一流"的成果。欢迎相关高校在撰写"世界一流学科"建设方案时，任意取舍。

（一）重塑网络通信环境下的新灯塔

没错，对以电话为例的点对点实时通信来说，"香农界"这个灯塔的历史使命即将完成。无论您多么聪明，也甭想试图突破"香农界"！

但是，在当今的通信系统中，70多年前香农指引的"点对点实时通信"（更形象地说，就是打电话）本身就已经越来越次要，所占份额也越来越少，甚至快要被淘汰了；取而代之的则是"多用户的非实时通信"（形象地说，就是数据网络通信，以下简称"网络通信"）！可惜，到目前为止，在网络通信中，还没有类似于"香农界"的指路明灯出现！甚至，在最简单、最常见的情形（比如广播信道模型）下，全球科学家们也都还没有计算出相应的"香农界"来，更谈不上去逼近了！

如果谁能在网络通信环境下，重塑新的指路明灯（即精确求出并在实际应用中逼近网络通信的容量极限），那么谁就肯定是"世界一流"了！即使不能最终完全树起此灯塔，如果能够显著改进通信容量，那么从技术角度看，也可算是"世界一流"的了！（比如，使网络通信的总容量大于其各不相交边的"香农容量"之和。这是很有可能的：一来，从理论上看，有系统论中的"总体大于部分和"原理做靠山；二来，从技巧上看，只要充分利用边际效益，就很可能出现1+1>2的结果。）

我们在研究《安全通论：刷新网络空间安全观》时，对此问题偶有思考。现将一些想法提出来，供大家批判。那么，为什么全球科学家都没能树起网络通信的新灯塔，甚至在最简单的广播信道情形下都没能计算出其容量极限呢？难道除了香农外，大家都很笨吗？当然不是！那么，既然天才不少，为什么没能计算出想要的极限呢？嘿嘿，原因很简单，但也很出人意料：大家的方向走错了！越聪明的人，跑得越快的人，就错得越离谱，因为，过去数十年来，全球科学家们都在向香农学习，都希望能用某些直线围出所谓的"容量极限凸区域"。

其实，更可能吓您一跳的是大家努力计算网络通信"容量极限凸区域"这件事情本身，就是一个伪命题！这种"区域"不是不存在，而是太多，甚至无穷多！只是过去人们在辛辛苦苦地按图索骥时却忘记了，眼前马群中的每一匹马其实都是"骥"！

要想树立新灯塔，就必须首先刷新通信观！

香农确实太厉害了，简直是一个神！他的研究方法和思路，绝对天衣无缝，完全是为"点对点实时通信"量身定制的。可是，过去数十年来，全球科学家总想将他的方法和思路推广到多用户情形，从而为网络通信树立新灯塔，但始终不能成功，甚至在最简单的广播信道下都惨遭失败。

因此，必须打破香农的"魔咒"，探讨新的思路和方法！特别注意：博弈论天生就是研究多用户的有力工具，如果能够找到博弈与通信的关系，那么树立新灯塔的"地基"就有了。

非常幸运的是，博弈与通信还真是一回事（见《安全通论：刷新网络空间安全观》），即发信方（X）与收信方（Y）之间的通信其实等价于 X 与 Y 之间的博弈，具体地说，X 与 Y 之间通信的信道容量，其实等于 X 与 Y 以互信息 I（X,Y）为收益函数时，博弈所达到的纳什均衡状态的收益函数值。

为了将网络通信说清楚，我们考虑这样一种场景：N 个人在进行一场"头脑风暴"研讨会，他们每个人随时都可以发言（输出或发信息），也可以随时倾听或忽略某些人的发言（输入或收信息）。其实，"头脑风暴"就是一种典型的网络通信，其他诸如光纤呀、无线呀、有线呀、设备呀、频率呀等都是掩人耳目的工具，在考虑网络通信理论模型时都可以完全忽略！

注意，在"头脑风暴"中，你所说出的话对不同的参与者，其被关注度的权重是不一样的。比如，你的暗恋者，她也许只全身心关注你一个人的发言，无论你主要是说给谁听，无论她是否假装在听别人讲话；而普通的参与者，对你发言的关注度可能忽高忽低。同样，你在听取别人发言时，在不同的时间对不同人的关注度也是不一样的。换句话说，在这个"N 人头脑风暴"中，只要彼此的"听"与"说"的关注度确定后，那么，相应的网络通信的容量极限就确定了。而过去数十年来，全球科学家们在权值都还没有确定的情况下，却想用直线围出某个"网络通信容量凸区域"，这当然就不可能啦，当然他们就是在解决一个伪命题嘛！形象地说，大家手拿一幅模糊不清的"马图"，却要在庞大的马群中精确地找出某匹与"马图"完全相同的那匹马来。

更进一步，如果彼此"听"与"说"的关注度确定后，如何计算相应的网络通信容量极限呢？大致思路是，将这 N 个人的通信看成 N 人博弈，而他们的收益函数由"关注度所确定的条件互信息"确定；当这个博弈达到纳什均衡状态时，对应的收益函数便是网络通信的容量极限（详见《安全通论：刷新网络空间安全观》）。

各位看官，别误会，别太乐观，更别高兴太早，其实上面仅仅是指出了树立新灯塔的"地基"，后续的工作还多着呢，困难多得很。比如：1）关注度本身是时变的；2）就算关注度被固定，当 N 较大时，各种条件互信息也足以让人眼花缭乱，手足无措；3）就算条件互信息问题解决了，纳什均衡只是肯定了其存在性，谁也不知道其精确计算方法（当然，当年香农也只是给出了"香农界"的存在性，也并未给出其精确值，从而把全世界的通信专家们折腾了70多年）。

各位看官，别误会，也别太悲观，其实在点对点通信情况下，你也不是先计算出相应信道的"香农界"后再做其他工作，所以，在网络通信情况下，你就更没有必要先解决计算问题，而是可以直接基于存在性开始其他工作。

还有一点必须明示：当 N 较小时，如果关注度的权值被锁定了，那么，凭借现在的丰富计算资源，完全可以通过计算机模拟的办法找出纳什均衡状态的收益函数值，从而确定相应的网络通信容量极限，并根据该极限来完成相应的编码和译码工作。特别是通过与"头脑风暴"的类比，可知在网络通信系统中，从技术实现的角度来看："说"并不难（与广播传输无异），而"听"最难，也最关键，因为在"听"时要求必须能够同时"听"多方的"说"，而且还能匹配不同的"注意力"权值，这些都得依靠相应的编译码来解决。

综上所述，在为网络通信建立新灯塔的过程中，你有机会成为"新香农"，你所在的信息与通信学科也有机会成为真正的"世界一流学科"。

（二）维纳辩论式对话的通信理论与技术

科学和技术是为人类服务的，它们必须迁就人，而不是相反，因此，人的任何"真性情"都应该获得充分尊重。

维纳至少发现了人类的两个"真性情"。

其一，叫"反馈与微调"。维纳以此发现，创立了鼎鼎大名的"赛博学"（又被国内译为"控制论"），成为当今影响力最大的学科之一。

其二，维纳发现了"辩论式对话"。可惜因为当时数学工具不足，所以大家只能将此发现弃之不用。因此，本文提出的第二项"世界一流"备选课题就是，基于维纳的辩论式对话创立相应的信息通信理论（暂且称为"辩论式信息论"吧），并以此研发出相应的辩论式通信技术或系统。因为，香农信息论其实是基于协同式对话的，而协同式对话仅仅是辩论式对话的一种特例而已！

为了将维纳的辩论式对话（又称为"非协同式对话"）说清楚，我们先讲一个笑话。

话说，某幼儿园的调皮蛋小明去看医生，说自己受伤了。

大夫见其腿上有泥，便让他摸摸腿。小明说痛。此时，这段对话当然就减少了大夫的不确定度（熵被减少了，小明给出了正信息）。大夫初步判断：小明的腿受伤了。

大夫又见小明脸上有汗，叫他擦擦脸。小明又说痛。此时，这段对话却增加了大夫的不确定度，大夫开始有点迷糊了（熵被增加了，信息被减少了或出现了负信息）：脸上没伤，咋也痛呢？！

大夫再让小明摸摸肚子。小明还是说痛。此时，这段话把大夫搞崩溃了（熵又被增加了，信息又被减少了）：这么小的儿童，不可能全身浮肿或疼痛呀？！

最后，大夫让小明摸遍全身，结果小明都说痛。这时，大夫灵感一现，哦，原来是小明的手指受伤了（熵被减少至0，或者说获得了全部信息），至此，不确定度就全部消失了！

小明的故事虽然是笑话，但是它确实告诉我们：有些对话能够减少熵，有些却又能增加熵；有些能够提供正信息，有些却提供的是负信息。

"某些事件，使熵减少；某些事件，使熵增加"的例子还有很多。

比如，当你只有一个闹表时，你对时间是很确定的；但是，当你有两个闹表时，如果它们显示的时间不一样，那么，你对时间的不确定度会大增（熵也增加，信息减少），甚至不知所措；再进一步，如果你有3个或更多的闹表时，你对时间的不确定度又会减少（熵被减少或信息被增加），因为你可以借助统计手段（少数服从多数）来做出基本正确的判断。

又比如，有些病症能够帮助大夫做出正确判断，但是也有些病症会把大夫搞糊涂，从而才会出现那么多"疑难杂症"。

再回到法庭上。关于法官和律师之间的辩论，他们在大的原则上，肯定会有一定的底线（至少法律条文也确保了他们无法跨越底线），这时他们的对话就会以减少不确定度（熵）为目标（出现协作，传递正信息）。但是，在一些细节方面，他们（特别是律师）肯定试图增加不确定度（熵），把法官搞糊涂（出现局部的对抗，传递负信息），从而达到"重罪轻判"等目的。而由这种"正信息"和"负信息"彼此交融而形成的对话，就是辩论式对话，或非协同式对话。

辩论式对话是维纳在1950年首次发现的！此前，也许全人类都没有注意到这个问题，甚至在维纳的名著《赛博学》中都处处隐含了协同式对话的痕迹。直到1950年，维纳出版了他的另一本重要著作《人有人的用处》，才明确提出了这个问题。在该著作中，维纳甚至花费了两章（第四章"语言的机制和历史"和第六章"法律和通信"）的篇幅来探讨非协同式对话，下面让我们摘录维纳的两段话吧。

第一段话，维纳说（见第四章"语言的机制和历史"，第78页）："……正常的通信谈话，其主要敌手就是自然界自身的熵趋势，它所遭遇到的并非一个主动的、能够意识自己目的的敌人。而另一方面，辩论式的谈话，例如，我们在法庭上看到的法律辩论以及如此等类的东西，它所遭遇到的就是一个可怕得多的敌人，这个敌人的自觉目的就在于限制乃至破坏谈话的意义。因此，一个适用的、把语言看作博弈的理论应能区分语言的这两个变种，其一的主要目的是传送信息（本文作者注：这便是香农已经研究得相当完美的协同式对话），另一种的主要目的是把自己的观点强加到顽固不化的反对者头上（本文作者注：这便是辩论式对话）。我不知道是否有任何一位语言学家曾经做过专门的观察并提出理论上的陈述，来把这两类语言依我们的目的做出必要的区分，但是，我完全相信，它们在形式上是根本不同的……"

从这段话中，我们可以确定两个重要的事实。一是作为语言学家的儿子，维纳都不知道是否曾经有语言学家对辩论式对话做过研究，那么，维纳的父亲、著名的语言学家也许也不知道。因此，辩论式对话很可能是维纳首先发现并明确提出的。二是协同式对话与非协同（辩论）式对话是根本不同的，所以，以协同式对话为前提的香农信息论确实还有值得扩展之处。

第二段话，维纳说（见第六章"法律和通信"，第97页）："……噪声可以看作人类通信中的一个混乱因素，它是一种破坏力量，但不是有意作恶。这对科学的通信来说，是对的；对于二人之间的一般谈话来说，在很大程度上也是对的。但是，当它用在法庭上时，就完全不对了……"

从这段话中，我们可以确定另外两个重要事实：一是协同式对话的主要破坏力量是噪声，信息论已经对它有完美的研究了；二是协同式对话的成果完全不适合于法庭上的辩论式对话。

注意：香农信息论的"乳名"叫"通信的数学理论"，而这里的"通信"其实是协同式对话，所以，香农信息论其实名叫"协同式对话的数学理论"。

既然人类除了协同式对话之外，还有非协同（辩论）式对话，那么，要想让技术迁就人类，就肯定存在一套与香农信息论相对应的非协同式对话的数学理论，信息论只不过是其特例而已！更进一步，还应该有一系列服务于非协同式对话的非协同式通信系统或技术，而当今的通信系统只适用于协同式对话。可见，非协同式通信绝对值得深入研究，而且完全有可能引领世界，当然也就是"世界一流"了。

提醒1：香农的所有成果和思路都基于协同式对话，对维纳的辩论场景完全失效，但是，如果从安全攻防角度来看，它们的根是相同的，都可以用博弈论来统一处理。

提醒2：未来非协同式通信的主要区别将体现在接收端，而发送端与今天的广播传输类似。今后的接收端将更像人类的耳朵，即它既能选择性地同时监听多个信息源，又能选择性地忽略另一些信息源。而现在的协同式通信系统接收端却不忽略任何1比特信息；这表面上看是优点，其实是缺点，是一种不够智慧的表现。而人作为一种信息终端，其最大的优点就是善于省略，无论是视觉、听觉、记忆、认知等。

提醒3：一个良好的非协同式通信系统，必须既能充分协同（传递正信息，使沟通顺畅），又能充分对抗（传递负信息，使对方迷失）。换句话说，这能够逼近人类自身的辩论式对话。

总之，未来基于非协同式对话的通信，应该更接近于人，比如懂得省略、善于省略等。

与第一个可能的"世界一流"课题相比，第二个课题更具挑战性，但前景更好！在可见的将来，对于它，也许人们只能仅限于理论研究，但这并不影响此课题引领"世界一流"的地位。

第一百五十四回

大器晚成或茫然，石破天惊双螺旋

伙计，就算你不知克里克是谁，但你肯定听说过他的DNA成果，准确地说是"DNA双螺旋结构的分子模型"，对，就是那个远看像麻花，近看像登天软梯的生物大分子模型。这根"麻花"可老鼻子重要啦，不但获得了1962年诺贝尔生理学或医学奖，还被誉为"20世纪以来，生物学的最伟大发现"，更标志着分子生物学的诞生，使遗传学研究深入到分子层次，使人类终于触及赖以生存的基因核心，生命之谜终于被揭开，其科学思想在分子遗传学、分子免疫学和细胞生物学等领域，都产生了深远影响。在20世纪辉煌的生命科学进程中，克里克绝对是一个绕不过的核心人物，因此，他有时也被称为"20世纪最伟大的生物学家"或"现代达尔文"等。形象地说，人类顺着DNA双螺旋结构这架"登天软梯"，还真就直入云霄，部分破解了生物遗传的天书，知道了遗传信息的构成和传递途径，有力地挑战了"灵魂不朽论"（因为它将生命和灵魂归结为简单分子了）。

为阅读方便，我们先走马观花地对DNA及其双螺旋结构做一下简单的科普。

DNA的学名是"脱氧核糖核酸"，它是生物细胞内的一种大分子，是生物发育和正常运作必不可少的东西，也是主要的遗传物质，故又称为"遗传微粒"。在繁殖过程中，父代把自己DNA的一半复制传递给子代，从而完成性状传播。

DNA是由重复的核苷酸单元组成的链状长条聚合物，其链宽2.2纳米到2.6纳米，每个核苷酸的单体长度为0.33纳米。尽管每个单体占据的空间很小，但DNA聚合物的长度可以很长，因为每个链可由数百万个核苷酸串接而成。例如，最大的人类染色体（1号染色体）就含有近2.5亿个核苷酸。而核苷酸又是由碱基、脱氧核糖和磷酸组成的聚合物，其中碱基有4种：腺嘌呤（A）、鸟嘌呤（G）、胸腺嘧啶（T）和胞嘧啶（C）。它们分别简称为A、G、T、C，A与T成对出现，G与C也成对出现，所以可简称为碱基对。因此，一个核苷酸单元，其实就是一个碱基对，DNA就是由重复的碱基对组成的链状长条聚合物。

DNA从不以单链形式存在，而是成对出现，即只是一对紧密相关的、彼此交织的双链，形成一种右旋的双螺旋结构。两条核苷酸链沿中心轴以相反方向相互缠绕在一起，很像一座螺旋形的楼梯：两侧楼梯"扶手"，是两条糖-磷基因交替结合的多核苷酸链，而楼梯的"踏板"，就是碱基对。这便是克里克的主要成就，它的重要意义在于，不仅探明了DNA分子结构，还提示了DNA的复制机制，更说明两条链的碱基顺序是彼此互补的，只要确定了其中一条链的碱基顺序，另一条链也就确定了。因此，只需以一条链为模板，即可复制出另一条。

如今，DNA 的用途已非常广泛，包括基因工程中的重组 DNA，人工组装 DNA 片段，然后整合插入生物体，由此产生转基因生物，或生产重组蛋白，用于生物医学或农业；法医鉴定，从血液、皮肤、唾液、头发等组织和体液中分离 DNA，以识别罪犯或犯罪行为；中药鉴定，判断龟甲、鳖甲、蛇类、鹿类、蛤蚧等动物类中药是否为假货等。当然，大家最常听到的，便是 DNA 亲子鉴定，即利用 DNA 片段来判断亲子关系，其差错率仅为三百亿分之一。

DNA 亲子鉴定的原理是，每人都有 23 对（46 条）染色体，同一对染色体在同一位置上的一对基因称为等位基因，其中一个来自父亲，另一个来自母亲；若检测到某个 DNA 位点的等位基因，一个与母亲相同，另一个就应与父亲相同，否则就有问题。为保险计，一般要对十几个或更多的 DNA 位点做检测：若全部一样，就可确定亲子关系；若有 3 个以上的位点不同，则可排除亲子关系；若只有一个或两个位点不同，则有可能是基因突变，这时需再对更多位点做检测。

DNA 亲子鉴定的主要依据有 3 个。其一，体细胞的稳定性，即同一个体的血液、唾液、精液及各器官组织的 DNA 都是一致的，且对同一健康人来说还是终生不变的。其二，个体 DNA 的高度特异性，即任何两人的等位基因片段，在数量和长度上都不可能完全相同。其三，DNA 遵守孟德尔遗传规律，即子代 DNA 中的所有等位基因带，都可在双亲的 DNA 中找到，片段的传递符合孟德尔遗传规律。

DNA 双螺旋结构的发现，是史上最具传奇的故事之一。到底如何传奇，且听下面慢慢道来。

1916 年 6 月 8 日，弗朗西斯·哈里·康普顿·克里克诞生于英格兰。

他的祖父曾是业余博物学家，爱好特别广泛，对啥都好奇，这一特点，也遗传给了自己的长孙克里克。确实，克里克在其科研生涯中，几乎见啥就研究啥，还数次大幅度跨界。他智商不高，故其人生的上半场并不成功，甚至可用"四顾茫然""诸事不顺"或"到处碰壁"等词来形容。在做出诺贝尔奖级成果前，他犯过的错误多如牛毛，以致后来他干脆出了一部经典著作《狂热的追求》，用大量篇幅揭露了自己在科研中所犯过的若干重大错误，以及由此遭受的一次次致命打击。由于这些错误过于专业，所以此处略去，但想指出，屡干屡错的克里克为啥能屡错屡干呢？原来，他对错误另有一番独到见解，也许对包括你在内的科学家苗子们有帮助，因为他坚信"经验出于错误"，认为"错误中往往隐藏着巨大玄机"。换句话说，"错误"在他眼里，反而成了积极的东西，甚至他还嫌自己的错误不够多，还经常杂乱无章地阅读一些档次不高的学术刊物，目的就是发现并研究更多错误。反正，他好像要犯尽天下错误，然后将这些错误积累成宝贵经验，再用这些经验铺出成功之路。事实证明，克里克这种对待错误的"笨办法"确实有效，至少使他越挫越勇。用他自己的话来说："我最值得称赞的一点就是，选对课题，然后坚持不懈为之奋斗。为找到黄金，我一路跌跌撞撞，总是犯错，但仍在努力。"

克里克的父亲是典型的"土老板"，经营着一个祖传小作坊，平常说话吆三喝五，大大咧咧，心直口快，从不知"粗鲁"为何物，这一特点，也遗传给了自己的长子。确实，克里克一直就声如洪钟，语速特快，"哒哒哒"简直就像机关枪。无论在哪里，只要他一到，众人就免不了被噪声"轰炸"。而且，他还特能侃大山，若遇知音，连侃数小时都不觉累，还越侃越来劲儿、越侃话越多。据说，在剑桥大学期间，有一位风度翩翩的绅士就特别害怕他那震耳欲聋的大嗓门，见了就躲，以致该绅士从来不参加实验室的早茶和午茶活动。不过，克里克的这种粗鲁举止，在活跃实验室气氛方面却意外扮演了不可替代的重要角色。原来，每遇攻关的紧要时期，实验室的气氛都相当压抑，甚至令人窒息。这时，大家都盼望着听到克里克那惊雷般的开怀大笑，甚至故意循着笑声去找他聊天或"请教问题"。当然，此刻他给出啥答案都已不重要了，关键是要从他那"完全摸不着头脑的回答"中，享受海阔天空的快乐，或心甘情愿被他调侃一通。在谨言慎行、温文尔雅的剑桥大学，克里克确实是少有的"开心果"，大家都早已习惯了他的"粗鲁"。

克里克的妈妈是一个半文盲，也没见过啥世面。不过，她很支持儿子的学习，只要儿子有啥疑问，她都尽力解答；后来，儿子的疑问越来越多，好奇心越来越强，以至完全招架不住。于是，妈妈一咬牙，就花大价钱给儿子买回一套《儿童百科全书》，让他自己从书中寻找答案。哇，这下子克里克可高兴啦，成天抱着书本不放，吃饭时看，睡觉时看，不但从书里学到了许多知识，还按照书中指引做了许多小实验。可是，待到这套书即将看完之际，克里克又忧心忡忡地问了妈妈一个怪问题："妈妈，若我现在就知道了所有答案，将来长大后，会不会就没事可干呢？"幸好，半文盲妈妈似懂非懂地鼓励儿子："没关系，这些问题学完后，咱再买些新问题；你就安心学吧，今后肯定有事可干的！"正是童年期间培养出来的这种爱思考的习惯，造就了日后克里克在科学上的深刻洞见，这当然主要归功于他妈妈。

不知何故，克里克的生平信息少得可怜，既不全面，也不系统，更没有任何神童传奇。史学家虽经多年艰辛挖掘，但所获素材也仍然主要是间接资料，比如学校或期刊的档案记录、他人传记的相关段落、别人的零星回忆、克里克著作中的只言片语等。反正，为克里克写小传，简直就像是在残缺不全的恐龙DNA基因链上检测某些等位基因片断一样。不过幸好，每个人一辈子的生活轨迹都很像螺旋结构：不断前进，又不断遇到挫折；不断调整方向，又不断改变速度。总之，在生老病死、悲欢离合、酸甜苦辣中，螺旋式上升，曲折式进步，所以，知道克里克的若干"片断"后，大家也能基本恢复他的生平事迹了。

有关克里克生平信息的最早"基因片断"出现在他14岁那年，这时他开始读私立中学。至于此前他是否读过书、在哪里读书、成绩怎么样等，谁也不知道！不过，为了这次读书，父母还是花了大本钱，全家竟因此而搬到了伦敦北部。其间，他最大的特点可用两个词来形容，那就是"胡思乱想"和"浅尝辄止"。关于前者，他后来在自我剖析时也承认：年轻时，遇事总喜欢毫无根据地瞎想，结果闹出许多笑话。例如，《圣经》说，上帝用亚当的一根肋骨造出了夏娃。于是，他就因此断定"男人肯定比女人少了一根肋骨"，以至若干年后，他还就此问题与一位医生朋友展开了激烈争论。待到他理直气壮拿出"证据"时，差点没让这位朋友从椅子上笑翻下来。

关于他的"浅尝辄止"，那更是出格，几乎到了"水性杨花"的地步。他一会儿爱上了化学，但很快就移情别恋；一会儿喜欢上了物理，几分钟热情后，又有了新欢；一会儿又迷上了生物学，不过也只是翻了翻孟德尔的故事而已。反正，在中学期间，他把自己知道的所有学科几乎都逐个暗恋了一遍，不过最终，除了心动，却没任何行动。相对而言，他对"初恋学科"化学的热乎劲儿，好像更长一些；特别是在阅读了鲍林的《普通化学》后，觉得化学实验非常奇妙：几种试剂一混合，就能产生气体，甚至爆炸！于是，他下决心要亲自尝试一下，结果全都失败：制作人造丝的实验，因急于求成而夭折；配制易燃混合物时，又笨手笨脚不断引发爆炸，其景象虽很壮观，但吓得父母心惊胆战，最后，不得不草草收摊。心软的史学家们只好说"在中学期间，克里克在物理和数学方面，打下了良好的基础"，而明眼人一看就知道：克里克肯定不是啥"学霸"，更没啥可歌可泣的"英雄事迹"。其实，"没有事迹"就是事迹，因为它说明：人人都有可能成为科学家，哪怕他是中学时代的"学渣"。实际上，如今回过头去看那DNA双螺旋结构模型，其实也不过一层窗户纸而已。所以，伙计，别以为科学家高不可攀，没准你就是下一位科学家呢，当然，前提是你必须相当执着。

18岁时，克里克考入了伦敦大学物理系，但仍未留下任何"学霸"事迹，就于3年后默默无闻地毕业了。其间，他的最大亮点，好像就是获得过物理和数学二等奖学金，也不知此种荣誉是否人人都有过。毕业后，克里克留校，一边工作，从事着自己并不擅长的仪器制造；一边读博士，研究着自己并不喜欢的课题"水的黏度"；还一边自学，自学着不知为啥要自学的量子力学。反正，他就像无头苍蝇一样到处乱撞，不断碰壁，甚至让人怀疑：茫然中的克里克莫非是"为了碰壁而碰壁"！

1939年第二次世界大战爆发，伦敦大学实验室被炸，克里克被迫中断学业，来到英国海军研究所从事磁性水雷设计工作，一干就是8年。其间，他仍然业绩平平，照样没啥成就。唯一值得记述的是，24岁那年，他与首任妻子结婚；然后，只过了"七年之痒"，便于1947年被老婆赶出了家门。至于具体原因嘛，我们不得而知，但至少此时的克里克要啥没啥，干啥啥不成，而且还不安心本职工作：本有好好的海军岗位，却不乐意为此奉献一生；本为物理专业毕业生，却又恋上了毫无基础的生命科学，还把大量时间和精力用于阅读、思考和谈论生命科学中的最新发现，甚至还自费访问了多个生物实验室。反正，在首任老婆眼里，这没出息的老公压根儿就不靠谱！

"净身出户"后的克里克，在走投无路之际总算获得了一笔奖学金，于是，他怀揣这根"救命稻草"，来到剑桥大学斯坦格威斯实验室，开始了生命科学的研究：一年过去了，他没取得啥生物学成果，毕竟自己的基础太差；两年过去了，生物学成果也没好意思面见他，毕竟彼此不熟。就这样一晃，已经33岁的克里克仍然两手空空，一事无成。咋办呢？老办法：再换专业，再换课题呗！

于是，在虚度了两年后，克里克于1949年又来了一个大转身，而且还是"解放式"的特大转身，从此，他终于"站起来了"：在生活方面，他被第二任老婆"收编"，总算过上了稳定的家庭生活，后来还有了一子两女，再后来更有了4个孙子孙女；在事业方面，他也终于开始咸鱼翻身了，因为他转入了著名的卡文迪什实验室，又回到老本行，开始攻读物理学博士学位，试图研究基本粒子或蛋白质的

X射线衍射，或有机化学和结晶学、生物与非生物的区别等。反正，他想研究的东西很多，但知道的东西又太少，在许多方面几乎都是外行一个，为此，他不得不疯狂补课。

如今回过头来看，克里克的这次改行还真是恰到好处。因为，他既不是理论家，数学水平很一般；也不是实干家，动手能力特别差；但他想象力丰富，思维活跃，喜欢不断提出新学说、新猜想，而且还不怕失败、不怕犯错误。因此，他更适合在新的科学领域内大胆地横冲直撞。总之，到此为止，克里克已万事俱备，只欠东风了！

哈哈，久违的"东风"还真的来了，只不过是分两次来的。

第一次"东风"，让克里克这块"他山之石"终于找到了自己要攻的"玉"。原来，大约在1950年，克里克读到了薛定谔的那本名著《生命是什么》，书中预言"生物学的新纪元即将开始"，并指出：生物问题，最终要靠物理和化学去说明，而且，还很可能从生物学中发现新的物理定律。

第二次"东风"，给默默无名的克里克"吹"来了最佳合作伙伴！原来，1951年，年仅23岁、比克里克年轻12岁的美国生物学神童、正春风得意的沃森博士，来到卡文迪什实验室，他也受到了薛定谔《生命是什么》的影响。两人的地位虽很悬殊，性格也相左，还常常争论不休，但他们彼此敬佩，引为知己，更是一见如故。沃森的生物学基础很扎实，训练有素；克里克则精通物理，且不受传统生物学观念束缚，常以全新视角去思考问题。他俩优势互补，取长补短，一边摸爬滚打一边前行，基础知识不够，就赶紧恶补，不怕临时抱佛脚，且充分借鉴其他科学家的成果。终于，在不足两年的时间里，他俩竟像摆弄玩具一样不断试错，直接用铁丝和硬纸板，在1953年3月7日搭建出了DNA的双螺旋模型，并从结构与功能角度，给出了合理解释。1953年4月25日，他俩以掷硬币的方式确定了排名顺序，然后联名在《自然》杂志上发表了名为《核酸的分子结构，DNA的一种可能结构》的论文，对，就是那篇"开创了生物学新时代"的著名论文。为此，他俩在9年后，与另一位科学家一起分享了诺贝尔生理学或医学奖。

1954年，大器晚成的克里克终于获得了剑桥大学的博士学位，时年，他已38岁。克里克终生都未停止过科学探索，并不断大幅度改变着研究方向：50岁时，他转向了神经科学研究；60岁时，开始研究意识的本质；87岁时，还在《自然》

杂志上发表了一篇名为《意识框架》的论文。

2004年7月28日，伟大的生物学家克里克因患结肠癌在美国逝世，享年88岁；据说，临终前他还在修改论文！

第一百五十五回

伍德沃德果然酷，有机合成变艺术

1917年，是天下大乱之年！

国内，历法乱了，七夕与处暑竟在同一天出现。军人疯了，皖系军阀闹独立，张勋进京搞复辟，直系军阀忙备战，曹锟、张作霖等军阀要南下，孙中山大元帅要北伐。政客癫了，段祺瑞、黎元洪、冯国璋、徐世昌等纷纷"走马灯"，昨天才宣誓就职，今天又递辞呈下岗。政坛垮了，一会儿总统罢免总理，一会儿总理又逼退总统；一会儿台上握手，一会儿又台下踢脚；一会儿参众两院被解散，一会儿政府要员被弹劾。更滑稽的是，溥仪也不肯闲着，在辫子军的喧嚣中，竟也前来凑热闹，先是火速登基，接着又闪电退位。全国各地，几乎都乱成了一锅粥：多省宣告独立，多地百姓干脆起义。

国际也乱了，第一次世界大战进入高潮，人类首次出现了真正的国家级群殴，其景象绝不只是鼻青脸肿，简直是惨不忍睹。并且20多年后，还将有更残酷的第二次世界大战爆发，那时将急需有机合成大师拯救人间无数生灵！就在这个时候，1917年4月10日，罗伯特·伯恩斯·伍德沃德诞生在了美国波士顿一对分别来自英格兰和苏格兰的夫妻的家里。

伍德沃德从小就喜欢读书，善于思考，学习成绩优异，更醉心于化学：刚上小学时，他就买回各种瓶瓶罐罐，在地下室捣鼓起了"化学实验"；上中学前，他更自学了许多化学理论，还按照《有机化学实验教材》，把其中的所有实验都从头到尾认真做了一遍。其实验水平早已远远超过高年级同学了，但他仍觉不过瘾，一心攀登更高峰。在向老师请教后，他得知，当时全球化学水平最高的国家是德国，那里有许多化学前沿论著和大化学家。可德国又太远，自己又太小，不能去留学，整个家族在德国也无亲朋好友。咋办呢？怀着对德国化学的崇敬心情，这小子不停地思考着解决办法。有一天，他偶然路过德国驻波士顿领事馆，突然灵机一动，何不求助于领事先生呢？于是，11岁的他竟昂首挺胸，大大方方拜访了德国领事馆，恳请对方帮忙。哇，领事先生还真被这位小朋友的精神感动了，很快就将数篇发表在德国的著名学术论文，通过正式的外交渠道稳稳送到了伍德沃德手中。据他后来回忆说，这些论文不但让他学到了很多先进知识，还教会了他许多实验技巧，特别是其中有一篇关于"双烯合成反应"的文章，对他帮助更大，以至成年后，他不但经常使用该文中提到的那些化学反应，还对它们进行了深入分析和推广。

除了痴迷化学外，伍德沃德还有一个癖好，特别喜欢蓝色。每当看到硫酸铜溶液时，那透明澄澈的蓝，那纯净美好的蓝，简直让他心旷神怡。他千方百计收集各种迷人的"化学蓝"，无论它们是液体或固体，以至他被同学们戏称为"蓝精灵"。当然，从因果角度看，还真不知他到底是因为喜欢蓝色而爱屋及乌地喜欢上了化学呢，还是相反。

书说简短，时间一晃，聪颖过人的伍德沃德就在16岁那年，以优异成绩考入了麻省理工学院（MIT），成为全班年龄最小的同学，自然也被称为"神童"，更被班上的其他哥哥姐姐寄予厚望。一年后，这位"神童"的学习成绩还真让大家惊掉了下巴：数学不及格，物理也挂科，生物干脆交了白卷，简单一句话，除了化学得满分，其他科目全都惨不忍睹！原来，他太喜欢化学了，太偏科了，根本没把其他课程放在心上。校长一看，也傻了眼：我堂堂MIT，哪能容纳如此"学渣"，同学们咋看，老师又咋看，国内外其他高校又咋看？于是，校长大笔一挥，"咔嚓"一下就把这位"神童"赶出了校门！

此消息一出，哇，整个化学系就炸锅啦！被急坏了的化学教授们哪肯罢休，赶紧连夜开会商量对策。于是，温和的教授，联名向校长写请愿书，要求收回成命，重新把这位"神童"请回校园；急躁的教授，干脆直奔校长办公室，不讨回个说法就赖着不走，因为他们坚信伍德沃德是他们见过的"最有化学天赋的学生"；更有大胆的教授，趁机痛批学校的"唯考试成绩论"，公开呼吁要特事特办，为天赋异禀的学生开通特殊的成才渠道。

经化学系一通轰轰烈烈的折腾，哈哈，MIT历史上的奇迹还真发生了。校方最终让步：不但于次年重新录取了伍德沃德，还特地为他开了小灶，专门安排老师单独授课。如此一来，伍德沃德还真没辜负众望，成了名副其实的"学霸"。不但化学始终满分，其他课程也排名第一，反正班上也没第二个人嘛。就这样，伍德沃德又创造了MIT历史上的另一奇迹：只花了区区一年时间，就于1936年获得了理学学士学位；接着，又花了一年时间，获得了化学博士学位，时年他刚刚20岁。前后算来，除去被开除的那一年，他从高中毕业到获得博士学位，总共只用了3年时间，而普通人则至少得整整10年！唉，真是人比人，气死人啦！

博士毕业后，伍德沃德前往伊利诺伊大学做了短暂的博士后研究；随后，就于1937年到哈佛大学执教，给那些比自己年龄还大的精英学生讲课。自此以后，他就一直待在哈佛，正式开始了自己的教学和科研生涯。客观地说，伍德沃德不但读书时偏科，进入社会后也照样"偏科"，而且还"偏科"得更厉害了。

作为一位丈夫，伍德沃德可谓"不及格"！他总共结了3次婚：第一次是在1938年，婚后育有2个女儿；第二次是在1946年，婚后育有一儿一女；第三次离婚后没几年，就在孤独中因心脏病突发而逝世。好心的传记作家给出的解释是，"高富帅"的他太专注于科研工作，无暇顾及妻儿老小。这种理由看似很有说服力，而且过去还被塑造成"为科学奉献一切"的先进事迹。其实，如今仔细想来，这是不对的，必须"拨乱反正"！首先，工作的目的应该是为了生活，不能本末倒置；其次，幸福的婚姻，对工作绝对是有帮助的，更不会成为负担，这一点早被许多科学家所证实。作为一名化学合成大师，本该深刻领会化学合成的真谛，即"通过有机反应，生成特定化合物"。然后，将其灵活运用于家庭生活，即将夫、妻、子、女等家庭成员通过亲情、爱情和生活乐趣等"有机反应"，生成具有稳定结构的社会细胞（即家庭），并为全家带来幸福。假若伍德沃德在"家庭有机合成"方面也很成功，那他将会更长寿，为人类奉献更多、更大的成果，同时也享受幸福的天伦之乐，没准还会多获一次诺贝尔奖呢。当然，此处绝无批评伍德沃德之意，毕竟科学家也是人，不可能白玉无瑕。但是，传记作家不该把缺点粉饰成优点，更不该拿它来煽情。另外，伍德沃德还有其他缺点：睡觉太少，喝酒太多；运动太少，抽烟太多。这可能也是他早逝的原因吧。

作为一位教师，伍德沃德可谓"优秀"。他对教学尽心竭力，讲课富有传奇色彩；他不用现成的幻灯片，而是用不同颜色的粉笔，随手在黑板上画出非常漂亮的结构式。他的讲课极为严谨，内容相当丰富，宛若百科全书；他特别重视实验演示和实验技巧。他对学生很有吸引力，更有人对他佩服得五体投地，因为他既能博览群书，又能过目不忘，更能融会贯通，还能将别人琐碎的研究成果整理成系统知识，并用以解决具体问题。他特别喜欢讲课，平常不但能一口气连侃数小时，在周末的研讨班上，他甚至能不停地讲到深夜，学生竟也一点不觉累。他指导研究生相当认真，据不完全统计，他共培养了500多名硕士生和200多名博士生与博士后等，他培养的弟子遍布全球，水平也很高，甚至还有诺贝尔奖得主。在总结自己的教学工作时，他谦虚地说："我之所以能取得一些成绩，是因为有幸与众多天才合作。"

作为一位科学家特别是有机化学家，伍德沃德的成绩绝对是"特优"，而且还是"全优"！因为，他代表着合成化学的最高水平，他是"20世纪在有机合成的实验、理论和结构分析方面，同时取得划时代成果的、罕见的有机化学家"，他是"现代有机合成之父"和"20世纪最伟大的有机化学家"，他取得了众多以他名字命名的成果，比如伍德沃德有机反应、伍德沃德有机试剂和伍德沃德规则等。哦，对了，他还获得过诺贝尔化学奖。他甚至把高深的化学合成"玩"成了一种艺术！

为了零距离欣赏这种艺术，下面简要介绍他的两个代表性成果：奎宁和维生素B12的化学合成。

首先看他如何挽救众生于危亡、妙手回春，合成奎宁吧。

话说，伍德沃德毕业后不久，第二次世界大战就打响了。那时，炮火连天，病患遍地，人群出现了大面积的感染，特别是难以控制的疟疾，更成了比战争还可怕的恶魔。而当时唯一能治疗疟疾的药物，只有奎宁，俗称金鸡纳碱。它主要存在于金鸡纳树的树皮中，由于该树的生长条件相当苛刻，所以奎宁的产量很小。更可悲的是，由于战争的影响，特别是日军对东南亚的占领，奎宁的流通渠道严重受阻，本来就不多的天然奎宁变得更稀缺，疟疾传播更疯狂，百姓生命更岌岌可危！很快，一个恶性循环就这样形成了：一方面，由于奎宁短缺，疟疾传播得很广；另一方面，反过来，疟疾传播得越广，对奎宁的需求就越大。总之，一场随时都可能爆发的疟疾狂潮，严重威胁着数百万人的生命，全球有识之士，无不为之忧心忡忡。

咋办呢？这时，"初生牛犊"伍德沃德勇敢地站了出来，他要成为众生的"保护神"，要完成一件几乎不可能的大事。他大胆宣布，要"人工合成奎宁"！此言一出，顿时语惊四座。在愣过片刻后，化学界的同人们纷纷摇头，压根儿就不相信这位昔日"神童"的痴人说梦。原来，在当时，有机化学总体上还只是一门实验学科。业界普遍认为，像奎宁这样的复杂分子根本不可能被人工合成，更一般的情况是，任何复杂的天然物都不可能被人工合成。即使有人要用笨办法去穷尽，也无异于大海捞针。

可伍德沃德就是不信邪，他挖空心思，非要想尽一切办法合成奎宁。无论是白天还是黑夜，无论是在办公室还是在家里，他脑子里除了奎宁还是奎宁。在化学合成过程中，由于需要长时间的守护、观察和记录，他每天必须紧盯各种试管，甚至最多只能回家睡4小时。然而，就是在这短短的4小时中，他其实也在苦苦思恋着奎宁。一天过去了，实验没结果；一个月过去了，仍然杳无音信。一筹莫展、心情烦躁的他，干脆把家里的所有东西都换成了最喜欢的蓝色：墙壁变蓝了，窗帘变蓝了，床单变蓝了，汽车变蓝了，桌子、凳子等全都变蓝了。也许是他那惊人的毅力感动了上帝；也许是蓝色的情调，让他心情宁静了下来：他躺在蓝色的床上，看着蓝色的天花板，进入了蓝色的梦乡，终于抓住了蓝色的灵感！于是，他赶紧回到实验室，依照梦中想法又反复进行了多次实验。终于，在一年多夜以继日的攻关后，在经过了55道复杂程序、16步主要反应和众多烦琐的制备实验后，"不可能人工合成"的奎宁最终在1944年被首次人工合成出来了！

伙计，伍德沃德的成功，其意义显然不限于奎宁本身，其更大意义在于他让人相信：化学合成技术，在构造复杂天然化合物方面其实具有很大潜力。这次成功，使"有机合成"登上了科学舞台，为合成化学的发展树立了重要里程碑，开创了有机合成新纪元。确实，在成功合成奎宁后，伍德沃德的灵感也出现了"井喷"：胆固醇、可的松、叶绿素、秋水仙碱等一大堆过去只能从天然物质中提取的化合物，都被他巧妙地合成出来。至此，他用事实向全世界宣告：有机合成，可以成为一门理论学科，利用反应和结构的知识，可以实现复杂的有机合成。换句话说，只要运用好相关的物理和化学原理，只要有精细的策划，就完全可以合成出复杂的天然产物！那个时代，被称为"伍德沃德时代"，他的化学合成技术，简直变成了艺术，他凭借非凡的化学直觉，引领着全球化学家致力于美与实用的珠联璧合。

由于伍德沃德的巨大贡献，他被授予了1965年的诺贝尔化学奖。关于他的授奖仪式，还有这样一个有趣的花絮。据说，就在他前往瑞典领奖的路上，车外的蓝天刺激了他的神经，于是，"头孢霉素合成法"就慢慢浮现在了他的脑海里。当主持人请他发表获奖感言时，他竟忘了感谢领导，也没感谢同事，更未感谢所有媒体，而是突然口若悬河，硬生生地布道了一场"如何制备头孢霉素"的天书般的学术讲座，搞得台下听众面面相觑，如坠雾里，除了发愣还是发愣。果然，在领奖后的很短时间内，他就将获奖感言中提到的那玩意儿又给人工合成出来了！伙计，你看，这伍德沃德头脑中到底随时都在想些啥，你该清楚了吧！

获奖后，伍德沃德并未停止前进，他要向更艰巨、更复杂的目标冲锋，要开始合成维生素B12（以下简称B12）。书中暗表，B12是B族维生素中迄今为止发现最晚的一种，是最复杂的天然物质之一，是唯一含金属元素的维生素，是唯一需要肠道分泌物的帮助才能被吸收的维生素。B12的结构极为复杂，含有181个原子；性质也极为脆弱，在强酸、强碱、高温、强光或紫外线等的作用下极易被分解。因此，其人工合成极难，甚至被称为"有机合成界的珠穆朗玛峰"。在自然界，B12只能由微生物合成；过去只能从动物内脏中提炼，且工艺复杂、产量极低、价格极贵、供不应求。B12的主要生理作用是参与制造骨髓红细胞、防止恶性贫血、防止大脑神经受损等，B12的缺乏将导致精神抑郁、睡眠差、记忆力下降等。

化学合成B12，到底有多难呢？下面冰山的几角，也许能给出部分答案。

第一方面，若按过去的方法，B12的人工合成无异于天方夜谭；因为其工作量实在太大，任何人都无法完成。于是，伍德沃德组织了14个国家的110位化学家，进行了为期11年的协同攻关，在进行了数千种复杂的有机合成实验后，终于在他谢世前几年合成出了B12。其实，如果伍德沃德能再多活两年的话，他将毫无疑问地再次获得诺贝尔奖，而且还是排名第一。因为B12的另两位研发主力，正是在伍德沃德去世两年后获得了1981年的诺贝尔化学奖。

第二方面，众多科学家协同攻关，当然就得有明确的分工合作方案。为此，伍德沃德设计了一种拼接式合成方案：先合成B12的各个局部，然后再把这些局部对接起来。这种方法，如今已成为合成有机大分子的普遍方法。可见，B12的成功合成，还在方法论上为人类开辟了一条阳光大道。

第三方面，要想合成B12，不但需要技术上的突破，更需要解决一些"传统化学理论不能解释的有机理论"。为此，伍德沃德借鉴日本化学家福井谦一的"前线轨道理论"，并与学生兼助手霍夫曼一起提出了著名的"分子轨道对称守恒原理"。该理论便是1981年诺贝尔化学奖的核心成果，因为，它巧妙利用对称性，直观解释了许多有机化学过程。

伍德沃德是典型的"工作狂"，除了睡觉和吃饭，几乎都泡在实验室里。他谦虚和善、不计名利、善于合作，一旦出了成果，发表论文时总喜欢把合作者放在前面，甚至有时自己干脆不署名，他的这一高尚品质，在学术界一直被传为佳话。他虽获得过131人次的诺贝尔奖提名，但他显然并不在乎获奖，只关心化学研究。

1979年7月8日，有机化学界的"巨星"、伟大的科学家伍德沃德，因积劳成疾，与世长辞，年仅62岁。去世前，他还念念不忘"合成他那未完成的赤霉素"。为完成老师的遗愿，弟子们化悲痛为力量，义无反顾地接过了接力棒，终于成功合成出了赤霉素。

确实，正如伍德沃德所说，"化学合成是一门艺术"。如今，伍德沃德开创的这门艺术，已在全球化学界开花结果了。

安息吧，伍德沃德，您可以含笑九泉了！

第一百五十六回

教学科研比翼飞，事业爱情树丰碑

伙计，一提起费曼（又译作范曼）这个名字，虽不知你想起了谁，但我敢肯定，几乎所有美国人立马就会想起1986年1月28日格林尼治时间16时39分的惨剧："挑战者号"航天飞机在发射升空73秒后解体，机上7名航天员全部罹难。因为，在随后的事故调查过程中，费曼的出色表现让人大开眼界：不但科学、严谨、客观、公正，毫不留情地挖出了深层次的安全隐患，而且对事故原因的大众化解释更令人叫绝，只用了一个橡皮圈和一杯冰水就模拟回放了事故的现场，让相关责任者口服心服！

本回之所以要为费曼立传，当然不只是因为他的这次精彩表现。实际上，无论是在教学、科研、事业、爱情、生活、人品等方面，他都是罕见的榜样！

在科研方面，他是继爱因斯坦之后，最睿智、最卓越、最受爱戴、最具影响力的理论物理学家。他的名字之于量子电动力学，就像爱因斯坦的名字之于相对论，或霍金的名字之于黑洞理论一样如雷贯耳。他继海森伯的"矩阵力学"和薛定谔的"波动力学"之后，给出了量子力学的第3种等价形式，而且还是最简捷的形式。因此，他获得了1965年的诺贝尔物理学奖。他是第一位提出纳米概念的人，也是当年"曼哈顿计划"的主力，以他名字命名的物理成果比比皆是，例如费曼图、费曼规则、费曼振幅、费曼传播子等。奥本海默评价他是"最才华横溢的年轻物理学家"，更有物理学家认为他"以自己的独特方式，重新发明了差不多整套物理学"。如今，费曼已成为当代文化的一个亮点：他的各种著作、演讲、采访等相关书籍和视频、音频等材料，在全球广泛流传。在20世纪的科学家中，他的公众知名度可能仅次于爱因斯坦。

在爱情方面，他的故事几乎演绎了一出现代版"梁山伯与祝英台"。他与她，尽管志趣并不相同，但拥有共同的天生幽默；所以，从中学开始，他俩就彼此暗恋。后来，他离开家乡去上大学时，两人互相倾诉、彼此眷恋，那依依不舍的场景绝不亚于"梁祝的十八相送"：十八弯山水，十八缕情衷，十八里长亭留下回味无穷；十八句珍重，十八次相拥，十八里长亭约定一世情浓。再后来，她在家乡梦断愁肠，原来爱也有泪，他在大学日思夜想，原来爱也有痛，但他们发誓要一路甘苦与共，任凭红尘汹涌！相恋6年后，深深相爱的他们终于正式订婚。可天公不作美，这时她颈部突然出现肿块，持续疲惫和低烧数月，最终被确诊为当时的绝症——肺结核！天，这可咋办！他义无反顾，强烈要求与她结婚，以方便照顾她，可他父母坚决反对，要求撕毁婚约，因为担心儿子也被染上绝症。于是，他含泪提笔，给深爱的父母挥就了一篇洋洋洒洒的万言书，陈述了必须娶她的十大理由。如今，这封名曰"我为啥要与她结婚"的家信，已成了理工男的经典爱情宣言。伙计，若有兴趣，你不妨也找来读读，保准再狠心的人也不愿再拆散这对鸳鸯了。

就在他获博士学位后不久，大学附近的一所慈善医院被他们的爱情故事所感动，同意接收她入院治疗。于是，他在轿车里摆下一张床，载着奄奄一息的她奔赴医院。就在去医院的路上，1942年6月29日，一位治安官员匆匆兼职主持了他们的结婚仪式！其实，这时的他非常非常忙，正秘密担负着研制原子弹的重任，但他仍尽心竭力地照顾她。只要有时间，他就会到医院陪护她，无论路途多遥远，因为后来原子弹的研制场所迁到了很远的野外。哪怕只有一天不能相见，他们就彼此写信。即使是在这种奇特而又充满悲剧色彩的情况下，这对"梁祝"也从未失去过机智和幽默。原来，他俩写情书，采用的竟是特殊密码，旁人完全"丈二金刚摸不着头脑"。一封封情书犹如一支支细流，滋润着彼此的痴心。在一封被破译的情书中，费曼深情地写道："亲爱的，你就像是溪流，而我是水库，如果没你，我就会空虚而软弱。而我愿用你赐予我的片刻力量，在你低潮的时候给你抚慰。"伙计，咋样，谁说科学家都是没感情的木头人，谁说爱情是事业的负担？

费曼的爱情，也相当有原则。随着第二次世界大战的白热化，费曼的工作压力越来越大，每次看到丈夫那瘦削的脸庞，她都会心疼地问道："亲爱的，能否告诉我，你到底在干啥？"每次，费曼总是诡异地一笑："对不起，亲爱的，我不能。"离首颗原子弹试爆的时间越来越近了，她的病情也逐步恶化了。终于，在1945年6月16日，只差两周就是他们3周年结婚纪念日，只差一个月就是首次核试爆之日，她永远闭上了幸福的双眼。弥留之际，她用微弱的声音对丈夫说："亲爱的，可以告诉我那个秘密了吗？"费曼咬了咬牙，含泪道："对不起，宝贝儿，我不能。"1945年7月16日清晨5时29分45秒，在一处秘密试验基地，一道强光穿透黑暗，紧接着由烟雾和爆炸碎片构成的黑云冲天而起，渐渐形成了蘑菇云。"亲爱的，现在可以告诉你这个秘密了。"费曼喃喃自语，可惜，她已不在人世，他任凭泪水夺眶而出，良久，才突然从悲情中醒来，失声痛哭，无法自抑。

至此，费曼的"梁祝"故事还远未结束，甚至才刚刚开始。每当看到商店的新款衣裙，他首先想到的就是"她若穿上这身衣裙，该有多美呀！"他开始学习音乐，学习绘画，因为这些都是她的生前爱好，甚至在晚年，他还专门为她举办了自己的"素描和油画作品展"，以此作为对这位"祝英台"的完整交代。他始终坚持给她写信，且仍像以前那样，采用只有他俩才看得懂的密码。唯一不同的是，每次写完信，他都不忘在结尾处加上一句："亲爱的，请原谅我没有寄出这封信，因为我不知道你的新地址。"在爱的支撑下，他以更大的激情投入工作，并取得巨大成就。1965年，他因在量子电动力学方面的卓越贡献而获得诺贝尔物理学奖。在接受采访时，他脱口而出的竟是："我要感谢我的妻子！在我心中，最重要的不是物理，而是爱！爱就像溪流，爱是那样的清凉，那样的透亮。"唉，可惜本回不是费曼的爱情传，否则我们真不想止笔，真想一直写到他们"化蝶双飞"。

在教学方面，费曼也是科学家中少见的伟人，他拥有一种特殊能力，能把复杂观点用简单语言表述出来，从而使他成为硕果累累的教育家、脚踏实地的科普工作者，甚至被称为"老师的老师"。他讲课时，幽默而生动，不拘一格，简直就像芭蕾舞演员：在讲台上昂首挺胸走来走去，双手画出复杂而优美的弧线。虽然他一生获奖无数，但他最自豪的奖项是1972年获得的一项名不见经传的教育奖——奥尔斯特教育奖。他不仅讲授过几十门研究生课程，还大胆批评过中小学教材中的错误，更分析过其他国家教育失败的原因，这些分析可能也值得我国参考。他认为，学生没听懂的原因其实是教师自己没真懂，是教师没讲懂！他自己的许多科学新思想，其实就是来自"对学生提问的深入审视"。他随时谆谆告诫学生："理论若与实验不符，则理论就是错的，因为大自然不可戏弄！"他对教学充满活力和激情，甚至说："教学和学生使我的生命得以延续。即使有再好的科研环境，若不能教学的话，那我永远也不会接受，永远不会。"他曾预言，人们之所以会记住他，首先将是因为他的教学贡献。如今看来，确实，他在加州理工学院进行的一系列讲座的讲义，在1962年被收集成册以《费曼物理学讲义》为书名出版后，就成了物理领域的经典，至少被译为10种不同语言。该书果然影响了成千上万的后起之秀，让读者真正欣赏到了大自然的奇妙和物理的美。他热爱教学，甚至在去世前两周都还在讲课；他热爱学生，随时吩咐秘书"只要是记者求见，一切免谈，只要是学生求见，随时欢迎"。当然，学生也非常爱他，他去世的消息一经传出，同学们就自发打出了巨幅标语："我们爱您，费曼！"

在生活方面，费曼也彻底刷新了人们心中的科学家印象。实际上，他不但不是书呆子，而且还特别热爱生活：在音乐方面，他很喜欢唱歌，更发现了奇妙的"呼麦"演唱技法，曾引起娱乐圈的轰动；在绘画方面，他也自成一派，特别是他画的线条与结构，充分表达了自然世界的美妙与复杂，让人不禁产生精彩与壮观的感觉；在乐器方面，他还是一个优秀的鼓手，他的一支鼓声伴奏芭蕾舞还获得过全美舞蹈设计竞赛大奖呢；在考古方面，他曾偶尔得到一本玛雅文的手抄本，上面的奇怪符号激发了他的兴趣，于是，他耗时3个月破译了其中的一些秘密，从而成了玛雅文专家。他还是一个典型的乐天派，他的同事甚至评价说，"哪怕是最忧郁的时候，他也比别人兴高采烈的时候，都还要高兴"，还说"这家伙，既是物理天才，又是滑稽演员"。甚至在研制原子弹期间，闲得无聊时，他竟然很轻松就破解了保险柜的密码，然后在柜里留下字条："此柜密码不安全"，吓得安全管理员魂飞魄散。

在人品方面，费曼已成为崇高人格和优秀品质的代名词，他在科学研究中极端朴实，毫无名利思想，令无数后辈高山仰止。他始终坚持科学真理，随心所欲，个性鲜明，特立独行，思想如天马行空，喜欢独辟蹊径，很有主见，但从不固执，求知欲极强。据他妹妹后来回忆说："我哥哥从不说谎。"他曾无数次拒绝过包括荣誉教授、荣誉博士等闪闪发光的头衔，而且差一点就拒绝了诺贝尔奖；他还拒绝过芝加哥大学等多所大学的高薪聘请，而原因只是他很欣赏加州理工学院的自由学术空气；他甚至不顾美国科学院院长的挽留而坚决辞去了"院士"称号，因为他觉得院士这种"名人殿堂"，并不利于促进科学发展；他从不畏惧权威，因为他认为权威只不过是职位或制服而已。因此，玻尔赞叹道："费曼自信且正直，他是唯一不怕我，敢于给我纠错的人。"

像费曼这种榜样人物，到底是如何成长起来的呢？欲知详情，请读下文。

话说，1918年5月11日，在纽约的一个犹太人家里，诞生了一个大胖小子，他就是本回主角理查德·菲利普斯·费曼。他父母特别希望儿子能成为科学家，所以很重视早期教育：当费曼还不会走路时，爸爸就在儿子身边摆满了各种形状和色彩的瓷砖，吸引他的注意力，让儿子识别相关几何图形，理解简单的算术原理；识字前，爸爸就带儿子参观各种博物馆，接触大自然，并给儿子朗读《不列颠百科全书》，然后用儿童语言耐心而形象地解释；后来，费曼很快就开始自己读书了，并学会了许多科学和数学知识。成年后，费曼愉快地回忆道："与爸爸在一起学习，完全没有压力，只有可爱而有趣的讨论。"

爸爸不但教费曼如何学习，还教他如何思考，其办法就是经常给他提出一些奇奇怪怪的问题，激发儿子的好奇心，让他完全以自己的思维来回答。比如，若遇火星人，对方可能会问些啥问题，自己又该如何回答呢？人为啥要睡觉呢？又比如，爸爸鼓励儿子自己动手，或修收音机或搞点小实验等；即使实验失败，哪怕造成了啥损失，父母也决不埋怨，而是鼓励他继续努力。

爸爸不但要儿子知道事物的"名"，更要他了解事物的"实"。比如，同样是一种小鸟，在各种语言中的取名思路却千差万别，有的语言是根据小鸟的叫声来取名，有的则是根据颜色，还有的是根据体型等。又比如，物理中的许多专业名词，若搞懂了其"名"中之"实"的话，那就不再需要死记硬背，更不会觉得枯燥无味。有一次，费曼发现"突然推动玩具车时，车上的小球会向后滚动；当突然停止时，车上的小球却向前滚动"，这时，父亲并没用"惯性"这个学术名词去"吓"他，而是告诉儿子：运动的物体倾向于保持运动，静止的物体倾向于保持静止。所以，成年后的费曼，很少拿"高大上"的专业术语来"吓人"，哪怕是再高深的理论，从他口中说出来后，总让人感到熟悉而亲切，这也是他能成为一名成功的科普工作者的根源，更是他能成为一名好老师的法宝。费曼为此还专门出版了一本畅销书《你在乎别人想什么吗》，生动回忆了父亲的早期教育轶事；换句话说，只有你在乎别人在想什么时，你才能让别人真正明白你在讲什么。其实，费曼成功的奥妙，许多都隐藏在他父亲的早期教育技巧中，有兴趣的读者特别是相关家长，可以读读费曼的自传性畅销书。

在父母的精心培养下，费曼果然很早熟，特别是对自然科学的兴趣更大。在学龄前，他就自己从阁楼上找出一些旧课本，然后照着课本开始自学起来。不过，在人文科学方面，他却很一般，特别是对历史和文学几乎毫无兴趣。他自认为英语拼写缺乏逻辑，所以，即使成年后，他也仍不擅长拼写，以至他的自传《别闹了，费曼先生》和他的教学名著《费曼物理学讲义》等都是自己口述，再由别人根据录音整理后完成的。

除父母外，对费曼影响最大的另一个人就是他的中学老师巴德。实际上，从第一堂课开始，巴老师就发现费曼是天才：他不但能轻松背诵对数表，还见啥都好奇，见啥就研究啥。比如，看到水龙头的水压变化，他就马上研究流水曲线，并很快给出了正确答案。至于正常的课堂内容嘛，对他来说，简直就是小儿科！面对如此天才，巴德决定因材施教，赶紧送上一本《高等微积分》。哪知，老师还没来得及辅导，费曼竟在不到一个月的时间里自己就掌握了书中的全部内容！天啦，这该咋办？于是，巴老师竭尽所能，把自己知道的所有知识和书籍全都交给了费曼。哈哈，后来的事实表明，巴老师教给费曼的拉格朗日原理等内容，还真派上了大用场。

在中学期间，被天才费曼惊呆了的人当然不只巴老师一个。实际上，费曼有这样一个习惯，只要他开始思考，就会全神贯注，头脑中再也没任何杂念。几乎所有作业题，哪怕再难，也都经不起他的思考，都会很快被解决。久而久之，想偷懒的同学就找到了一个窍门，即一遇难题就来向费曼要答案。于是，许多同学经常就被惊得目瞪口呆，对费曼更是佩服得五体投地，因为，问题刚刚提出，答案几乎就脱口而出了！后来，费曼坦白说，真正的窍门是，同一问题前来讨要答案的同学很多。所以，除首位问者外，后面的问者都会被"秒答"。费曼还坦白了另一窍门，即为啥他在每次抢答赛中都能稳拿第一。原来，当主持人在公布题目的过程中，他就已将多个可能的答案写在纸上了，待题目公布完毕时，他只需在最有把握的那个答案上画一个圆圈就行了！

1935年，费曼从高中毕业，进入麻省理工学院，先修数学和电力工程，后转修物理学。大学期间，他的亮点主要有3个：其一，早在大一时就阅读了包括量子力学等在内的大量课外书籍，以至大二时，就被老师邀请参加每周的例行量子力学研讨会；其二，大四时，他参加了一年一度的普特兰全国大学生数学竞赛并以绝对优势获得了第一名；其三，他的本科毕业论文竟发表在著名的《物理评论》上，该文甚至还得到了一个后来以他的名字命名的、著名的量子力学公式！

1939年9月，费曼进入普林斯顿大学读研究生。其间，他悟出了一套阅读高深学术专著的技巧：从头开始读，尽量往下读，直到一窍不通时，再从头开始读；如此反复，坚持往下读，直到全能读懂为止。他用这套技巧，将比自己小9岁的妹妹也培养成了一名物理学家。

1942年6月，费曼毕业并获得了理论物理学博士学位，接着就成了"曼哈顿计划天才小组"的重要成员，一年后晋升为组长。书说简短，原子弹研制成功后，费曼于1945年前往康奈尔大学任教，并取得了自己最精彩的科学成果：在1949年连续发表了两篇革命性论文，建立起了一种全新的量子力学表述方法。为此，他获得了1965年的诺贝尔物理学奖。1950年，他转入加州理工学院，从此就一直待在这里。晚年时，他身患好几种罕见癌症，这也许与研制原子弹期间经常接触放射源有关吧。

1988年2月15日，费曼在洛杉矶逝世，享年70岁。

丰碑无语，行者无言。费曼先生，您安息吧！

第一百五十七回

巾帼英雄做科研，人为障碍山连山

唉，做人难，做女人更难，做女强人则是难上加难，欲做女科学家嘛，那简直难于上青天！女性做科研工作所遇阻力之大，绝对不可想象，在早年更是如此；所以，女科学家凤毛麟角，女科学家更加伟大，而那些本来做出了巨大贡献却被人为埋没的女科学家，更是伟大中的伟大，更不该被遗忘。本回主角就是这样一位终身未嫁的女科学家，其全名为罗莎琳德·埃尔茜·富兰克林。为了区别于那位"风筝取电"的男科学家，我们只好将她称为罗莎琳德。这绝非性别歧视，谁叫她比他晚生200多年呢，按时间排序总没错吧。

为做科研，才华横溢的罗莎琳德牺牲了友情，牺牲了爱情，牺牲了幸福，甚至还牺牲了年轻的生命。虽然她实质上做出了诺贝尔奖级的突破性成就，甚至还对与相对论和量子力学并列、被誉为"20世纪最伟大的三项成就"之一的DNA双螺旋结构千辛万苦拍摄出了DNA晶体衍射图片（即著名的"照片51号"），并给出了相关重要数据，为"DNA双螺旋之父"沃森和克里克最终揭示DNA结构提供了关键线索，并成为当之无愧的"DNA双螺旋之母"，但最终，她不但没能获得诺贝尔奖，甚至还被丑化为"女巫"，更被埋没数十年之久。直到史学家们详细考察了相关事实，她的冤情才终于大白于天下。直到相关科学家良心发现，她才开始进入人们的视线。比如，克里克在一篇纪念DNA结构发现40周年的文章中承认"罗莎琳德的贡献未被足够肯定"，还说"她离发现DNA双螺旋结构只差一层薄纸"；又比如，2003年，在伦敦国王学院"罗莎琳德－威尔金斯大楼"命名仪式上，沃森才终于在其演讲中承认"罗莎琳德的贡献，是我们发现DNA双螺旋结构的关键"；还比如，她领导的病毒结构课题组的分析成果，终于在1982年获得了诺贝尔化学奖，但她早在此前20多年就已离开了人间。罗莎琳德的科研之路到底有多难，请君接着往下看。

1920年7月25日，罗莎琳德作为家里5个孩子中的老二兼长女，诞生于英国伦敦诺丁山的一个犹太富翁之家。她的家族，不但本身是望族，还与许多犹太望族保持着长期的姻亲关系。她的父系祖先来自意大利，且早在1866年就在伦敦开设了商业银行，1902年又开始涉足当时先进的印刷业；母系祖先多为知识分子或专业人士，甚至还出现过伦敦大学数学教授等杰出人物。继承祖业的爸爸是一位乐善好施的银行家，也是伦敦工人学院的电磁学和历史学教授，后来更成为该校校长；妈妈也曾受到过良好的高等教育。叔父曾任英国内务大臣，也是第一位进入英国内阁的犹太人，后来还成了爵士。她的一位姨妈是"女性参政权与工会运动"的积极分子，也许正是在这位姨妈的积极影响下，罗莎琳德才踏上了"走出闺房"的不归路，不但少了一分富家女的骄纵，更多了一分新女性的独立与梦想。

从幼年起，罗莎琳德就与众不同：其他女孩喜欢的洋娃娃压根儿就引不起她的兴趣，她更愿干些技术活。虽然家里条件很好，但父母要求很严，所以她完全未被娇惯成富家千金，而是从小就受到了良好教育，很早就有足够的自知：知道自己该干什么、能干什么、在干什么等。

6岁时，她进入了一所私立学校，接受历史、文学和算术等基础教育。在这里，她如鱼得水，对知识的渴望程度甚至超过了许多男孩子，她那位女权主义者姨妈对她的评价是："罗莎琳德非常聪明，她把所有时间都花在算术上，且乐此不疲，还总能算对。"她还经常随父母一起到世界各地旅游，这也成了她后来的终生爱好。

9岁时，父母担心伦敦雾霾影响宝贝的身体健康，就把罗莎琳德送到郊外的海滨寄宿学校。在很大程度上，她就开始了独立生活，并因此而培养出了很强的自理能力。在这里，天资聪慧的她很快就对理科产生了浓厚兴趣，特别喜欢学校增开的地理、几何和诗歌等课程，还很擅长体育和手工等活动。

11岁时，她转入圣保罗女子学校，这是当时伦敦为数不多的、讲授物理和化学的女子学校，且该校还认为"妇女应该活得更有意义，女生应为将来的就业做准备"。换句话说，其他大部分女子学校都以培养贤妻良母为己任。特别是该校的自由氛围，使她能自主选择所喜欢的课程，这在歧视女性的时代里更加弥足珍贵。在学校里，罗莎琳德非常活跃，不但积极参加社团组织，也热衷于各种集体活动，更是曲棍球、板球和网球等项目的体育明星，她的学习成绩当然名列前茅，所获奖励也不计其数。在这里，她还学习了德语，精通了法语；这也是后来对她帮助很大的两门外语，甚至她的法国同事都惊讶道："从没见过法语这么好的外国人。"

客观地说，在中小学阶段，罗莎琳德的父母还是相当开明的，完全没有性别歧视。但是，当她15岁开始读预科并立志要当科学家时，情况就突变了！父亲首先跳出来反对，而且还是以拒绝提供学费的方式坚决反对！因为，在父亲心目中，自己的宝贝闺女长大后就该像其他女孩一样，每天打扮得漂漂亮亮，学学女工，喝喝下午茶，然后嫁一个父母满意且足够体面的先生。即使今后想参加一些社会活动，也可从事慈善事业。父亲希望闺女也像她妈妈那样，做一个幸福的贤妻良母。幸好，罗莎琳德的坚决态度，感动了妈妈和姨妈，她们联手与罗莎琳德的爸爸据理力争，并大方地拿出私房钱，表示要全力资助罗莎琳德上大学。爸爸一看情况不妙，只好投降，赶紧同意闺女继续读书。后来，随着闺女的学业进步，这位慈父虽也十分自豪，但总担心闺女会遭受不公平待遇，因为他深知，当时的科学界对女性还是相当歧视的。为此，罗莎琳德在1940年还专门给爸爸写了一封长长的安慰信，强调"科学与生活不可能，也不该被分割。特别是对我来说，科学已成了生活的一部分"。后来的事实也表明，罗莎琳德对科研确实有一种近乎疯狂的热爱，甚至视之重于生命。在她的科研生涯中，确实也遭受了若干难以想象的性别歧视，以至她认为"最能施惠于朋友的，不是金钱或物质，而是亲切的态度、欢愉的谈话、同情的流露和纯真的赞美"。

18岁时，罗莎琳德有惊无险地考入了剑桥大学纽纳姆学院。伙计，别高兴太早，因为，从这时起，真正的性别歧视才刚刚开始并将越来越强烈。首先，这个所谓的"纽纳姆学院"，其实是一个二等学院。无论你以多好的成绩考入剑桥大学，嘿嘿，对不起，只要你是女生，那就只能进入纽纳姆学院这样的二等学院。啥意思呢？学院的学生虽可自由选择剑桥的所有课程，但无论多优秀，也不能获得剑桥大学的学位，只能被授予"名义上的学位"；学生虽能加入剑桥的所有社团，但也只能是编外成员。学校还规定女生的总数不得超过男生的10%；哪怕你是该学院的女老师，也无权对大学事务发表意见；哪怕你是该学院的院长，照样不能参加剑桥的庆祝仪式，最多只能以家属名义参加一些宗教活动而已。

既然读大学来之不易，罗莎琳德当然十分珍惜。入学后，她不但疯狂选修了数理化等众多自然科学课程，还阅读了大量课外书籍，生怕自己落后。她更是各种课余科研活动的积极分子，她参加了数学社团，聆听了不少名人讲座，其中就包括后来对她影响极大的、"X射线晶体学之父"布拉格的讲座。当然，对体育活动，她仍一如既往地热爱，像什么划船呀、网球呀、自行车呀等，都少不了她的身影。除此之外，她就几乎成天都泡在实验室，很少与其他同学交往，以至被误认为是"安静内向的人"。大一结束后，她的综合成绩高居全院第二名，后来的史学家们从其笔记本中惊讶地发现：她早在此时就构思过DNA的化学结构，并画出了一个螺旋形图样！天啦，看来她还真与双螺旋结构有缘啊！

她读大二时，第二次世界大战的阴影越来越浓，这时，爸爸又打"退堂鼓"了，想让闺女辍学参加国防工作。幸好，妈妈和姨妈又联手拯救了罗莎琳德的科学生涯。于是，她一边在校园里积极承担防空警戒任务，一边继续学习科学文化知识：

绘制了许多光学透镜图，掌握了热力学定律，阅读了鲍林的名著《化学键的本质》，接触了诸如蛋白质的折叠、烟草花叶的病毒、染色体中的核酸和 X 射线晶体学等与她随后的科研密切相关的先进知识。

1940年，20岁的罗莎琳德以优异成绩从剑桥大学毕业。当时老师对她的评价是，对自己和学业的要求很高，从不妥协，既有一流的头脑，也很刻苦，当她执着于某一事情时，就几乎忽略了所有别的事情。总之，在整个大学期间，罗莎琳德受到了良好的专业和自理能力训练，但她太专注于学业了，以至从未结交过任何男生。

大学毕业后，罗莎琳德本该服兵役，但剑桥大学又提供了一笔奖学金。于是，她只好留下来，充当光化学开拓者诺里希教授的科研助手。书中暗表，这位诺里希教授的成就自不必说（他后来还获得了诺贝尔奖），但是在男女平等方面，这老兄可真不敢恭维。其实，从某种意义上说，第二次世界大战本来有利于消除性别歧视，毕竟，在战争年代人手奇缺之时，哪还顾得上男女性别嘛。可是，这老兄却相当保守，虽然他的所有男助手都已上前线，但他仍看不起女生，经常借酒浇愁，动不动就拿罗莎琳德当出气筒。此外，他俩的科研思路也南辕北辙：他要做基础研究，她则想研究对付希特勒的"短平快"课题。更糟糕的是，大约在1942年初，当她指出他的一个严重原理性错误时，他竟暴跳如雷，不但不认错，还要求她将错就错。终于，她忍无可忍地与他决裂了，毕竟在科学真理面前，她绝无任何妥协，因为那是她的信仰。后来的事实也表明，面对任何权威，只要她发现了对方的科学错误，都会毫不客气加以指正。为此，她开罪了不少同行，这也是她差点被埋没的原因之一。离开诺里希后，1942年夏，罗莎琳德转入了一家政府实验室，以助理研究员身份开始独立研究煤炭的晶体结构。3年后，她完成了学位论文《固态有机石墨与煤和相关物质的特殊关系》，并因此获得了剑桥大学物理化学专业的博士学位。

她博士毕业后，第二次世界大战结束了，法国解放了。于是，1946年，罗莎琳德来到非常自由且几乎没有性别歧视的巴黎中央化工实验室，从事自己想研究的课题，并在此待了整整3年。由于该实验室主任梅英擅长利用X射线来研究晶体结构，所以罗莎琳德学会了如何利用X射线来测定煤和黏土的内部结构，这在很大程度上奠定了她后来发现DNA双螺旋结构的基础。当时，梅英对罗莎琳德的评价很高，说她"有才华，勤奋好学，具有熟练灵巧的实验技能和天才的实验设计思想"。在巴黎期间，罗莎琳德过得很快乐，不但结交了多位终生好友，还在学术上赢得了国际声誉，成为了熟练的X射线衍射专家。特别是在1949年底，她还在

"无定形碳材料的X射线结构"方面取得了重要突破，并在《自然》杂志等刊物上连续发表了多篇高水平学术论文。

1950年，对生物一窍不通的罗莎琳德受聘回到英国，进入伦敦国王学院的一个专门研究DNA的课题组，该组当时已有两位成员：组长威尔金斯和他的学生戈斯林。可不久，她就与组长产生了矛盾，两人的私交甚至恶劣到几乎互不理睬的地步。原来，她刚入职时，他正在度假，虽然校方对她的安排是"独立研究DNA，并从组长那里接受任务"，但他认为她是自己的助手，而她则认为组长无权干涉自己的工作；他不喜欢她闯入自己的科研领域，但他又离不开她，因为他的课题组已停摆数月，急需人手；她是急性子，他则是慢脾气；她需要被尊重，他却性别歧视。咋办呢？幸好，这时她发现了DNA的两种形态，即在潮湿状态下，DNA的纤维会变得又细又长，称为A型；而在干燥状态下，又会变得又粗又短，称为B型。于是，他俩约定了各自的研究地盘：A型由她主研，B型则由他主研。

她的绝招当然是从巴黎学来的X射线法，并很快于1951年底成功拍摄出了A型DNA的X射线衍射图，然后予以公布。这时，沃森和克里克正在剑桥大学卡文迪什实验室研究蛋白质结构。受到她的成果鼓舞，沃森与克里克赶紧尝试排列DNA的螺旋结构。可当时，他们的目标是排出3股螺旋模型，这遭到了她的严厉批评，以致沃森与克里克被上司训斥，甚至被勒令停止了DNA研究课题。为此，沃森对她怀恨在心。

1952年5月，罗莎琳德与戈斯林合作又获得了一张B型DNA的X射线晶体衍射图，它就是那张改变历史的著名照片，如今称为"照片51号"，也被称为"几乎是有史以来最美的一张X射线照片"。但她并未发表该照片，毕竟B型DNA是威尔金斯的研究地盘。她只是继续研究A型DNA的结构数据，并于1952年11月公布了一份研究报告，指出A型DNA的对称性。后来从该报告中，克里克一眼就看出：DNA拥有方向相反的两股螺旋！

1953年1月，威尔金斯误以为沃森与克里克已非竞争对手，毕竟他们的老板已叫停了该项目。因此，未经罗莎琳德允许，威尔金斯就让沃森观看了"照片51号"，还做了详细解释。沃森一听，按捺不住内心的激动，赶紧冲回实验室，联合克里克又向老板争取，并很快在2月4日重启了DNA项目。接着在2月8日，他们将该消息通报了威尔金斯。此时，后者才意识到自己先前可能已透露了太多秘密。即使这样，2月24日，罗莎琳德也独立发现：无论是A型还是B型，DNA皆为双股螺旋结构。可仅仅4天后，沃森与克里克便宣布他们发现了双股螺旋模型！小结一下上述快节奏的竞争过程，不难发现：若威尔金斯不擅自将那关键的"照片51号"泄露出去，那么沃森和克里克就不会是"DNA双螺旋之父"；若罗莎琳德早4天公布成果，她就不会被外界遗忘；若威尔金斯与罗莎琳德精诚合作，历史将被重写。总之，无论如何，罗莎琳德都是发现DNA双螺旋结构的头号功臣。那时的剑桥对女科学家非常歧视，甚至不准她们进入教授食堂，这便在无形中影响了她们与其他科学家的学术交流，所以，她能取得如此成就，更加难能可贵。

可是，苍天弄人。1953年3月，因与威尔金斯等人矛盾太大，罗莎琳德离开了国王学院，前往伯克贝克学院，开始研究病毒。4月25日，《自然》杂志同时发表了3篇论文，其顺序为，沃森与克里克的论文为先，威尔金斯其次，最后才是罗莎琳德等的论文。不过，在沃森与克里克的论文中，还是较客观地提及了威尔金斯与罗莎琳德等的启发。

1954年，罗莎琳德开始改善与男科学家的关系：对于沃森，她一方面经常与他讨论病毒问题，另一方面也接受了他的一些科研经费支持；对于克里克，她不但与他讨论学术问题，还与他们夫妇一起去西班牙旅游，甚至还到他家中做过客。1956年夏，罗莎琳德在美国旅游时开始觉得身体异样，9月发现了腹部肿瘤。不过，她并未停止科研工作，还在不断发表论文，甚至在1958年1月她还返回了工作岗位。可是，她同年3月30日再度感到不适，4月16日终因卵巢癌逝世于伦敦，年仅38岁。据分析，她的癌症很可能与长期接触X射线有关。

1963年，沃森、克里克和威尔金斯3人因发现了DNA的双螺旋结构，共同荣获了诺贝尔生物学或医学奖。可惜，此时罗莎琳德已去世4年多，当然无缘获奖。但是，千不该万不该，在世的人不该没良心地肆意诋毁罗莎琳德！特别是沃森，在其1968年出版的畅销回忆录《双螺旋》中，一不该把罗莎琳德塑造成性格乖僻、难于合作、目中无人的女学究；二不该刻意贬低，甚至无视她的贡献；三不该取笑她不涂口红，不爱打扮；四不该凭空猜测她的家庭隐私；五不该杜撰"她反对双螺旋结构模型"等。

幸好，罗莎琳德所取得的成就终究未被性别歧视的风气所淹没。为了纪念其伟大贡献，人们以她的名字分别命名了小行星9241号和2020年7月25日发射升空的火星漫游车。

安息吧，罗莎琳德，是金子总会发光的；真心希望如此悲剧，不再重演！

第一百五十八回

工程师竟获诺奖，土疙瘩终成主粮

哈哈，本回主角涉嫌"砸场子"。当瑞典国王敲锣打鼓将2000年的诺贝尔物理学奖颁给他，以奖励他在42年前发明首块芯片时，全球都以为一个物理学家登场了，一位科学家诞生了！可哪知，这位时年77岁且在科学界默默无闻的老兄一点也不买账：声称自己压根儿就只是一位普通工程师，最多只算发明家，还坦承自己既不懂物理，更不是科学家。他还对科学家和工程师有相当清晰的概念，认为科学家解释自然事物，工程师解决实际问题；科学家创造伟大思想，而工程师则创造工艺和产品，并让它们有用且能赚钱。他还认为，发明家既能是科学家，也能像自己这样，只是工程师。因为，他承认自己很现实，主要是想把产品做得更好、更便宜、更简单，把创新技术分享给大众并从中获利，只要看见自己的产品能抢占短期市场也就心安理得了。当然，他还承认，发明并非易事，并无现成套路，唯有刻苦努力。

天啦，不是物理学家，你拿物理奖干啥？不是科学家，本书咋为你写传记？须知本书的宗旨就是"帮助读者成为科学家"哟！

不过，详细研究了素材后，我们发现这老兄还真没撒谎，反倒是诺贝尔评奖专家们故意"揣着明白装糊涂"。实际上，早在学生时期，主角的物理成绩就不咋的，后来也没搞过物理研究，更未提出过任何新的物理定律，也未发现啥新的物理现象，用他自己的谦虚话语来说，"我的工作，可能只是引入了看待电路部件的一种新角度，并开创了一个新领域；自此以后的多数成果，其实都与我没啥关系了"。他确实称不上物理学家。至于科学家帽子嘛，那就更不好意思戴了。毕竟，他并非出身于任何学术殿堂，也从未发现过任何科学规律，更没思考过什么科学问题，甚至连一篇像样的科学论文也没发表过，只是拥有60多项专利而已。他与常规的科学家简直就是"十三不靠"。不过，他确实是相当标准的工程师，甚至还只是默默无闻的工程师，难怪诺贝尔奖委员会只是巧妙地评价他"为现代信息技术奠定了基础"，难怪《洛杉矶时报》评选他为"20世纪对美国经济最有影响的50人"之首，难怪他被称为"芯片之父"，难怪人们盛赞他"点燃了一个信息时代"、做出了"20世纪上半叶最有价值的发明"、革新了电子工业、奠定了第三次工业革命的技术基础、改变了人类的生活方式等。

既然主角不是科学家，那为啥又要写本回呢？其实，我们是想通过难得的具体案例，让读者真切体会一下：有时是"英雄造时势"，比如爱因斯坦和牛顿等就是这样的英雄；但有时确实又是"时势造英雄"，比如本来平淡无奇的本回主角就是由信息技术的时势所造就的罕见英雄，用他自己的话来说："我知道这项发明很重要，但从来没意识到它会这么重要，更未想到它会被如此广泛地应用。"实际上，如今回过头再看时，不难发现其实当初他发明芯片的思路和方法并不复杂，只不过他确实发挥了创造性思维，确实抓住了问题的核心，把数学技巧用于解决实际工程问题。其实，就在他发明首款芯片后仅仅几个月，另一位亿万富翁科学家、仙童半导体公司著名"八叛逆"之首的诺伊斯，就发明了更先进、更强大、更实用的硅芯片，并更早投入了商业领域；这也是诺伊斯始终不服气，始终想要通过法律手段，甚至不惜花费10年工夫打官司，要为自己争取"芯片之父"桂冠的原因。当然，诺伊斯也承认"即使芯片制造工艺不由自己发明，那也一定会由别人发明。只要晶体管制造工艺足够发达，芯片制造工艺的想法就会出现，其技术就会被发明出来"。只可惜，诺伊斯于1990年去世了，从而与诺贝尔奖擦肩而过。所以，本回主角在获奖感言中也曾叹息道："要是诺伊斯还活着的话，肯定会和我共同分享此奖。"如今，后人已公认，本回主角和诺伊斯是芯片的共同发明人。由此可见，芯片的发明，在当时已到了瓜熟蒂落的地步，只待有缘人光顾了。

伙计，加油吧！就算你暂时还未获诺贝尔奖，没准哪天也会因一项并不复杂的创造，而被时势造就成罕见英雄呢！毕竟，机会只青睐于那些有准备的头脑！本回英雄到底是如何被时势造就的呢？欲知详情，请读下文。

就在X射线发现者伦琴去世那年，或东北大学和上海大学成立那年，准确地说是1923年11月8日，本回主角杰克·基尔比以长子身份诞生于美国堪萨斯州杰斐逊城的一个普通家庭。确实，基尔比的家族和他的一生都非常普通，各方面都普通；除了发明芯片外，他完全没啥奇迹，也没啥与众不同。若非要找出他有啥与众不同的话，也许就是他那超过2米的身高和膀大腰圆的外形了。但是，再一次让人感到被"砸场子"的是，如此顶天立地的一个大汉，竟然说话柔声细语，举止温文尔雅，性格温和柔顺，以至被亲朋好友们戏称为"温柔巨人"。据说，读书时，所有球队都争先恐后挖他当主力，直到毕业时他才坦白，其实自己压根儿就不喜欢篮球，只是不愿让大家扫兴，才勉强受罪上场灌几个球而已；实际上，他对所有体育项目都不感兴趣。

基尔比的父母都是伊利诺伊大学香槟分校的毕业生，父亲是一位优秀的电气工程师，还拥有一家小型电力公司。基尔比从小就是爸爸的"小尾巴"，经常怀着崇敬的心情，欣赏着爸爸在发电厂里捣鼓着各种发电和输电设备，觉得非常好玩，并立志要像爸爸那样也成为一名电气工程师。啥叫工程师呢？爸爸告诉他说，如果一个人"能用一块钱，完成别人两块钱才能完成的工作"，那么，这个人就是工程师。因此，后来真正成为工程师后，基尔比的成本意识格外强烈，这也是他特别关注芯片的原因。为了能当好工程师，基尔比不停地折腾着家里的各种物件，无论是钟表、玩具、烤箱，还是无线电等，只要是能拆卸的东西，他几乎都不止一次地重新组装过。他即使收不了场，也还有爸爸兜底；即使把什么宝贝拆坏了，也不会被埋怨。父母还鼓励基尔比和妹妹多读书，并为他们订阅了包括《大众科学》和《大众机械》在内的许多科普杂志，这些都对基尔比的成长产生了极大影响。

10岁时，基尔比有幸到芝加哥参观了一次世界博览会，其中的未来城市展区令他终生难忘。特别是那台侧面挡板被打开的火车头，让他知道了火车的工作原理；还有那架载人悬索滑车，让他浮想联翩，憧憬着美好的未来，并暗自下决心，今后一定要加入"改变世界"的活动中，并为之做出贡献。14岁时，爸爸在当地建立了一个业余无线电通信网，这又让基尔比见识了如何架设天线、如何检测信号等"高大上"操作。他在给爸爸当助手的同时，也学会了莫尔斯码和发报技术，甚至还自己动手组装了一台发报机，考取了业余无线电操作员执照。后来，他还经常与远在古巴和夏威夷的无线电爱好者们进行联系。

直到读高中时，基尔比的成绩都很一般，最多只算"中不溜"。后来，一位历史老师激发了他的学习热情，让他意识到：必须发挥最大潜力，并以此为奋斗目标。虽然他家"不差钱"，但暑假期间他还是会外出干农活，或去工厂当临时工。繁重的暑期劳动，让他体会了生活的艰辛，于是，他下定决心好好学习，今后绝不靠出卖蛮力过日子，并更加坚定了"要当工程师"的初心。

1941年，基尔比高中毕业。他本想进入美国最好的工学院——麻省理工学院，以便今后成为一名出色的工程师。可是，由于考试成绩实在不给力，最后仅以3分之差落榜，只能勉强进入父母的母校读本科。此事让他终生耿耿于怀。他入学后不久就爆发了"珍珠港事件"，于是，基尔比就应征入伍，在印缅战场待了数年，成了一位无线电通信设备维修员。其间有6个月，他甚至还随史迪威将军来中国与日军作战呢。基尔比后来回忆说："战争催人早熟，当意外发生时，你必须面对它，想出办法解决它，然后就进步了。"

第二次世界大战结束后，基尔比回到大学，在电子工程专业继续读书，学费由军队负担。当时的许多教授也都来自军队，且都是在第二次世界大战中实际使用过雷达和无线电等先进设备的军人，他们的动手操作能力都很强，都非常重视解决实际问题，都非常强调集中精力、重点突破。教授们的工程思维对基尔比产生了很大影响，所以，他对当时的微型电路工艺非常清楚，甚至将它们归纳为3类：一是把各种器件做成同样大小和形状，以简化电路连接；二是先用薄膜制成可能的器件，然后将其他器件插入薄膜；三是更为彻底的方法，在一种材料中制造出全新结构，并用它造出完整的电路。后来的事实表明，他发明的芯片制造工艺其实就属于这最后的第三类。

24岁那年，基尔比大学毕业，获得了电子工程学士学位。可是，正是在这一年，贝尔实验室发明了晶体管。啥意思呢？这意味着，基尔比在整个大学期间所学的主要知识（即电子管技术等）将全部作废。换句话说，大学白念了！不过，幸好从工程师角度来看，实际问题并未完全解决，因为即使是采用当时最先进的晶体管所组装出来的相关设备仍然十分笨重，完全不适于大规模应用，晶体管还有许多小型化，甚至是微型化的制造工艺问题需要解决。此外，当时晶体管的成本也很高，很难普及。为此，基尔比怀着对晶体管技术的浓厚兴趣，就职于威斯康星州的"中心实验室"，并在这里整整干了11年：先是从事收音机、电视机和助听器的零部件制造工作，后又升任为设计负责人。其间，他虽平淡无奇，但掌握了当时最先进的印制电路工艺；更为重要的是，他在这里完成了发明芯片所需的各方面的原始积累。

首先，他解决了后顾之忧，娶到了一位满意的媳妇。从此以后，他就全心全意从事自己热爱的工程师事业了。

其次，他利用工余时间，参加了威斯康星大学的电子工程学硕士班夜校，大量阅读了微型化电路的论文，全面学习了晶体管知识，坚定了"晶体管是电子线路最好器件"的信念；特别是当他亲耳聆听了晶体管发明人巴丁的演讲后，对晶体管的兴趣就更大了。他在1950年获得了理科硕士学位。

再次，1952年，基尔比被派到贝尔实验室，参加了为期两周的晶体管技术研讨会。与会期间，他疯狂学习了各种晶体管制造工艺和晶体管理论。回来后，他便立即组建了一个3人攻关小组，不但研发了一些晶体管制造设备，还成功生长出锗晶体，造出了锗晶体管。他们更用锗晶体管和电阻、电容等造出了放大器并投放了市场，但销路不好，因为用户需要的是硅晶体管，而非锗晶体管。

最后，仍在1952年，英国雷达研究所的达默提出了集成电路理论构想，即把电子线路所需要的晶体三极管、晶体二极管和其他元器件等，全部制作在同一块半导体上。其实，达默的这个想法并没啥高深之处，但如何从工艺上将它变成现实呢？为此，当时的产学研各界展开了激烈竞争，谁都想博得头彩，成为芯片的发明人。无论基尔比当初是否知道达默的理论，但非常明显的是，随着时代的发展，微电子技术的概念，正迅速从科学理论转变成工程思维。

总之，集成电路已呼之欲出，发明微型电路的梦想在基尔比心中更是越来越强烈。此时，他却发现"中心实验室"已无法实现自己的梦想了。老板对硅没兴趣，实验室也不想在硅课题上投资，因为硅工艺的造价确实太高；而基尔比却坚信，只有硅才是未来的电子材料，只有硅晶体管才是未来。于是，1958年5月，基尔比带着全家老小跳槽到了德州仪器（TI）公司，因为新公司愿意支持他研究"电子器件微型化"课题，并答应给他提供足够的时间和不错的条件。果然，就在刚刚入职2个月后，就在其他大部分老员工都已外出休假时，冷清的车间突然给他提供了灵感，一个天才的想法在他的脑海里渐渐清晰：采用相同材料，同时制造无源元件(电阻、电容)和有源器件(晶体管)。此外，这些元器件还可事先在同一块材料上造好，再相互连接，然后形成完整电路。

用什么当作这"同一块材料"呢？基尔比当然选择了硅，或半导体硅，对，就是那个曾经一钱不值的土疙瘩，它广泛存在于岩石、沙砾和尘土中，是地壳中含量第二丰富的元素，占地壳总质量的26.4%。

其实，有关芯片的发明细节，基尔比几乎在一天之内就已完成。1958年7月24日，他将发明思路整理成了仅仅5页的实验日志，并画出了相关设计图纸和工艺流程。一句话，基尔比的创意是，利用单独的一块硅片做出完整的电路，如此便能将电路缩小到极致。待到老板休假回来后，基尔比就呈上了自己的方案。当时，大家对这项发明的重要性都相当认可，虽有人怀疑其可行性，但绝不怀疑基尔比的能力。当然，在随后的芯片研制过程中，TI公司的实力也帮了基尔比的大忙，毕竟它拥有制造晶体管的专利许可，还是硅体三极管的首创者和最大制造商，更是美国"电子设备微型化计划"的合作伙伴。总之，在冥冥之中，TI公司好像已为基尔比做足了一切准备。

终于，经过短短3个月的协同攻关，1958年8月28日，基尔比完成了关键部件；1958年9月12日，TI公司的众多主管怀着激动而紧张的心情，纷纷围住基尔比，观看基尔比的巨大成就演示。只见基尔比胸有成竹，将10伏电压接在了输入端，再将一个示波器接在了输出端，接通的那瞬间，示波器上出现了频率为1.2兆赫、振幅为0.2伏的振荡波形。哈哈，试验成功啦！人类第一块芯片终于诞生啦！TI公司马上向全球宣布了这一振奋人心的喜讯，基尔比也立即启动了专利抢注工作；幸好抢得快，否则在随后与诺伊斯打官司时就被动了。所以，1958年9月12日，便被视为芯片的诞生日；它揭开了信息革命的序幕，开创了历史新纪元，同时也宣告了硅时代的来临。

后来的事实表明，从基尔比的这块小小芯片开始，半导体的制造技术就不断更新。待到英特尔公司推出奔腾微处理器时，一块小晶片上集成的晶体管数早已超过300万。如今，这个数目就更大了，过去半个多世纪以来，它始终遵从着著名的"摩尔定律"，即芯片上的晶体管数量，每18个月就会翻一番。芯片飞速发展，使各种电子产品以爆炸式的速度向"轻薄短小"等方向前进。个人计算机、移动电话等电子产品都离不开芯片；可以说，芯片正全面改变着世界。据不完全统计，全球半导体产业的产值早已超过数千亿美元，成了最大的产业，目前还在以两位数的速度不断成长。如今，硅材料已是电子器件的主要材料，硅已成了电子工业的"粮食"，成了支撑整个电子产业大厦的栋梁。

自从发明了芯片后，基尔比还做了许多其他有意义的发明和创造工作。不过，与芯片相比，它们几乎都可忽略不计，所以下面就不再详述了。简单地说，基尔比在TI公司工作了12年，接着又当了8年顾问。其间，他于1966年研制出了第一台袖珍计算器，后来，他又发明了一种硅质太阳能装置，但未取得市场认可。1978年，他前往得克萨斯农工大学，担任了6年的电机工程学特聘教授。

1980年和1981年，基尔比的妈妈和妻子先后去世。此后，他开始孤独地思考和阅读。有趣的是，基尔比虽然研制了许多电子设备，但他从不使用它们：计算时，他坚持只用计算尺；看时间时，他拒绝电子表，只用传统手表。此外，他始终认定自己只是一个解决问题的工程师，对他来说解决问题比挣钱更重要，难怪他从未发过财，他甚至承认"对那些用钱就能解决的问题，自己缺乏想象力"。只要能做自己喜欢的事情，他就心满意足了。在生活方面，他也没啥要求：一辆汽车用了数十年，即使已破烂不堪也舍不得淘汰，仍放在车库里备用。

2005年6月20日，基尔比因患癌症，在达拉斯的家中与世长辞，享年82岁，身后留下了2个女儿和5个外孙女。

第一百五十九回

五个脑袋盖尔曼，两条细腿图书馆

伙计，你可能没听说过盖尔曼，但你肯定听说过一个很响亮的物理名词"夸克"，对，就是那个当今已知的"小得不能再小"的基本粒子。你也许还知道：世界是由物质、能量和信息组成的，物质是由分子组成的，分子是由原子组成的，原子是由原子核和电子组成的，原子核又是由中子和质子组成的。那么，中子和质子还能再分解吗？

答案是能！实际上，这就是本回主角盖尔曼的代表性成果，因为他发现：质子和中子都是由 3 个夸克组成的！这一发现可不得了啦，它使盖尔曼独享了 1969 年的诺贝尔物理学奖，授奖理由是，盖尔曼在基本粒子的分类及相互作用方面做出了重大发现和贡献。授奖者在高度评价盖尔曼时指出，"过去十几年来，盖尔曼在粒子物理学中一直扮演着重要角色"，还盛赞他所引进的研究方法是"进一步探索粒子物理的最强有力的手段之一"。总之，全球物理学家都认为，盖尔曼的获奖当之无愧，因为他打开了人类认识物质结构的大门。本回便是"夸克之父"盖尔曼的传记。

当然，盖尔曼的成就绝不只是提出了夸克理论。即使是在获得诺贝尔奖后，他也从未停止过创造性的科研活动，所取得的科研成果不但数量多，水平也很高，他的思维更是超级活跃。活跃到啥程度呢？这样说吧，光看他使用的那些名词术语，就像是小孩子在过家家：一会儿模拟声音，夸克；一会儿描述气味，四味；一会儿又介绍颜色，三色；一会儿引入位置、形状等参量，甚至还用上了诸如"小牛肉和野鸡"这样的吃货喜欢的名词。这些名词让人头晕眼花，读起来像天书，随时都得脑筋急转弯，哪怕你是相关领域的专家。其实，所有这些色、香、味、形等厨艺名词，都只是盖尔曼对粒子世界的想象而已，也许这老兄是在一边过家家，一边研究高深莫测的粒子物理学吧。其实，在盖尔曼的物理学成就中，类似于"夸克"这种稀奇古怪的调侃术语几乎数不胜数、信手拈来，而且都有典故，妙趣横生。由此可见，盖尔曼是多么特立独行，近乎疯狂，竟在嬉笑怒骂间就揭示了粒子世界的超级奥秘。

比较严谨地说，在现代粒子物理学中，盖尔曼的成就主要包括：创立了量子色动力学；发现了奇异数守恒定律，并用它解释了某些怪异的宇宙射线；仿效佛教的八正道，提出了"八正法"，对强相互作用的粒子进行了更精细的分类；提出了强子的夸克模型，即夸克之间的结合是依靠交换胶子而完成的；还在 1994 年出版了畅销书《夸克与美洲豹》，深刻揭示了复杂性理论的玄妙，原来"在夸克世界中，万事万物竟都关联于一只美洲豹，一只夜间徘徊的美洲豹"。总之，纵观粒子物理学的百余年历史，虽然群星璀璨，但盖尔曼以他那深邃的洞察力和旺盛的创造激情，使同时代的许多物理学家黯然失色；他对基本粒子的重要贡献，长期主宰着相关学科的走向，极大加深了人类对微观世界的了解。

由于粒子物理学的相关成果非常抽象难懂，此处就不再对它们进行科普了，更不想再拿专业术语来吓人。所以，我们不打算介绍盖尔曼的具体科学成就，以及他取得这些成就的细节过程等。毕竟，本回不想写成天书，而是希望人人都能一边品茶一边轻松读懂。为了让列位认识到他崇高的学术地位，并知道他是一位多么伟大的粒子物理学家，下面引用一些权威同行对他的形象评价，以此为他画出一幅速写。

1965年的诺贝尔物理学奖得主费曼评价说："盖尔曼是当今领头的理论物理学家，在过去20多年，在基础物理的知识进展中，每个富有成效的想法都包含着他的贡献。"

1979年的诺贝尔物理学奖联合得主格拉肖和温伯格也分别给出了高度评价。前者说："盖尔曼是统治基本粒子领域20多年的皇帝。"后者说："从考古到仙人掌，再到非洲约鲁巴人的传说，甚至到发酵学，他懂的比别人都多！"

1977年的诺贝尔物理学奖得主安德森评价说："盖尔曼是当今在广泛领域内，拥有最深刻学问的人。"

麦克阿瑟天才奖获得者、遗传运算法则创始人赫兰称赞说："盖尔曼才是真正的天才，天才中的天才！"不过，盖尔曼自己不承认自己是天才，他强调说："我只不过是对学习有些体会而已。"

他的众多崇拜者更相信他"长了5个脑袋"，否则哪能思考那么多问题、哪能取得那么多成就，崇拜者们还认为他"是爱因斯坦的继承人"。至于他肚里到底装了多少知识嘛，其崇拜者们给了一个有趣的比喻，说他是一个"带腿的图书馆"。看来，他至少该是学富五车吧，当然，这里的"车"可能是火车。

其实，更加令人意外的是，盖尔曼本该是一名文科生，只是后来出于就业考虑，在与父亲讨价还价后，作为折中方案才勉强学物理的。可哪知，他竟轻而易举地完成了对理科生的惊天逆袭，而且几乎没影响他在文科领域的"学霸"地位。比如，他对教育、人口、环境保护、科学与宗教、科学与艺术、野外生态学等方面的问题，都做过深入研究；在鸟类、植物、演化、考古、历史、语言学、钱币学、法国烹饪、中国烹饪等领域，也都发表过独到见解。实际上，他既是一位著名的语言学家，其名著《人类语言的演化》早已成为语言学界的经典；也是一位鸟类学家和痴迷的鸟类观察者，他曾漫游大半个地球，用望远镜仔细观察了超过4000种鸟类，他的鸟类知识特别是分类知识连许多鸟类专家也自愧不如。即使在成了著名物理学家后，他还四处奔走，极力宣传保护环境、保护生态、保护自然、保护野生动物、保护文化的多样性、防止盲目发展等。难怪他在粒子物理研究中处处都留下了明显的文科痕迹，既包括思维方法，又包括研究途径，还包括术语取名等。比如，他之所以将组成中子和质子的"更基本粒子"称为"夸克"，是因为"夸克"其实是一种海鸟的叫声，而且他认为这刚好符合他最初的观点，即"基本粒子不基本，基本电荷非整数"。同时他也指出，这只是一个调侃，是对以往过于矫揉造作的科学名词的一种反抗。当然，这里也有他喜欢鸟类的因素。盖尔曼的成功再一次说明：文科和理科之间其实只隔一层窗户纸，大可不必画地为牢。各位大胆"跨界"吧，没准你也能收获更多惊喜呢。

那么，像盖尔曼这样的传奇，到底是如何形成的呢？欲知详情，请读下文。

话说，1929年9月15日，在美国纽约的一个犹太人家里诞生了一个大胖小子，父亲一高兴，就给儿子独创了一个很怪的名字：默里·盖尔–曼。此名怪在哪儿呢？对，就怪在"盖尔"与"曼"之间的那连接号。原来，父亲希望通过这个连接号给儿子带来好运，保佑儿子出人头地。不过，为了阅读方便，下面我们还是去掉那个连接号吧，将主角称为盖尔曼。毕竟，他早已出人头地，完全不必再依靠那个连接号了。

盖尔曼的父母都是第一次世界大战后来自奥地利的移民。爸爸曾就读于维也纳大学和海德堡大学，并讲得一口标准的英语，所以，移民到美国后，他便担任了一个英语补习班的主管和骨干教师，帮助其他移民尽快掌握英语。爸爸很重视子女的教育，特别是语言教育，所以后来盖尔曼精通六七门语言，几乎可与国际上的主要同行利用对方的母语进行无障碍的学术交流。据说，他还纠正过杨振宁的中文发音呢。爸爸还通晓数学、天文和考古等，这些爱好后来也都遗传给了儿子。妈妈不但在生活上精心照顾盖尔曼，更一直坚信"儿子今后定能成大器"。这在很大程度上树立了盖尔曼的自信心。除父母外，对盖尔曼影响最大的人是他的哥哥。哥哥比他年长9岁，非常喜欢他，拿他当宝贝和"跟屁虫"，随时精心呵护；

大凡有任何好事，都首先让给他。比如，早在盖尔曼3岁时，哥哥就自豪地带着他到处玩耍，或阅读历史，或参观博物馆，或学习各种语言。哥俩更经常一起观察各种小动物，特别是鸟类，以至后来哥哥成了一家报刊的摄影记者，专注于拍摄各种小鸟。而弟弟也对大自然产生了浓厚兴趣，若非因为家里太穷，也许早就成了全职鸟类专家。

由于父母是第一代普通移民，所以童年时，盖尔曼的生活相当拮据，以至为了节约房租，竟在5年中搬了3次家。不过，贫穷并未影响盖尔曼的智商，他很早就显示出了自己的天赋，特别是其超强的知识吸收能力，更是堪称奇才。与理科知识相比，他更喜欢文科知识，且很早就成了当地有名的神童，被街坊邻居戏称为"会走路的百科全书"。大家只要有任何知识问题，首先就会向他咨询，且通常都能得到正确答案。他不但聪明伶俐，还勤奋刻苦；不但一目十行，还过目不忘；不但博学多才，还爱好广泛。若问他的爱好到底有多广，这样说吧，除了几乎无所不包的文化知识外，他的业余爱好也多得出奇，比如滑雪呀、登山呀、旅行呀、音乐呀、娱乐呀等。反正，只要是冒险，他都来劲；只要富有挑战，他就喜欢；只要有热闹，他都会凑上来。而面对那些单调乏味之事，他却异常讨厌。

不过，即使是他讨厌的事情，只要有必要，他照样能做得很棒。比如，除了学校的橄榄球外，他其实并不喜欢校园生活，认为那太乏味，但他的各科成绩照样非常优异，以至8岁那年就获得了一笔全额奖学金。于是，他便从地方公立学校升入了一所高级学校。更出人意料的是，因为他不喜欢上学，所以，他便一不做二不休，干脆"噌噌噌"连续跳级，像坐直升机一样很快就小学毕业了。不到10岁时，他又进入了纽约哥伦比亚大学附中，由于课堂内容实在太简单，他又是一通跳级，很快就像变魔术一样又从中学毕业了。父母高兴得合不拢嘴，因为儿子每跳一级就能少交一年学费，每获一次奖学金就又多出一笔收入。中小学期间，盖尔曼对理科内容其实也"相当反感"，所以，除了课堂应付外，放学后，他就冲入家中，开始疯狂地自学感兴趣的文科知识并将它们融会贯通，还曾立志长大后要投身文科事业。

14岁时，盖尔曼以优异成绩考入了耶鲁大学，又获得了全额奖学金。但在选择专业方向时，父子俩产生了矛盾。按盖尔曼的本意，他的第一志愿是"只要跟考古或语言学相关的专业就行"，第二志愿是"要不然就是自然史或勘探之类的专业"；可爸爸的反对理由是"那样的话，你将会被饿死"。父亲强烈建议儿子选择工程类专业，这样既好找工作，毕业后赚钱也多。但很尴尬的是，经过能力测试后，择业专家的结论竟是，除了工程类专业外，盖尔曼适合所有其他专业。于是，父子俩各让一步，盖尔曼最终选择了物理专业。其实，父亲也很喜欢物理，更崇拜爱因斯坦，还经常躲在屋里自学相对论，尽管从未读懂过。所以，从某种意义上说，父亲其实是希望儿子能实现自己曾经的梦想。

15岁生日那天，盖尔曼乐颠颠地开始了自己的大学生涯。但很快，他就困惑了，就怀疑自己的能力了，因为他比其他同学都小很多，个性发展也不成熟。此外，他还得应付一大堆讨厌的理科课程，享受文科知识的机会也越来越少了；特别是刚开始接触物理时，他非常被动，甚至认定该专业超级乏味。直到遇见了马耿诺教授后，他才燃起了对物理学的热情。原来，这位马教授虽在科研方面没啥成就，但在授课和启发学生热情方面堪称一流。他运用教书育人的技巧，很快就勾起了盖尔曼对物理学的好奇心。后来，在接触了量子力学后，盖尔曼终于真正感受到了物理之美。从此，他就彻底沉溺于物理世界了。由于天资聪慧，盖尔曼的学业压力几乎为零，因此，他一边听课一边参加了校内外的各种学术讨论会，研读了许多物理学前沿著作，这就激发了他要挑战科学难题、冲刺物理顶峰的欲望。

19岁那年，盖尔曼从耶鲁大学轻松毕业。然后，他获得了麻省理工学院的全额奖学金，成了一名研究生。与读大本类似，读研时他从未遇到过学业困难，挥挥手就取得了相关学分，谈笑间就解决了科研难题。他选择了当时难度极高的"大统一中间耦合理论"作为学位论文题目，即使这样，他也在短短3年后，就一举跨过硕士学位，在22岁那年，像探囊取物一样获得了博士学位。当然，这也在很大程度上归功于他的博士导师，著名物理学家魏斯科普夫教授。因为导师为人随和、富有耐心，还经常借用其他成功物理学家的故事来激励盖尔曼，既给他施加压力，又给他增强动力。后来的事实表明，盖尔曼的博士论文非常有价值，对1963年诺贝尔奖得主魏格纳的研究产生了极大影响。书中暗表，盖尔曼助别人获诺贝尔奖的事绝非这一次，格拉肖等人就是在他的启发下获得了1979年诺贝尔物理学奖的。

博士毕业后，盖尔曼终于练就了十八般武艺，终于可以仗剑行天下了。可是，由于他所闯荡的这个"江湖"实在水太深，三言两语很难讲清其门道，因此，我们只好走马观花，先侃一侃粒子物理的相关热闹。首先，就在博士毕业的当年，即1951年，盖尔曼受"原子弹之父"奥本海默的邀请，来到普林斯顿高等研究院做了一年博士后。其间，盖尔曼虽未取得重大突破，但他的父亲可老高兴啦，逢人便炫耀："俺儿子与爱因斯坦是同事啦！"

1952年，盖尔曼应聘到芝加哥大学费米研究所任讲师，并于次年升为助理教授。其间，该研究所浓厚的学术气氛使他受益匪浅，他很快就取得了自己的第一项代表性成果：提出了著名的奇异数概念，发表了重要论文《同位旋和新的不稳定粒子》，并在随后的近10年内对该问题穷追不舍，直到最终建立起量子色动力学理论。24岁时，盖尔曼就已成为粒子物理学的国际知名人物了。一年后，他更被晋升为芝加哥大学副教授。

1955年是盖尔曼的成家立业之年。在立业方面，他离开了芝加哥，回到普林斯顿高等研究院工作了半年多；然后，接受了加州理工学院物理副教授职位，次年升为正教授，成为当时加州理工学院最年轻的终身教授，并真的在这里工作了一生。在成家方面，他于1955年4月19日与一位英国姑娘结为夫妻。当时，她正在普林斯顿高等研究院担任考古助手。看来，盖尔曼对考古真还情有独钟，即使自己无缘献身考古，也要娶个考古方面的太太。婚后，他们生有一双儿女。

20世纪60年代是盖尔曼的又一个科研高峰期。1962年，他发表了另一篇重要论文《重子和介子的对称性》，深入研究了八正法。两年后，他就正式提出了非常简洁的夸克模型，该文虽然只有短短2页，且几乎没啥公式，但如今已是现代物理学的重要里程碑。不过，当时外界并不看好夸克模型，当盖尔曼兴高采烈地向大洋彼岸的昔日导师报告喜讯时，听到的回答却是："小子，这是越洋电话，很贵的哟！还有其他事吗，别糟蹋话费了！"

盖尔曼的成就还有很多，此处不再详述了。不过，需要指出的是，他的科研风格非常独特：他善于根据熟悉的实验事实和理论基础提出深刻的物理直觉；他不拘于传统，时常另辟蹊径；他注重别人的观点，但反对教条；他不喜欢阅读文献，但喜欢交流和讨论。他的创新想法很多，但不轻易发表论文，因为他认为，若发表了错误观点，那将在科学生涯中留下永远也洗不掉的污点；他还认为，一个科学家的洞察力，等于他所发表的正确观点数减去错误数，甚至是减去"两倍错误数"。就算是决定要发表某个观点，他也会故意推迟一段时间，甚至推迟一年左右，以便考虑得更成熟。因此，他的许多重要成果都只是以预印本方式出现，许多创新想法也经常被别人抢先发表。

对了，盖尔曼也是一个有血有肉的普通人，他也有不少缺点。比如，他非常自负，锋芒毕露，脾气暴躁，说话刻薄，好为人师，嫉妒心强，肆无忌惮，喜欢争辩，喜欢炫耀才华，喜欢以自我为中心等，特别是对别人的任何错误和缺点，他一点面子也不留，为此得罪了不少大人物。

2019年5月24日，盖尔曼安然去世，享年90岁。

"唉，最顶尖的天才又走了一个。"杨振宁惋惜道。

第一百六十回

黑洞演绎玄玄玄，霍金外传幻幻幻

列位看官，书行至此，"科学家列传"终于进入尾声啦，真不容易，谢谢你的耐心陪伴。通过前面顶级科学家的真实传记，相信你对过去被神化或被扭曲的科学家群体已有了一个更准确的认识；相信你有朝一日也能成为科学家，只要你愿意的话。

坦率地说，我们一直有个心愿，那就是为某位改变历史的科学家写一篇非常特别的玄幻小传，既要基本真实，又要比科幻还科幻。写谁呢？哈哈，霍金呗！一来，他的事迹家喻户晓，压根儿不再需要正传了；二来，他研究的宇宙大爆炸呀、黑洞呀、时空纠缠呀、红巨星坍缩呀等，本身就是比科幻还"烧脑"的真实存在；三来，他的人生经历更是罕见中的罕见，也是真实与虚幻的纠缠。

特别申明，对严肃的读者，建议直接跳过本章；对喜欢咬文嚼字的读者，若有因文笔过于疯狂而出现的歧义，请以正面含义为准，因为我们绝对崇拜霍老爷子，绝无对他不敬之意。OK，疯狂的玄幻之旅开始啰，Let's go！

（一）宇宙大爆炸：霍金的出生

伙计，当你飞过数以千亿计的各类旋涡星系、椭圆星系、棒旋星系和不规则星系，并把注意力锁定在一个特殊的棒旋星系（银河系）后，你将看到组成银河系的4条巨大旋臂：英仙臂、猎户臂、人马臂和3KPC臂。如果再仔细一点，你将会在猎户臂的一处很不起眼的角落里，在距银河中央约2.6万光年的偏僻"郊区"，发现一个几乎被遗忘的、直径仅2光年的原始太阳"部落"。如果你再乘坐光速火箭，从该部落的"酋长"家里出发，那么，只需8分18秒的短途旅行就可到达一个微小的蓝色斑点。故事就源于该斑点上的一个黑洞之中。

大约在1941年3月，发生了一次后来震惊世界的"黑洞大爆炸"！一个直径约3微米的粒子（精子），拖着长长的尾巴，不顾一切地猛烈闯向比自己大1万倍的红超巨星（卵子），红超巨星被撞破，并引发了原子弹式的"超级核裂变"：那粒子综合体（受精卵）自身也爆炸了，一分为二变成2个"复制品"；然后，每个"复制品"又几乎同时自身爆炸，再一分为二，变成4个子"复制品"；每个子"复制品"再自身爆炸，还是一分为二，变成8个孙"复制品"；孙"复制品"们接着再自身爆炸，如此循环往复。随着连环爆炸的不断进行，该粒子综合体更以指数速度迅速膨胀。

经过短短的十月怀胎，该粒子综合体的质量就增加了约百万亿倍，其体积也增加了约1000万倍！终于，在1942年1月8日，也就是伟大的天文学家伽利略逝世300周年的当天，伴着喷薄而出的血光一闪，霍金妈妈的宝贝宇宙就诞生了；粒子的"东家"霍金爸爸，给这个幸福的小宇宙取了一个后来惊天动地的名字：斯蒂芬·威廉·霍金！

从此以后，在人类的科学著作中，时间和空间开始纠缠，黑洞的吸引和辐射不断演变，宇宙的隐私更被曝光得令人眼花缭乱。

（二）时空纠缠：霍金的怪病

宇者，空间也；宙者，时间也；宇宙者，时空之万事万物也。从古至今，宇就是宇，宙就是宙；宇与宙界线分明，宛若男女有别。

可是，自爱因斯坦后，宇就不再宇，宙也不再宙了；到了霍金时代，那就更是宇中有宙，宙中含宇了。宇与宙简直就成了剪不断、理还乱的"两口子"。而且，这"两口子"还陷于一个纷乱复杂的大家庭中，岂止"四世同堂"，压根儿就是4维同堂，甚至是7至11维的"超弦"世家同堂。哪怕你包公转世，也再休想理清宇与宙之间的家务纠纷了。比如，空间和时间可以膨胀、可以收缩、可以弯曲、可以折叠；时间和空间是不连续的，还可以相互转变，甚至还可能穿越到过去或回到未来等。反正，怎么"烧脑"怎么来，不把你搞得晕头转向绝不罢休！

阎王听了忒不服，赶紧命令牛头、马面去阳间缉拿霍金，而且还要让老霍心甘情愿地主动放弃自己的"错误"时空观。

这下可难坏了众小鬼：若只取霍金的小命，则易如反掌，可咋能让他心甘情愿放弃广义相对论的时空观呢？正当众鬼愁眉苦脸时，忽然，病魔哈哈大笑起来："好办，好办，此等小儿科任务交给我好了！"接着，他便和盘托出了自己的得意妙招。原来，病魔刚取得了一项成果，能让人类患上某种怪病。先不说这病有多凶，光听它的名字就够吓你几个跟头：在美国，它叫"肌萎缩侧索硬化症"；在英国，叫"运动神经元病"；在法国，叫"夏科病"；在普通百姓嘴里，它叫"渐冻症"。谁若患上此病，其四肢、躯干、胸部、腹部等所有受延髓支配的肌肉都将逐渐萎缩，先期出现吞咽、讲话困难，很快便发展为呼吸衰竭。更绝的是，人类至今对该病束手无策，只能眼睁睁看着患者被慢慢冻成"冰块"。

于是，病魔立即让霍金患上渐冻症，并计划在2年内让他因呼吸衰竭而亡。阎王得意地在霍金名字上画了一个大叉，鄙视道："哼！给你2年活期，看你如何让这2年膨胀、转弯、与空间交换，有本事你就把这2年给我膨胀成20年！"

果然，1963年左右，牛津大学毕业班学生霍金同学的动作就越来越笨拙，时常不知缘由地摔跤，划船也力不从心，甚至还有一次从楼梯上摔下来，头先着地，造成暂时记忆丧失。接着，剑桥大学研究生霍金同学的病况恶化，讲话已含糊不清。他父母也注意到了其健康问题，带他到专科医院，并被确诊只有2年可活！

2年后的1965年，本该是霍金的死期，但奇迹发生了：他不但没死，还获得了博士学位，更因科研成果突出而被留在了剑桥大学任教！阎王当时就慌了神，赶紧命令病魔："加码，加码！"于是，霍金的病情迅速恶化，走路也得用拐杖了，不再能定期讲课了，写字能力也逐渐失去了。哪知这霍金相当厉害，竟然自己发明了一种视觉方法：在脑海中形成不同的心智图案与方程，再用它们来思考物理问题。就像当年的莫扎特，只凭想象就能写出极具特色的交响乐一样。

阎王一看，妈呀，难道时间真被霍金给拉长了一段？阎王心里虽害怕，但不肯服输，愤怒地抛出令牌："再加码，给我多加，多加！"于是，可怜的霍金语言功能逐年衰退：到了70年代后期，只剩下家人或密友能听懂他的话了，与外人交流，必须依赖翻译。但是，"霍顽固"仍不肯去阴曹地府报到，"时间"又被他拉长了一段！

这下阎王沉不住气了，亲自上阵！1985年，趁霍金拜访欧洲核子研究组织时，阎王动用狠招，祭出了严重肺炎，坐等对方死在重症监护室。可那霍金毫不犹豫，一刀就切开了自己的气管，以牺牲发音为代价再一次让时间转了个弯！更"可气"的是，霍金还自创了一种不用讲话的信息交流法：助理的手指在字母表上逐格划过，当指到想要的字母时，霍金就扬起眉毛，这样，整个单字就慢慢地给拼写出来了。

阎王的面子彻底扫地了，发誓要尽快消灭霍金，并动用了史上最严厉的王法：将霍金禁锢在轮椅上，只让他的3根手指和两只眼睛能活动，让他的身体严重变形，头只能朝右边倾斜，左肩低、右肩高，双手紧夹在腹部，两脚则朝内扭曲着，嘴巴歪成S形，只要略带微笑马上就"龇牙咧嘴"……但是，打不倒的"霍坏蛋"又想出了怪招：他竟然用3根手指握着拟声器键盘，用特制机器来翻书，把活页文献平摊在地上，然后驱动轮椅像春蚕吃桑叶般逐页驶过，用专用的"平等者"计算机来合成约3000单字的语音……即使没有翻译，他每分钟也能完成大约15个单字，而且还能发表独特的"方言"演讲。

阎王疯了，与霍金的拼搏终于白热化到短兵相接的地步。

2005年，阎王气沉丹田，用尽全身之力，狠狠地踢出了一脚"釜底抽薪"，霍金却不慌不忙，借力打力，轻轻回敬一招"明星刷脸"：用脸颊肌肉运动来控制通信设备，每分钟竟能输出大约一个单词。

2009年，阎王再使出独门绝技"鹰爪封喉"，霍金又侧身一闪，插根小管，就来了个"补氧还春"，并顺手扔掉轮椅，取消外访。

2012年，绝望中的阎王使出了无敌暗器"黔驴技穷"，让霍金的脸部肌肉恶性萎缩，永远失去表达能力，霍金仍不示弱，迎面一抱，就还以霍家拳的镇馆之宝"照单全收"，又完成了一次时间和空间的转换。

面对"头可断，血可流，科学时空观不能丢"的霍呆子，在饱尝了近半个世纪的惨痛失败后，阎王彻底输了，输得口服心服。

终于，阎王无可奈何地修改了"阴间法"，将其第一条改为"时间确实可以拉伸和折叠，空间也是"。

（三）黑洞辐射：霍金的成就

"爱因斯坦们"说："黑洞是宇宙中的特殊天体。在其中心，密度无限大、体积无限小、热量无限大、引力无限大、时空曲率无限高；在其周围，却又是空空如也。"黑洞能吞噬邻近宇宙区域的所有光线和任何物质，形象地说，它就是天庭里的一只貔貅：见啥吃啥，而且还只吃不拉！

可霍金却坚称，经他调教后，这条巨兽已经不但能吃，而且还会拉了！更具体地说，其"拉"法有两种。一是隧道效应，即在黑洞的边界，某些粒子会成功越狱。二是蒸发，即每个黑洞都有一定的温度，而且其质量与温度成反比；当温度足够高时，黑洞将像沸水那样被蒸发殆尽，甚至只需一刹那，月亮就可能被蒸发得干干净净。当然，在学术上，将"貔貅之拉"雅称为"黑洞辐射"或"霍金辐射"。

这回阎王变聪明了，不敢再挑战了。可是，对咱们普通群众来说，如此天方夜谭，咋敢相信呢？

于是，霍教授二话不说，摇身一变，就把自己变成了一只能吞噬万物的貔貅。

哦，原来他想给我们现身说法，当场表演黑洞吸收和黑洞辐射。

只见他，二目垂帘，眼观鼻，鼻观口，口观心，舌抵上腭，心、神、意齐守丹田，心念不移，就运起了龟息功。于是，天旋地转，他不但吸进了包括著名物理学家、著名宇宙学家、著名数学家、卢卡斯数学教授、英国爵士、美国院士、埃丁顿勋章、梵蒂冈教皇勋章、休斯勋章、自由勋章、爱因斯坦奖章、霍普金斯奖章、丹尼欧·海涅曼奖、麦克斯韦奖、沃尔夫物理学奖等数不清的崇高荣誉，而且还吸进了父母的爱、子女的爱、两任妻子（简·怀尔德和伊莲·梅森）的爱、全世界无数人的爱。受阎王迫害后，他甚至还把自己全身的肌肉、运动能力等也都给吸进了体内。更厉害的是，他不但能吸引任何有形和无形的物质、信息和能量等，而且也照样能吸引跑得最快的光，即全球各界的眼光和聚光灯之光！甚至让这些"光"，半个多世纪以来永远都待在他身上，久久不能"逃逸"。哇，"霍黑洞"的吸引功，简直让人佩服得五体投地！

阵阵叫好之后，"霍黑洞"又调整了一下姿势。这次该准备动用气功，展现黑洞辐射了。

首先，他一个"太极抱球"就运出了"峨眉九阳功"，于是，众多顶级科研成果就天女散花般纷纷辐射了出来，比如，洛阳纸贵的《时间简史》《果壳中的宇宙》《大设计》等畅销书，从而使他成为继爱因斯坦之后最杰出的理论物理学家、当代最伟大的科学家、历史上最伟大的人物之一、"宇宙之王"等。又比如，他与彭罗斯合作证明了著名的奇性定理，使量子论和热力学在霍金辐射中得到完美统一。还比如，他提出了无边界设想的量子宇宙论，解决了困扰科学界几百年的"第一推动力"问题。再比如，他断定"宇宙不需要一个造物主"。

接着，他又模仿小说《神雕侠侣》中本家兄弟霍都的"狂风迅雷功"，在中国、英国、美国、日本等多个国家刮起了阵阵超级"霍旋风"，飞沙走石般辐射出了数场摇滚巨星级的公开演讲，用大白话讲述了时间起源、宇宙终结、时光旅行等本该由神父布道的话题，赢得了全世界经久不息的惊呼和赞叹！

后来，他招式再变，这回却动用了逍遥派的"八荒六合唯我独尊功"，于是，"霍黑洞"又魔术般辐射出众多大型社会活动。比如，2016年4月12日，他宣布了"突破摄星"计划：将建造大批微型星际飞船，并以五分之一的光速，经过20年的鞍马劳顿，抵达太阳系外离我们最近的恒星——半人马座阿尔法星。

接下来，他又张弛结合，使出了五台山清凉寺的"心意气混元功"，通过多部神奇影视剧向全人类辐射了满满的幸福和欢乐，并扮演了各种奇特又可爱的角色。比如，1993年，在《银河飞龙》的《堕落》一集中，他就饰演了自己；在全息成像平台里，与爱因斯坦、牛顿、生化人百科3人一起打扑克。还比如，1999年，他又在《辛普森一家》系列动画片中的一集，为自己的卡通角色配了音。此外，他还在动画片《飞出个未来》与情景喜剧片《生活大爆炸》中多次客串。

最后，作为收式，他亮出了武当少林混合派的"纯阳无极功"，轻松辐射出了若干颇富哲理的箴言。"活着就有希望。""人如果连梦想都没有，就等于死亡。""当你面临夭折，便会意识到生命的宝贵，更知有大量的事情要做。""一个人如果身体有了残疾，就绝不能让心灵再有残疾。""生活肯定不公平，不管境遇如何，你都只能全力以赴。""虽然我行动不便，说话需要借助机器，但我的思想是自由的。我的手指还能活动，我的大脑还能思考，我有终身追求的理想，有我爱和爱我的亲人和朋友，对了，我还有一颗感恩的心。"此外，他还问出了若干振聋发聩的问题，比如，宇宙有开端吗？若有，此前宇宙都发生过什么？宇宙从何处来又往何处去？时间有没有尽头？先有鸡还是先有蛋？等等。

其实，"霍大侠"还有数不尽的法宝，都可以助他泉涌般向外辐射神奇，像什么采燕功、控鹤功、地火功、枯荣禅功、小无相功、北冥神功、袈裟伏魔功、五斗米神功、释迦掷象功等。特别是，若他使出祖传霍家拳，那么，其辐射强度简直可以超过浓缩铀了！

霍金辐射确实太多，数不胜数。人们对他的狂热程度之高，也真的高到要把月球都给蒸发掉的地步了。

哥们儿，赶紧承认"黑洞真能向外辐射物质、信息和能量"吧，否则，再任由"霍黑洞"如此辐射下去，我们又会误以为黑洞只有辐射没有吸积了！

（四）红巨星坍缩：霍金的去世

大质量恒星经一系列核反应后，形成重元素在内、轻元素在外的，以铁为核心的洋葱状结构。此后，核反应再也无法向恒星提供足够的能源，于是，铁核便开始向内坍塌，而外层星体则被炸裂向外抛射，形成超新星爆发，其光度突增到太阳光度的上百亿倍，甚至达到整个银河系的总光度。超新星爆发后，恒星的外层解体，变成向外膨胀的星云，中心则遗留下一颗高密天体。该天体的引力极大，大到连最快的光子也无法摆脱其束缚，因此，它能吸进任何物质，甚至包括外界对它探测所用的媒介。它本身不发光，并吞掉包括辐射在内的一切物质，宛若漆黑的高利贷无底洞。超新星爆发从本质上影响了星际物质的化学成分，从而使得这些物质又变成构造下一代恒星的原料。

伙计，如果你还没明白上面这段天书的话，没关系，因为你已亲身体验过了这样一次超新星的爆发过程。那是 2018 年 3 月 14 日，随着一声晴天霹雳，全世界被惊呆了：一颗"红巨星"坍缩了，斯蒂芬·威廉·霍金去世了，享年 76 岁！

英国《卫报》在讣闻中写道："科学苍穹的一颗最闪耀明星，陨落了！"

英国广播公司在讣闻中评价说："霍金毕生致力于科普，在大众眼中，他已成为理论物理的代言人。"

剑桥大学官方微博用霍金的一句名言来悼念他："记得仰望星空，不要只看脚下。"

英国曼彻斯特大学粒子物理学教授布赖恩·考克斯在悼念微博中表示："只要世界上还有科学家，霍金的精神就将激励他们不断前行。"

世界各地网友在社交媒体上更是发起了铺天盖地的悼念活动。

终于，霍巨星的躯体"坍缩"成了一小盒骨灰，并于 2018 年 3 月 31 日安葬在伟大科学家牛顿的墓旁。

但是，霍巨星的精神大放光芒，其亮度远远超过太阳亮度的上百亿倍，甚至达到整个银河系的总亮度，而且，还正激励着新巨星的诞生，没准那颗新巨星就是你哟。伙计，加油吧！

附录：

黑洞的可能揭秘

此附录试图只用一句话来解释宏观世界中的最玄幻现象：宇宙黑洞、宇宙大爆炸、宇宙第一推动力和宇宙寿命等。下面我们将借用微分方程组的现成结果指出：其实早在几十年前，数学家们就已经发现了黑洞的普遍存在性，知道了黑洞不是洞，并且非常清晰地描述了黑洞的黑洞吸积和黑洞蒸发细节等。但很可惜，数学家们以为自己只是解决了"一阶微分方程组的解轨线分布特性和结点分类"

问题。另外，量子力学的主要创始人玻尔，也早在近百年前就已发现了一种最微型的黑洞。可惜，至今物理学家仍然还在满世界寻找黑洞，虽然人类刚刚获得了首张黑洞的照片。最可惜的是霍金老先生，他本该获诺贝尔奖的，因为他的"黑洞猜想"，早在他自己出生之前就已被玻尔证实了，结果评奖专家们却在"骑驴找驴"。

伙计，您若不信下面的胡说八道，建议您直接跳过，当然，非常希望您批评指正。

（一）趣序

爱因斯坦说："当科学艰难地登上险峰时，竟愕然发现，神已在那里等着了。"我们对该说法一直不敢苟同，但直到今天才相信：还真有这么一尊神，而且还是女神，沉鱼落雁的西施之神！只不过，这尊神的名字叫"数学"。

其实，早在约100年前，当玻尔发现电子能级现象时，数学"西施"就看上了他，对小伙子猛抛媚眼，可是，玻尔却全无感觉，竟从她面前擦身而过，又披星戴月继续攀登他的量子力学高峰了。

"西施"的第二任前男友，可能要算霍金同学了。因为，在过去几十年，霍金对她十分着迷，朝思暮想，竟然全身一动不动地在她门前等了半个多世纪，可是，她心里却又始终装了个他。最后，她好容易有一点心动了，可霍老先生自己又驾鹤西去，前往拜谒上帝之神了。

唉，"西施"呀，你的缘分到底在哪儿呢？但愿本附录真能把你嫁出去，嫁给宏观世界的宇宙学，嫁给微观世界的物理学。

必须事先申明，本附录"绝没生产矿泉水"，只是"大自然的搬运工"，只是把数学的"牛头"试图对上物理的"马嘴"而已。还好，在网络时代，说不说由我，信不信由你。

（二）宇宙的数学模型

这个题目好吓人！可更吓人的是，这个宇宙数学模型一直就摆在那里半个多世纪了，竟然没人理它！它其实就是贝塔朗菲名著《一般系统理论：基础、发展和应用》第三章的公式（3.1），只不过大家都仅把它当成一般系统的数学描述公式而已。为了让大家的认识更加清晰，我们从头开始啰唆。

据说，宇宙是由相互作用的粒子组成的。至于这些粒子到底是分子、原子、原子核、电子、中子、质子或任何别的什么"子"，对数学家来说都不重要，反正只要是能够独立运行的基本元素就行了。无论宇宙中的这些粒子数量 n 有多大，在数学家眼里都只是有限的，所以，可以将宇宙中的全部粒子编号，分别记为 x_1, x_2, x_3, ···, x_n。在每个时刻 t，每个粒子 x_i 都可用它的三维位置坐标来唯一表示，比如，

$$x_i(t)=(x_{i1}(t), x_{i2}(t), x_{i3}(t)), i=1, 2, ···, n$$

就分别标出了该粒子的三维坐标，我们约定 x_{i1}, x_{i2}, x_{i3} 分别表示第 i 号粒子的 x 轴、y 轴和 z 轴坐标值。换句话说，在 t 时刻，宇宙的状态就可以由全宇宙的所有粒子的位置状态来表示，它就是如下的一个 $M=3n$ 维向量（特别提醒：本附录中诸如维、点等都是数学术语，并非玄幻的 M 维物理空间）：

$$Y(t)=(y_1(t), y_2(t), ···, y_M(t))$$

$$=(x_{11}(t), x_{12}(t), x_{13}(t); x_{21}(t), x_{22}(t), x_{23}(t); ··· ; x_{M1}(t), x_{M2}(t), x_{M3}(t))$$

为了简洁计，我们将该公式括号中的 t 都统一略去，从而记为

$$Y=(y_1, y_2, ···, y_M)=(x_{11}, x_{12}, x_{13}; x_{21}, x_{22}, x_{23}; ···; x_{M1}, x_{M2}, x_{M3})$$

又据说，世界是运动着的，所以，在任意 t 时刻，对任意 $k=3(i-1)+j(1 \leq i \leq n, 1 \leq j \leq 3)$，第 i 个粒子在其坐标方向 j 的变化量 $\mathrm{d}x_{ij}/\mathrm{d}t$，都取决于当前 t 时刻所有粒子的状态，即存在某个函数，记为 $g_k(\cdot)$，使得

$$\mathrm{d}x_{ij}/\mathrm{d}t=g_k(x_{11}, x_{12}, x_{13}; x_{21}, x_{22}, x_{23}; ···; x_{n1}, x_{n2}, x_{n3})$$

或等价地，用变量 y_k，$1 \leq k \leq m$，可以更简单地表示为

$$\mathrm{d}y_k/\mathrm{d}t=g_k(y_1, y_2, ···, y_m), k=1, 2, ···, m$$

或者用矩阵方式表示为如下自治微分方程组：

$$\mathrm{d}Y/\mathrm{d}t=G(Y)$$

其中 $Y=(y_1, y_2, ···, y_m)$，$G(Y)=(g_1(Y), g_2(Y), ···, g_m(Y))^{\mathrm{T}}$ 是 M 维列函数。该方程组描述了宇宙中所有粒子随时间变化的运动规律。由于宇宙的运行是连续的，故可以假设上面的矩阵函数 $G(Y)$ 是连续的，即列函数中的每个函数是连续的。

$\mathrm{d}Y/\mathrm{d}t=G(Y)$ 便是本附录后面要用到的宇宙数学模型，简称宇宙方程。为什么

说本节前面的描述都纯属啰唆呢？因为，贝塔朗菲早就说过："任何一般的系统都可以表示成这样的一组微分方程组。"而宇宙显然也是一种系统，当然也可以如上表示。不过，此节的啰唆也有一点好处，那就是至少说清了各参数的具体含义。

再啰唆一句：在数学家和物理学家的眼里，大和小的含义有着天壤之别。比如，宇宙中的粒子数量，对物理学家来说非常大，简直大得不能再大了；而对数学家来说，这个数 m 只是区区的有限而已，与经常面对的无穷大相比，小得简直可以忽略不计。反过来，粒子的直径，对物理学家来说非常小，简直小得不能再小了；而相对于数学家经常处理的、没有直径的"点"来说，粒子又已经比"牛"还大了！

（三）黑洞的数学解释

首先，我们解释一下宇宙方程 $dY/dt=G(Y)$ 更具体的含义。如果 $Y=Y(t)$ 是宇宙方程的一组解，那么，$Y(t)$ 就给出了宇宙中所有粒子的一套运行轨迹；反过来，如果对某个 $X(t)$，它满足 $dX/dt \neq G(X)$，那么，$X(t)$ 就不会是宇宙粒子的运行轨迹。

下面就借用微分方程组教材中都有的现成结果，来一一解释相关黑洞现象。

如果有 M 维空间中的某个点 Y^*，使得 $G(Y^*) \neq 0$（这里 0 是 M 维 0 向量），那么，根据微分方程组的唯一存在性定理便知：一定存在且只存在一条解轨线 $Y=Y(t)$，使得 $dY/dt=G(Y)$ 和 $Y(t_0)=Y^*$。换句话说，只有一条解轨线经过点 Y^*，而且其邻域内的解轨线也很稀疏，甚至从物理上就根本无法观察到。

如果有 M 维空间中的某个点 Y_0，使得 $G(Y_0)=0$，那么，Y_0 就称为宇宙方程 $dY/dt=G(Y)$ 的一个奇点。数学家们已经发现，只需要做一个平移后，任何奇点 Y_0 都可以转化为 0 点或原点。因此，下面就只考虑 0 奇点的分类，并叙述与其相应的"黑洞"及黑洞吸积和黑洞蒸发。

1）结点。它是这样的 0 奇点（见图 1），该点的任意邻域内都有无穷多条密集的解轨线，以至于可填满某个数学测度大于 0 的邻域，变得能从物理上观察，而且，这些解轨线以切线的方式无限逼近于 0 点，但又永远不会接触 0 点。因此，从物理角度看，结点所对应的黑洞能把其邻域内的所有东西都吸进去，但其实又永远不会碰到 0 点。可见，"黑洞"并非真正是洞，它的"洞底"也不是"漏的"（这一点在后面其他黑洞中也成立，所以，不再重复明示了）。在结点类黑洞附近，只有黑洞吸积，没有黑洞蒸发。

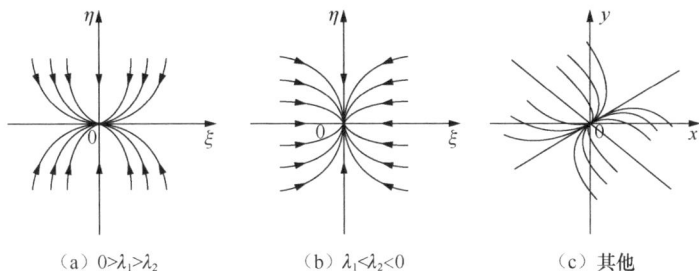

（a）$0>\lambda_1>\lambda_2$　　　　（b）$\lambda_1<\lambda_2<0$　　　　（c）其他

图1　结点类黑洞示意图

2）鞍点。它是这样的奇点（见图2），该点的任意邻域内也有无穷多条密集的解轨线，以至于可填满某个数学测度大于0的邻域，变得能从物理上观察，而且，这些解轨线以0点为中心，形成一个与相邻轴线相切于两点的鞍状结构。解轨线也永远不会接触0点。与结点不同的是，从物理角度看，鞍所对应的黑洞是从一条轴上把0点邻域内的所有东西都吸进去，对应于黑洞吸积，但是，又沿另一条轴上把吸进去的东西给吐出来，对应于黑洞蒸发。换句话说，对这样的奇点，从某个方向看过去，是"黑洞"；但从另一个方向看过去，是白洞。我们且称这样的奇点为"黑白洞"吧。

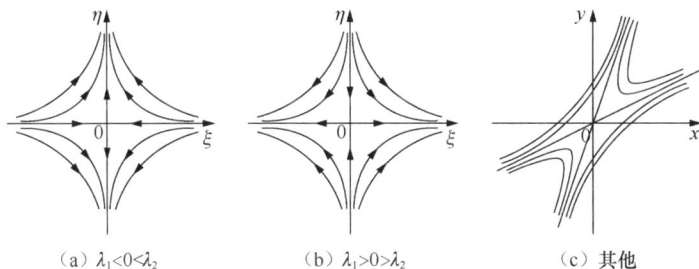

（a）$\lambda_1<0<\lambda_2$　　　　（b）$\lambda_1>0>\lambda_2$　　　　（c）其他

图2　鞍点类黑洞与白洞示意图

3）退化结点。它是这样的奇点（见图3），该点的任意邻域内也有无穷多条密集的解轨线，以至于可填满某个数学测度大于0的邻域，变得能从物理上观察，而且，这些解轨线要么跨过轴线后无限逼近于0点［见图3（a）］，要么跨过轴线后远离0点［见图3（b）］。这些解轨线也永远不会接触0点。从物理角度看，图3（a）的奇点所对应的黑洞将其邻域中的所有东西都吸进去，即黑洞吸积；而图3（b）的奇点所对应的便是白洞，它好像把其邻域中的所有东西都要吐出来，即黑洞蒸发。提醒一下，你不必担心黑洞蒸发会"吐你一身"，因为这也是一个无穷长的过程，即若能让时间倒流，那么，当时间$t\to-\infty$时，这些吐出来的东西才会被吸引回去。后面的其他白洞也类似，不再重复提醒了。

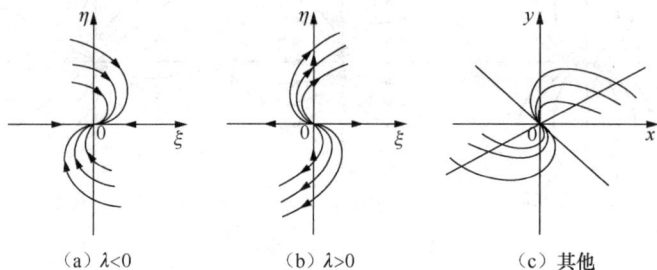

（a）λ<0　　　　　（b）λ>0　　　　　（c）其他

图3　退化结点类黑洞与白洞示意图

4）奇结点。它是这样的奇点（见图4），该点的任意邻域内也有无穷多条密集的解轨线，以至于可填满某个数学测度大于0的邻域，变得能从物理上观察，而且，这些解轨线要么直接无限逼近于0点［见图4（a）］，要么直接远离0点［见图4（b）］。这些解轨线也永远不会接触0点。从物理角度看，图4（a）的奇点所对应的黑洞将其邻域中的所有东西都吸进去，即黑洞吸积；而图4（b）的奇点所对应的便是白洞，它好像把其邻域中的所有东西都吐出来了，即黑洞蒸发。

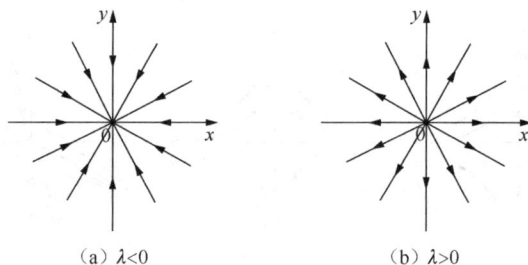

（a）λ<0　　　　　　　　　　（b）λ>0

图4　奇结点类黑洞与白洞示意图

5）焦点。它是这样的奇点（见图5），该点的任意邻域内也有无穷多条密集的解轨线，以至于可填满某个数学测度大于0的邻域，变得能从物理上观察，而且，这些解轨线以0点为中心，要么螺旋形远离0点［见图5（a）］，要么螺旋形无限逼近于0点［见图5（b）］。这些解轨线也永远不会接触0点。从物理角度看，图5（a）的奇点所对应的是白洞，它好像把其邻域中的所有东西都吐出来了，即黑洞蒸发；而图5（b）的奇点所对应的便是黑洞，将其邻域中的所有东西都吸进去，即黑洞吸积。

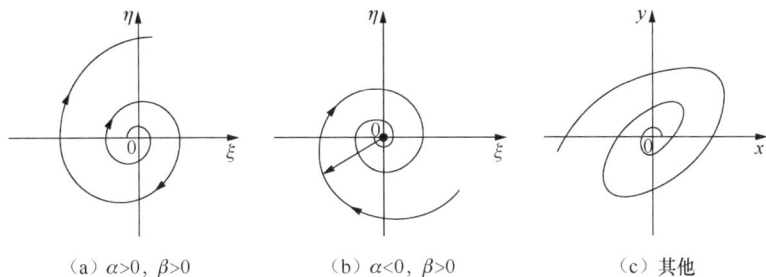

（a）α>0，β>0　　　　　（b）α<0，β>0　　　　（c）其他

图 5　焦点类黑洞与白洞示意图

6）中心。它是这样的奇点（见图 6），其邻域中的所有解轨线都以 0 点为中心做圆周运动，而且这些圆周线互不相交。因此，它既不吸收也不吐出邻域内的任何东西；换句话说，它既不是白洞，也不是黑洞。此处之所以把它也列出来，主要是想表示数学的完备性。

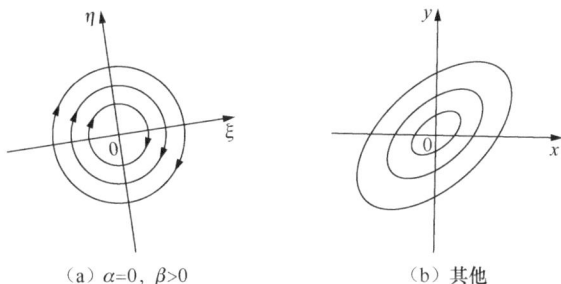

（a）α=0，β>0　　　　　　　　（b）其他

图 6　中心奇点示意图

至此，我们对宇宙的各种可能黑洞和白洞的细节进行了归纳。其实数学家们已经发现：对任何系统，都可能有这样的黑洞和白洞。但是，在真实的宇宙中，黑洞到底在哪里呢？因为民航没开通前往黑洞的航班，所以我们也不知道；即使知道，可能也买不起票，因为太远，远在梦的家乡。

据说，霍金之所以没能获得诺贝尔奖，就是因为大家都认为黑洞只是猜想，在现实世界中还没人找到过真正的黑洞。情况真的是这样的吗？

欲知后事如何，且听下节分解。

（四）玻尔的遗憾

首先，我们想指出的是，在上一节的分析中，我们给出了一个更广泛的结果：对任何系统，都可能存在着能吞噬其周围一切东西的黑洞，或能把周围的所有东西吐出来的白洞。而宇宙也是一个系统，所以，宇宙中当然也就可能存在着这些多种多样的黑洞和白洞。

我们虽然无法在浩瀚的宇宙中把某个宇宙黑洞给标出来，但是我们将指出：其实玻尔早在近百年前就已发现了黑洞，只不过连他自己在内，谁都不知道而已。

考虑最小的"宇宙"，即氢原子。在该"宇宙"中，假定氢原子核已被武林高手"点穴"，永远不能动，而只是那个唯一的电子在围绕氢核运转。设 t 时刻，该电子的三维坐标分别是 $x(t)$、$y(t)$、$z(t)$，那么，仿照上一节宇宙方程的建立过程可知：x 随时间 t 的变化 dx/dt 将受到此时电子的位置影响，即与 x、y、z 相关。换句话说，存在某个函数 $f(x, y, z)$，使得 $dx/dt=f(x, y, z)$。类似地考虑 dy/dt 和 dz/dt，于是，在该氢原子未受外界影响的情况下，可以得到如下微分方程组。

$dx/dt=f(x, y, z)$

$dy/dt=g(x, y, z)$

$dz/dt=h(x, y, z)$

其中 $f(\cdot)$, $g(\cdot)$, $h(\cdot)$ 都是连续函数。若简记 $X=(x, y, z)$ 和 $F(x, y, z)=(f(x, y, z), g(x, y, z), h(x, y, z))$，那么，上述微分方程就可简化为

$dX/dt=F(X)$

如果该"宇宙"中没有黑洞，即在所有可能的解轨线上都有 $F(X) \neq 0$，那么，这些解轨线将均匀地围绕在原子核周围，并且经过每一个点都有且只有一条解轨线。这就不可能出现玻尔观察到的"电子云"，或就不会出现电子能级现象。因此，在该"宇宙"中，一定有黑洞存在。那么，在氢原子这个"宇宙"中到底有什么黑洞呢？

考虑该"宇宙"中位于 X_0 的可能黑洞，即 $F(X_0)=0$。由于此时"宇宙"中只有一个粒子（即那个转动的电子），因此该黑洞不可能是结点类、退化结点类、奇结点类和焦点类黑洞。因为，这个唯一的电子若只被吸引，或只被蒸发，那么就没有后续的被吸引和被蒸发的东西了，"电子围绕原子核旋转"这出戏也就唱不下去了。不过，幸好还剩下唯一的一类黑洞，即鞍点类黑洞；此时，这个唯一的电子，被沿一条轴线吸进去，又被沿另一条轴线吐出来，如此循环往复。

如果按玻尔的发现，即氢原子中共有7个电子能级的话，那么，氢原子中的

鞍点类黑洞也有7个。电子围绕氢核的运行是这样的：在一个"电子云"中的鞍点附近，这个电子被沿某条轴线给吸进去，然后又沿另一条轴线给吐出来，然后沿稀疏解轨线（其路径在数学上是连续的，但无法进行物理观测，所以一直被物理学家们误解为"电子跃迁"）进入另一朵云。在这朵新云中，这个电子沿某条轴线被吸进去，然后又沿另一条轴线被吐出来，然后再沿稀疏解轨线进入另一朵云。如此反复，像愚公那样永远"挖山不止"。

（五）送神记

既然前几节已"胡说"半天了，此节也不妨再"八道"几句更恐怖的"谣言"。

1）首先，牛顿早在几百年前就一直努力寻找"形成宇宙的上帝第一推动力"。现在可以公布答案了：因为物理的粒子毕竟不是数学上的"点"，所以，在上一节的各类黑洞中，除了鞍点类黑洞之外，所有其他类的黑洞（结点类黑洞、退化结点类黑洞、奇结点类黑洞、焦点类黑洞等）都会发生挤压，甚至引发"恶性群体踩踏事件"。既然"哪里有压迫，哪里就有反抗"，所以，当挤压到一定程度后，"革命"就爆发了。于是，旧的宇宙 $\mathrm{d}Y/\mathrm{d}t=G(Y)$ 就被摧毁了，新的宇宙 $\mathrm{d}X/\mathrm{d}t=H(X)$ 就诞生了。这就是"上帝的第一推动力"，其中，X 表示新宇宙的所有粒子，$\mathrm{d}X/\mathrm{d}t=H(X)$ 便是新宇宙的宇宙方程。这个新宇宙的黑洞又开始挤压，直到下一次"改朝换代"。

2）其次，再修正一下宇宙爆炸论。过去专家说，宇宙是由一粒"芝麻"按"墨汁溶解"方式爆炸而形成的。但是，从上一节的描述可知：爆炸产生新宇宙的不只是一粒"芝麻"，而是满天的"芝麻"，其中每一粒"芝麻"就对应于上一节中除鞍点之外的某类黑洞（因为，鞍点类黑洞中有进有出，"收支平衡"，不会发生挤压，更不会爆炸）。

支持这种"多点爆炸论"的旁证之一，就是白洞的存在。其实，白洞就是"上朝宇宙"或"上上朝宇宙"中还没来得及爆炸的黑洞，由于"新朝宇宙"的宇宙方程已变为 $\mathrm{d}X/\mathrm{d}t=H(X)$，于是其轨迹的分布和细节都变了，甚至"上朝宇宙"中只吸引的某些黑洞，可能就变成"本朝宇宙"中只蒸发的白洞了，时间也从"康熙末年"变为"雍正元年"了。

据说，科学家们现在观察到的宇宙物体都正在越来越彼此远离，这就说明：人类居住地和当前能够观察到的宇宙部分，刚好处于某个白洞区域内。假如，今后人类的观测距离更远了，也许某天突然又发现：在宇宙的另一部分中，物体之间彼此的距离又越来越近，那么，这部分宇宙就处于某个黑洞区域内了。

3）最后，再同时表扬和批评一下爱因斯坦同学。爱同学呀，你创立了狭义相对论后，又搞出了广义相对论，接着又要攻克统一场论，试图把宏观、微观、高速、低速等世界统一起来，甚至要找到某个宇宙常数。你这种大无畏的精神，绝对值得肯定！但是，你千不该万不该，不该轻易放弃统一场论。因为，早在1945年，宇宙方程 $dY/dt=G(Y)$ 就已由贝塔朗菲提出，而那时你正怀着统一场论；虽然有点妊娠反应，但是假如你当时再补充一点宇宙方程 $[dY/dt=G(Y)]$ 方面的营养，也就不至于"流产"，没准现在你的"第三胎"宇宙常数都已经可以打酱油了。有兴趣的读者朋友们，让我悄悄告诉你这个宇宙常数是什么吧！它就是费根鲍姆常数的高维推广！因为，这个费根鲍姆常数来自于自治的微分方程 $dy/dt=g(y)[g(\cdot)$ 是一维函数]，如果该"自治方程"推广为"自治方程组"，得到了相应的"费根鲍姆常数"，那么，恭喜你，美若天仙的宇宙常数就非你不嫁了！

那么，宇宙常数到底意味着什么呢？我们斗胆预言一下：宇宙常数将告诉我们，"本朝宇宙"的寿命，或者说"当朝宇宙 $dY/dt=G(Y)$"的时间终点和"下朝宇宙 $dX/dt=H(X)$"的时间起点，即"康熙末年"的终点和"雍正元年"的起点。

跋：科学家之道

伙计，非常感谢你的捧场，因为，当你读到这里时，就意味着你已看完了四卷本拙著《科学家列传》。

回顾一下，在本书中我们始终咬定一个宗旨，那就是，努力帮助读者成为科学家，或者说，通过人类有史以来最有影响力的科学家的真实案例，让读者在轻松欣赏文字美的同时感悟科学家的成功之道。

也许有读者问啦，何不直接来个清单，将科学家之道逐一列出不就行了嘛。唉，伙计，如果真有如此清单，我们早就顾不及撰写此书，而是直接变成顶级科学家了。当然，许多成功科学家总结的一些科学家之道，还是有一定帮助的，不过此处不想重复。因为，我们坚信：一方面，可被罗列的"道"，绝非真"道"；另一方面，科学家成功之道一定存在，至于它们是什么、到底又在哪里，则只能由各位自行参悟了。所以，下面仿照老子的《道德经》，来探讨一下科学家的成功之道，但愿对你有用。

道可道，非常道；名可名，非常名。无名，科学之始；有名，科研之母。道之玄妙常见于无，道之踪迹常见于有。有与无异名而同源，玄，玄之又玄，众玄之源！

能反复验证者之为对，斯错矣；形意皆简者之为美，斯不美已。故有无相生，正误相成，静动相形，宏微相倾，繁简相和，快慢相随。是以科学家攻超难之题，行授业之教，寻万物之规而不辞，前赴后继而弗停，巨大作为而不恃，公布成就而不居。夫唯弗居，是以不去。

不盲从，使人存疑；不唯理论之说，使人重视实践；承认无知，使人勤勉不怠。是以科学家之志，静其心，实其识，弱其躁，强其智；常提醒自己无知，常增加自信，何使智者不敢为也。为无为者，常大为。

道法无限，天网恢恢，疏而不漏。道体虚空，功用无穷；道深如渊，万物之源。即使道自挫其锐，自脱其彩，自暗其光，自掩其相，照样也能在冥冥之中，感觉得到它的存在。道先于科学，真不知它是谁之子！

大自然不仁，以万物为刍狗；科学家不仁，以自然规律为刍狗。天地之间，虚静乃主流乎？虚而不屈，动而愈出。猜测不怕胆大，求证不嫌辛苦。自然规律天长地久。之所以天长地久，以其不自生，故能长生。是以科学家后其身而身先，借巨人之肩方能成为巨人。非以其无幸运！故能成幸运。

上善若水，水几于道。居基础之地，探底层之渊，穷核心之密，察普适之律。夫唯不惧深，故能成其高。刀锋之锐，不可长维；后辈更比前辈强，天之道。

魂魄相守，能不分离？血气柔顺，能如婴儿？清净内心，能无瑕疵？运用心智，能守静如雌？通达明白，能若无知乎？此乃科学家之崇高境界。器皿之所以能盛物，是因为它中空；科学家之所以富有知识，是因为他们承认无知；"有"之所以能利人，是因为"无"发挥了作用！

五色令人目盲，五音令人耳聋，五味令人口爽。驰骋猎场，令人发狂；奇珍异宝，令人行为乖张。专则不博，博则不专。是以科学家，有得有失，故去彼取此。宠辱若惊，似大病伤身。若以大事为目标，则可寄予大成就。

视而不见，叫夷；听而不闻，叫希；触而不觉，叫微。夷、希、微三者，不可深究，故合而为一。它既光明也混沌，既乌黑也不暗；其延绵之状不可名，复归于虚幻无物；是谓无状之状，无物之像，是谓恍惚。迎之不见其首，随之不见其后。执古之道以御当今之有。能知古始，是谓道纪。

顶级科学家，精通玄妙，深不可测，故只能勉强描述之。他们审慎如履薄冰，迟疑如畏四邻，拘谨如串门做客，涣散如冰雪消融，敦厚如朴，旷达如谷，糊涂如混沌。谁能沉淀浊水，使之慢慢变清？谁使躁动安宁，让虚静渐渐重生？能成此事者，必能弃旧成新。

虚空至极，笃守静心，此乃科研前提。万事万物，各自回归其根。归根叫静，静叫复命，复命叫常，知常叫明。不知常，胡作为，则败；知常，则可能为王，为王则能参破玄机。天即道，道恒久，永垂不朽。

科学成就，唯道是从；拟物观道，又恍又惚；恍恍惚惚，似又有象；惚惚恍恍，又似有形。幽幽冥冥，道中有核，其核真切，核中充实。从古至今，道名如初，以窥万物。据此，便知万物运行之规律。

物，能弯曲，才可伸直；地，凹陷，才能盛水；科学家，能经受失败，才可能成功。弊端浮现，才促革新；实际需求，才促进步。不自顾，才能明鉴；不自以为是，才能是非昭彰；不自夸，才能建功立业；不自大，才能长久。夫唯不争，故天下莫能与之争。成全者，则天下归之。

科研若成，必须持之以恒。暴风不终朝，骤雨不终日；踮脚难久立，狂奔难远行。自夸者，不能建功；自大者，不能长久。故守道者，就认同道；失道者，则认同失道。认同道者，道也悦纳他；认同失道者，失道便也拥抱他。

科学之道，先科学而生。它无声无形，却独立而不变；周而复始不停息。它可做科学家之母，虽不知其名，勉强称之为道，名之为大。大在飞速膨胀，膨胀至无际遥远；远至无限后，又再折返。因此，道为大，天为大，地为大，科学家也为大。科学宇宙有四大，而科学家居其一。人效法地，地效法天，天效法道，道效法自然。

善行者，不露踪迹；善言者，不留话柄；善算者，不靠工具；善做科研者，不循规蹈矩。所以，科学家常善于发现普适规律，以至无反例出现；常善于洞察蛛丝马迹，以至于无物能遁形。这便是英明！所以，"善人"是"不善人"之师，"不善人"则是"善人"之鉴。不尊其师，不惜其鉴，则大愚若智。此乃奥妙所在。

不自量力，恐难如愿。强取，则必毁；强霸，则必失。大自然规律，有前就有后，有始就有终，有因就有果；所以，从事科研，选题别过度，弃贪大，戒图全，别骄纵。以道辅佐科研者吉，不合道者凶。

道本来无名，它虽微小，但无人能臣使之。科学家若能守道，则科研工作便能自然惬顺。知止，则可以避险。道之于天下，并入科学家之内心，犹川谷之于江海。

知人者智，自知者明；知方向者巧，知步骤者顺。胜人者有力，自胜者强。顽强者有志。不自我迷失者，长久。

大道浩瀚，左右弥漫，主宰万事万物，却从不发号施令。可以说它小，因为，它从无私欲；可以说它大，因为，万事万物都归依于它，并不为其主。道始终不自大，所以，才成就了其伟大。执守大道，则成就归之。道者，尝之无味，视之无影，听之无声，但用之无穷。道常无为，却又无所不为。

得道者的表现为：天得道，则清静；地得道，则安宁；神得道，则显灵；虚谷得道，则流水充盈；万物得道，则生长；科学家得道，则一帆风顺。

上等人闻道后，勤勉遵行；中等人闻道后，似懂非懂；下等人闻道后，哈哈嘲笑。不被嘲笑，便不是真道。得道者，糊里糊涂；道中前行，像是倒退；道中坦途，却像崎岖小路。大全若缺，其用不竭；大满若空，其用无穷。大直若曲，大白若黑，大巧若拙，大辨若讷。安静胜焦躁。大方无隅，大器免成，大音希声，大象无形，大道隐秘于无名。只有道，才善于成就万事万物。

道生一，一生二，二生三，三生万物。万物负阴而抱阳，冲气以为和。名望与健康，谁更亲？健康与财物，谁更贵？得与失，哪个更令人忧虑？过贪必大损，知止不殆，可以长久。求物会膨胀，求道则谦卑。越来越谦，以致达到无为境界。无为，则无所不为。成事常靠无为，若过于执着，则事必不成。一切皆由道生，由物塑其形，由器成其态。因此，万物都要尊道。尊道纯属自然，绝非遵令行事。

道为科学家之母。既知其母，便知其子；既知是子，就该恪守道本，由此可科研无恙。能小中见大者，聪明；能谨守柔弱者，刚强。借道之光，复归其明智，以此传道永恒。行于大路，唯惧跑偏。大道本坦途，却有人好走歧路，科学无捷径，道不可违，道乃万事万物运行之规。趁容易时，解难题；从细微处，成大事。天下难事，必由易事汇聚；天下大事，必由小事组成。所以，不贪图大事者，往往能成大事。

合抱之木，生于毫末；九层之台，起于累土；千里之行，始于足下。强为者，必败；强霸者，必失。科研，常败于即将成功之时。若始终谨慎，就不会失败。科学家求他人所不求，学他人所不学，纠众人之过错；顺应万物之自然，不敢强行为之。

都说道大，大至无边无形。正因为大，所以才无形。若有形，则道早就变得渺微了。知道自己无知者，优！不知道却自以为知道者，差！知道这种"差"是差者，就不会差！成功者之所以不会差，是因为他知道这种"差"是差，故不差！

知道者不言，言道者不知。